융합과 통섭의 지식 콘서트 06
통계학, 빅데이터를 잡다

통계학,
빅데이터를
잡다

융합과
통섭의 06
지식
콘서트

조재근 지음

한국문학사

차례

| 들어가며 | 007

Chapter 1
통계학, 빅데이터 시대를 이끌다 ········· 013

4차 산업혁명, 일자리가 사라져서 혁명적일까? • **4차 산업혁명은 융합혁명** • 빅데이터의 곳간을 열다 • **데이터랩과 엔그램** • TIP : 클라우드 컴퓨팅과 빅데이터 • 낱말들로 뭉게구름을 그려볼까? • **텍스트 분석과 데이터 시각화** • 통계에도 역사가 있을까? • **데이터의 역사와 종류** • 통계학, 데이터를 정보와 지식으로 만들다 • **빅데이터 시대의 통계학** • 빅데이터 시대, 통계학도 변화한다 • **통계학의 융합성**

Chapter 2
빅데이터의 시대인가, 머신러닝의 시대인가 ········· 067

이제 공부는 기계가 하는 것? • Tip : 인간인가, 기계인가? 그 구별법 : 튜링 테스트와 캡차 • 딥러닝은 심화학습? • **머신러닝과 딥러닝** • 머신러닝에게도 선생님이 필요할까? • **머신러닝 알고리즘** • 데이터를 모으고 나누고 결과를 예측하다 : **머신러닝 알고리즘의 사례** • 구글, 빅데이터와 통계 모형으로 독감을 예측하다 : **빅데이터와 감염병** • 짝을 찾아주는 빅데이터와 머신러닝

Chapter 3
확률과 통계, 우연을 과학으로 길들이다 ········· 121

내기와 도박 : **탐욕인가, 본능인가, 아니면 과학인가** • 로또, 유일한 탈출구인가, 어리석은 게임인가 : **확률과 기댓값으로 바라본 복권** • 확률, 불확실한 세상에서 합리적인 결정의 길잡이가 되다 • **우연과 과학** • TIP : 자동차를 몰고 갈까, 염소를 몰고 갈까? : 몬티 홀 문제 • 우리 반에 나랑 생일이 같은 친구가 있을

까? : **생일 문제와 확률** • 확률이 충분히 낮은 사건은 일어나지 않을까? : **보렐의 법칙** • 사느냐, 죽느냐, 그 확률이 문제로다! : **보험과 확률** • 주관적 확률도 과학이 될 수 있을까? : **베이즈 추론** • TIP : 튜링, 베이즈 정리를 써서 독일군의 암호를 해독하다

Chapter 4
통계학, 의학과 손잡고 생명을 구하다 ······ 177

과학과 아트 사이에 선 의학 : **의학과 통계학** • 통계학과 의학, 역사 속에서 함께 발전하다 : **의학과 통계학의 역사** • 통계로 콜레라와 두창을 차단하다 : **통계와 감염병** • 임상시험 결과를 믿어도 될까? : **편향과 임의화 방법** • Tip : '차를 맛보는 여성'에 담겨 있는 파스칼의 수삼각형과 경우의 수 • 통계학적 검증을 통해 신약을 개발하다 : **통계학과 신약** • 병원 검사는 얼마나 정확할까? : **위양성과 위음성**

Chapter 5
현실 사회를 읽는 힘, 통계학과 빅데이터 ······ 233

집회 참석자 수는 고무줄 통계? : **정치적 입장에 따라 달라지는 통계** • Tip : 이라크전쟁과 어린이 사망률 : 통계와 정치 • 통계학, 사람들의 생각을 헤아리다 : **여론조사** • 케틀레, 19세기 사회를 분석하다 : **사회통계학** • Tip : 인간은 사회적 원자일까? : 사회물리학과 빅데이터 • 무엇이든 점수 매길 수 있을까? : **통계학이 만드는 현실** • 한국 인구, 머지않아 자연 소멸된다? : **인구통계학** • 내가 왜 실업자가 아니란 말입니까? : **고용통계**

Chapter 6
통계학, 경제를 측정하다 : GDP와 금융리스크 ········ 289

경제학은 어떻게 과학이 되었을까? · **경제학과 수학, 통계학** · GDP는 우리의 삶을 얼마나 잘 나타낼까? : **국내총생산과 행복지수** · Tip : GDP, 아프리카의 가난한 나라 가나를 중진국으로 바꾸어놓다 · 통계지표들은 현실을 얼마나 잘 나타낼까? : **물가지수와 주가지수** · 주식시세표에는 무엇이 들어 있나? : **캔들도표와 이동평균** · 모든 금융투자에는 위험이 따른다 : **금융리스크와 통계학** · 국가도 개인도 신용등급을 갖는다 : **신용평가**

Chapter 7
통계학, 생물을 헤아리고 보살피다 ········ 341

고래와 쥐를 다 헤아릴 수 있을까? : **생물 연구와 샘플링 방법** · 모든 생물은 한 가족일까? : **통계학으로 생물의 계보 찾기** · 얼마나 많은 생물들이 지구에서 살다가 사라졌을까? : **멸종과 통계학** · 누가 설국열차를 탈까? : **보존생물학과 통계학** · 키 큰 부모한테서 키 큰 자녀가 태어날까? : **유전학과 통계학** · 황우석 사태에서 무엇을 배울까? : **데이터 조작과 과학 연구** · Tip : 생태학은 맥락의 학문이다 : 생물다양성과 빅데이터

| 주석 ········ 395
| 찾아보기 ········ 404

들어가며

대학 입학 때부터 헤아려보니 통계학을 전공으로 삼은 지 거의 사십 년이 다 되었다. 짧지 않은 그 세월을 돌이켜보면 "도대체 통계학이란 무엇인가?"라는 질문을 앞에 놓고 이런저런 궁리를 계속한 시간들이었던 것 같다. 아마 그런 질문을 안고서 거대한 코끼리를 더듬듯 답을 모색하는 길은 공부하는 사람 저마다의 취향에 따라 다를 텐데, 필자의 관심은 고리타분하게 역사를 들여다보는 쪽으로 흘러갔다.

사실 통계학은 근대사회와 함께 등장한 젊은 학문이기 때문에 그 역사라고 해봐야 겨우 몇 백 년에 지나지 않는다. 하지만 공부를 하다 보니 뜻밖에도 통계학이라는 분야는 무척 매력적이고도 풍성한 역사를 갖고 있었다. 그 역사의 두드러진 특징을 하나만 든다면 "통계학자나 수학자들만의 노력으로 성장한 것이 아니라 아주 많은 분야들로부터 영향을 받고 또 영향을 주면서 발전해왔다"는 점이라 하겠다. 통계학의 역사를 조금만 살펴보아도 철학을 비롯한 인문학은 물론이고 사회과학이나 자연과학으로 분류되는 거의 모든 분야들과 서로 얽혀 있음을 쉽게 확인할 수 있을 것이다. 그리고 그런 얽힘의 관계는 오늘날에 이르러 더욱 풍성해졌다. 그렇게 본다면 통계학이야말로 융합과 통섭 시대에 그 역사와 미래를 다시 조명해볼 만한 학문일 것 같았다.

2016년 봄 한국문학사에서 〈융합과 통섭의 지식 콘서트〉 시리즈 중 하나로 통계학 책을 만들어보자는 제안을 받고 선뜻 책을 써보겠다고 나선 것도 그런 생각 때문이었을 테다. 그 시리즈에는 이미 경제학·건축·수학·의학·과학 분야의 책이 포함되어 있는데, 통계학 책이야말로 빠져서는 안 될 것 같았다. 최근 통계학은 융합혁명이라고 불러도 좋을 제4차 산업혁명에서 중요한 자리를 차지하는 빅데이터와 인공지능 덕분에 부쩍 많은 주목을 받고 있다. 사실 인공지능의 핵심인 머신러닝과 빅데이터 분석법 중 많은 것들이 통계학을 바탕으로 하고 있고, 그렇다 보니 어떤 사람은 현재와 미래가 사뭇 인공지능의 시대인 것처럼 보이지만 사실은 통계학의 시대라고 말하기까지 한다.

그렇다면 통계학은 무엇으로 이루어질까? 크게 보면 통계학은 데이터와 확률이론의 결합이라고 할 수 있다. 역사를 얼핏 보면 그 둘은 서로 멀리 떨어져서 각자 다른 방향을 보고 출발한 것처럼 보인다. 통계학을 뜻하는 영어 단어 'statistics'는 철자를 외우기도 어렵고 발음하기도 까다로운데, 국가를 뜻하는 'state'에서 나온 것이라고 한다. 이름에서 알 수 있듯 인구를 비롯한 통계조사는 근대 국가의 중요한 통치 수단 중 하나로 시작되었다. 중상주의와 산업혁명을 거치면서 국가에서는 시간에 따라 규율을 지키며 사는 건강한 인간(주로 남성)을 원하게 되었고, 이에 따라 국가가 역사상 처음으로 인구수를 파악할 뿐만 아니라 국민들의 건강과 교육까지 돌보기 시작했다. 근대 이전까지만 하더라도 국가권력의 관심 밖에 버려져 있었던 대다수 사람들이 처음으로 국민이라는 주체로 호명되고 국가의 관리대상으로 탄생한 것이다. 그 과정에서 각종 사회조사가 활발해졌고 수량으로 나타내는 통계도 점점 객관적이며 정확한 지식으로 높이 평가받게 되었다.

이러한 변화는 삶과 죽음의 문제에서 극적으로 드러난다. 삶과 죽음

가운데 수천 년 동안 사람들에게 필연처럼 흔하고 가까웠던 것은 단연 죽음이었다. 대단히 높은 영유아사망률과 각종 질병으로 인한 때 이른 죽음이나 잦은 자연재해와 전쟁 때문에 생기는 대규모 죽음은 인간세상에서 지극히 당연해 보였고, 도리어 천수를 누리며 사는 것이 드물고 우연한 일로 보였을 것이다(엄기호, 『나는 세상을 리셋하고 싶습니다』, 창비, 2016). 그런 시대에는 존재 자체가 희귀했으므로 노인은 존경받을 수밖에 없었을 것이며, 확률에 바탕을 둔 생명보험 사업 같은 것은 상상하기도 어려웠을 것이다.

일찍이 서양에서 사람들이 일상적으로 접하는 권력은 국가권력이 아닌 교회였으므로 출생, 혼인, 사망을 기록하는 일도 국가가 아닌 교회가 담당했었다. 생명보험은 사람들이 갑자기 죽는 것이 드물게 일어나는 우연한 일이 되고, 오래 사는 것이 당연한 필연이 되었을 때 등장한 사업이다. 다수의 사람들이 긴 수명을 기대할 수 있게 되자 비로소 사망 확률을 계산하고 위험에 대비하는 것도 가능해진 것이다. 이제 삶과 죽음을 신의 뜻에만 맡기는 대신 인간 스스로가 직접 불행을 헤아리고 자신의 미래를 설계할 수 있게 된 것이다.

이런 변화는 국가가 국민에게 관심을 기울여 보호하고 돌보기 시작하고 나서의 일이었다. 이후 국가는 점점 힘이 커져서 외적의 침입이나 자연재해로부터 국민을 안전하게 보호해줄 뿐 아니라 노후와 빈곤 대책까지 마련해주는 버팀목 역할도 맡게 된다. 이로써 우연이었던 삶이 필연이 되었고, 필연이었던 죽음이 우연한 사건이 되어 확률 연구의 중요한 주제로 떠올랐다. 오랫동안 교회가 관리해오던 인구 데이터와 도박을 연구하던 수학자들이 발전시킨 확률이론이 이렇게 만나게 되었다. 통계학이 근대의 학문일 수밖에 없는 이유도 바로 여기에 있다. 그러고 보면 사회 데이터와 수학이 만나서 탄생한 통계학은 태생부터 융합적이었던 셈이다.

이 책에서 우리는 통계청을 비롯한 국가기관이 관리하는 사회·경제 통계와 더불어 의학·생물학·금융 등 여러 분야를 두루 넘나드는 통계학의 다양한 모습들을 만날 것이다. 물론 빅데이터와 인공지능, 그리고 머신러닝의 각종 학습법들이 서로 어떻게 연결되고 어떻게 다른지도 살펴볼 것이다. 그런데 여러 세기 동안 수량 데이터가 널리 활용되면서 통계는 한편으로 본래의 역할에서 벗어나 지나친 권위를 갖게 되기도 했다. 특히 관료주의와 결합한 통계 수치들은 객관성과 정확성이라는 명목으로 사람의 얼굴을 쉽사리 지워버리는 냉혹한 역할까지 종종 떠맡게 되었다.

최근의 예로 우리는 국민의 안전을 책임진다던 국가의 오래된 약속과 그에 대한 믿음이 어떤 식으로 허물어지는지 2014년 봄의 세월호, 이듬해 봄과 여름의 메르스 사태 등을 통해 적나라하게 확인한 바 있다. 이 책의 원고를 마무리해가던 2017년 봄, 삼 년 동안 바다 밑에 잠겨 있던 세월호가 올라왔다. 옆으로 누운 배의 모습을 망연히 바라보면서, 어느새 우리는 '304'라는 차가운 통계 숫자로 그 참혹한 사건을 압축시켜 기억하고 정리해버린 건 아닐까 두려웠다.

〈융합과 통섭의 지식 콘서트〉 시리즈 중 하나인 이 책이 지향하고 있는 융합과 통섭의 근본에는 바로 비판적 사고가 자리 잡고 있을 것이다. 독자들은 이 책을 통해 통계학의 멋진 모습을 마주할 것이고, 화려한 빅데이터의 활약에 눈이 번쩍 뜨이는 경험을 할 수도 있을 것이다. 하지만 그 통계와 빅데이터의 신화 속에 감춰진 우리 시대 통계학의 여러 모습을 비판적인 안목으로 살필 수 있는 통찰력도 잃지 말기 바란다. '304'라는 숫자에서 객관성과 정확성만 보는 대신, 한 사람 한 사람 인간을 볼 수 있는 안목을 키우는 데 이 책이 작은 도움이 될 수 있다면 더 바랄 것이 없겠다.

처음 시작 단계부터 계속 수정되는 딱딱한 내용의 원고를 모두 읽어주시고 좋은 의견까지 말씀해주시고 멋진 그림들도 찾아주셨을 뿐 아니라, 필자가 다양한 핑계를 대며 게으름을 부릴 때마다 적절히 재촉해주신 한국문학사 이은영 편집자님께 감사말씀 드린다. 그리고 이 책의 원고를 가지고 진행한 〈우연의 이해〉, 〈빅데이터와 현대사회〉, 〈과학기술과 융합〉, 〈통계적 추론〉 강의를 열심히 듣고 고칠 부분을 지적해주고 좋은 의견도 말해준 경성대학교 학생들에게도 대단히 고맙다는 인사를 전하고 싶다.

2017년 6월
조재근

통계학,
빅데이터 시대를 이끌다

─── 통계학은 조사나 실험을 통해 얻은 데이터를 바탕으로 알지 못하는 것에 대해 추론하는 학문으로서 우리가 불확실한 상황에서 의사결정을 내릴 때 과학적인 길잡이 역할을 한다. 지난 몇 세기 동안 통계학은 다양한 분야의 데이터를 분석하는 데 널리 활용되면서 자연과학뿐 아니라 사회과학과 인문학까지 아우르는 매우 융합적인 분야로 성장했다. 최근에는 특히 인공지능과 빅데이터 분석이 각광받으면서 통계학의 역할이 더욱 중요해지고 있다.

이 장에서 우리는 데이터와 정보, 그리고 지식의 관계를 살펴본 다음 통계 데이터의 역사와 종류에 대해 알아볼 것이다. 그리고 미래 사회의 일자리 문제를 중심으로 데이터 사이언스라는 새로운 분야에 대해서도 알아볼 것이다. 빅데이터에 대해서는 낙관론만 있는 것이 아니다. 우리는 클라우드 컴퓨팅과 빅데이터의 관계를 통해 빅데이터에 대한 비판적인 입장도 살펴볼 것이다.

4차 산업혁명,
일자리가 사라져서 혁명적일까?
4차 산업혁명은 융합혁명

**2016년 세계경제포럼의
미래 일자리 보고서**

최근 언론에서는 이른바 '제4차 산업혁명(Fourth Industrial Revolution, 4IR)'으로 인해 산업구조가 크게 바뀌고 아주 많은 일자리들이 급속히 사라질 것이라는 보도를 내놓고 있다. 우리나라에서 4차 산업혁명에 대한 논의가 활발해진 것은 2016년 1월 스위스 다보스에서 열린 세계경제포럼(World Economic Forum, WEF)에서 '직업의 미래(Future of Jobs)'라는 보고서를 내면서부터였다.[1](1-1) 그 보고서에 따르

1-1 2016년 1월 스위스 다보스에서 열린 세계경제포럼의 한 장면.
출처 : www.weforum.org.

면 장차 새로 생길 일자리의 수는 사라지는 일자리 수보다 훨씬 적을 것이라고 한다.[2] 그러다 보니 우리나라 언론에서 나온 그 보고서에 대한 보도에는 4차 산업혁명 시대를 맞아 전도 유망한 분야가 어떤 것인가에 초점을 둔 내용들이 많았다.[3]

아마 대학 입학을 앞둔 청소년들 가운데에는 전공할 학과나 분야를 선택하기 위해 고민하는 과정에서 그런 보도를 참고자료로 이용하는 경우도 있을 것이다. 보도에 따르면 인공지능·빅데이터·생명공학·나노기술·사물인터넷 등이 앞으로 유망한 분야라고 한다. 그렇다면 그런 분야 중 하나를 전공하면 장차 좋은 일자리를 얻어 안정적으로 살 수 있을까? 그렇게 생각하는 사람은 보고서를 너무 편향적으로 읽은 사람이라고 할 수 있다. 물론 그 보고서에서는 데이터 분석·컴퓨터·수학 등의 분야에서 일자리 수요가 많을 것이라고 전망하고 있기는 하다. 하지만 2016년 초 세계경제포럼에서 발표한 그 보고서는 바로 몇 년 뒤에 다가올 2020년의 일자

> **제4차 산업혁명**
> (Fourth Industrial Revolution, 4IR)
> 18세기 후반에 시작된 1차 산업혁명은 증기기관을, 19세기 말에 시작된 2차 산업혁명은 전기에너지를 이용했다. 그리고 20세기 후반에 시작된 3차 산업혁명에서는 정보기술과 자동화가 중심이었고 최근의 4차 산업혁명에서는 인공지능, 로봇기술 등이 중심이다.

리 상황을 전망한 것이므로 진로 선택을 앞둔 청소년들이 궁금해할 보다 먼 미래에 대한 전망은 포함하고 있지 않았다.

그리고 잘 살펴보면 보고서의 초점은 유망한 분야나 기술을 소개하는 데에 있다기보다는 시대변화에 따라 요구되는 직무역량들(skills)을 예측하는 쪽에 있는 것 같다. 미래를 살아갈 청소년들이 주목할 만한 부분도 거기에 있다. 보고서에서 2020년에 가장 중요한 직무역량으로 꼽은 것은 '복합적인 문제를 해결하는 능력(complex problem solving skill)'이었다. 이 능력은 2015년에도 가장 중요한 역량으로 꼽힌 바 있다. 이어서 '비판적 사고(critical thinking)', '창의성(creativity)'이 그다음으로 중요한 역량으로 꼽혔는데, 이런 역량들은 2015년에 비해 중요도의 순위가 크게 상승한 것들이다.[4] 그런데 앞에서 소개한 주요 직무역량들은 서로 분리하기 어려운 것들로서 어떤 유망한 한 분야를 선택해서 거기에만 몰두해서는 얻기 어려운 역량들이다.

따라서 세계경제포럼의 보고서가 강조하는 것은 바로 융합과 통섭이라고 할 수 있다. 컴퓨터만 매일 공부한 사람이나 통계학만 열심히 공부한 사람한테서 통찰력에 바탕을 둔 비판적 사고를 기대하기란 어려울 것이므로 인문학적 소양도 없고 사회에 대한 관심과 고민도 없는 폐쇄적 성향의 전문가가 설 자리는 앞으로 더 좁아질 것 같다.

눈앞에 다가온 4차 산업혁명의 영향으로 이처럼 세상의 변화가 빠르게 진행되는 만큼 대학에서의 전공이 옛날처럼 개인의 인생에서 큰 역할을 하기는 어려울 것이다. 무엇을 전공하든 비판적인 사고에 바탕을 둔 융합과 통섭 능력이 점점 중요해질 수밖에 없다. 게다가 대학이 시대를 이끌면서 지식이나 학문을 독점하던 시대도 지난 지 오래이므로 대학을 떠나서도 평생에 걸쳐 공부를 해나가야 한다는 주장은 이미 상식처럼 받아들여지고 있다. 융합과 통섭적 사고는 좋은 일자리를 찾는 데 직접 도움이 된다기보다는 거대한 혁명의 시대를 어떻게 이해하고 살아갈지 나름의 길을 모색하는 데 더 필요할 것이다. '노동의 종말'에 대한 논의가 나온 지도 벌써 20년이 넘었다.[5] 노동이란 무엇인지, 노동에 바탕을 둔 삶이 과연 보편적인 삶일지, 많은 것들을 근본부터 다시 생각해야 할 시대인 것이다.

이 책에서는 앞으로 통계학을 중심으로 빅데이터, 데이터 사이언스 등에 대해서 주로 논의할 것인데, 독자들은 4차 산업혁명의 시대에 이런 분야에 대한 공부가 제일 중요하다든가 이것이야말로 남들보다 앞설 수 있는 지름길이라고 생각하지는 말기 바란다. 최근 데이터나 통계학의 역할이 강조되는 것은 그 분야들이 유별나게 중요해서라기보다는 이들이 혼자가 아니라 다른 분야들과 융합할 때 가장 유용한 분야들이기 때문이다.

4차 산업혁명 시대의 통계학과 데이터 사이언스

이 책에서 우리는 통계학의 여러 가지 모습을 살펴볼 것이다. 혹시 통계학이란 지루하고 의미 없는 숫자 무더기만 다루는 분야라고 생각하거나 골치 아픈 수학의 일부라고 여기는 사람이 있다면 그런 사람은 통계학의 극히 일부분만, 그것도 낡아버린 부분만 보는 사람이다. 특히 컴퓨터가 널리 활용되기 시작하면서 통계학의 변신 속도는 깊이와 폭 양쪽 방향에서 더욱 빨라졌다. 그 결과 20세기 후반쯤에 이르면 통계학은 자연과학은 물론 인문·사회과학 분야의 경험적 연구에서 핵심적인 역할을 하게 되었고 사회·정치·경제 분야들, 그리고 우리의 일상 속으로까지 들어오게 되었다. 이처럼 통계학적 이론과 방법, 그리고 사고방식이 너무 많은 곳에 깊숙이 스며들어 있다 보니 오늘날에 와서는 아무리 대단한 통계학자라 할지라도 혼자서 그와 같은 통계학의 면모를 총체적으로 파악할 수 없게 되었다.

그렇다면 21세기에는 어떨까? 최근 4차 산업혁명의 핵심 분야로 각광받는 빅데이터·기계학습·인공지능 관련 책을 아무 것이나 골라 펼쳐보면 그 속에 통계학이 들어 있을 것이다. 해당 내용을 더 깊이 다루는 책에서는 통계학이 더 많이 나온다. 그렇다 보니 빅데이터와 인공지능의 시대는 곧 통계학의 시대라고 말하는 사람도 적지 않다. 물론 빠르게 변화하는 여러 분야에서 통계학이 중요한 역할을 하는 이유가 통계학의 내용이나 방법이 변하지 않고 고정된 모습을 유지했기 때문은 아니다. 통계학의 특성은 유연함에서 찾을 수 있는데, 최근 빅데이터 분석이 중요해지면서 주목받고 있는 '데이터 사이언스(data science, 데이터 과학)'가 그러한 특성을 잘 보여준다.

빅데이터의 시대에 접어든 이후 데이터의 규모나 종류가 크게 확대되고 실시간 분석이 중요해지면서 데이터 수집과 관리·분석 등의 작업을 통계학이나 컴퓨터 과학 등 기존의 단위 학문이 온전히 담당하기가 점점 어려워졌고, 이에 따라 통계학과 컴퓨터 과학, 비즈니스 등 이전까지 잘 섞이지 못했던 분야들이 만나 새로운 융합학문을 이루게 되었는데 이를

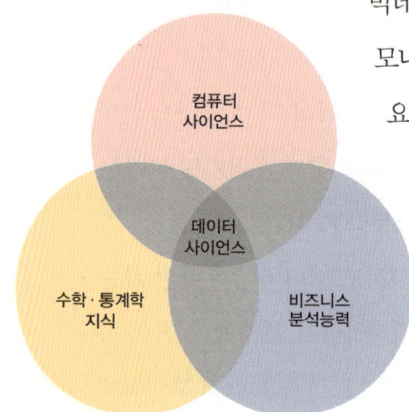

1-2 데이터 사이언스의 영역과 필요 역량.

흔히 '데이터 사이언스'라고 부른다.[1-2]

 물론 그렇다고 해서 모든 사람이 통계학이나 데이터 사이언스를 전공으로 삼을 이유는 없다. 하지만 통계학과 밀접한 관계를 갖는 빅데이터와 인공지능이 우리의 삶과 사회를 혁명적으로 바꿀 정도라면, 통계학과 데이터에 대한 폭넓은 소양을 갖는 것은 피상적인 수준을 넘어 시대 변화를 파악하는 데 도움이 될 수 있을 것이다. 전공을 불문하고 평생 공부해야 하는 시대라고들 할 때 그런 공부에 두루 공통적으로 들어갈 내용이 있다면 그것이 넓은 의미에서의 통계학, 나아가 데이터 과학일 수도 있다. 21세기에 태어난 세대가 살아갈 변화와 융합의 시대에 통계학과 데이터 과학은 실로 상식과 다름없는 역할을 하게 될지도 모른다.

이대호처럼
덩치가 커서 빅데이터일까?

 그런데 '주어진 자료'를 뜻하는 '데이터' 앞에 붙은 '빅'이 무슨 뜻일까? 빅데이터라는 단어를 처음 만났을 때 두툼한 햄버거 빅맥을 떠올린 사람도 있었을 것이고, '빅 보이'라고 불리던 거구의 야구선수를 떠올린 사람도 있었을 것이다. 빅데이터란 무엇일까? 흔히 3V라는 것을 빅데이터의 가장 두드러진 특징으로 일컫고 있는데, 데이터의 양(Volume)과 다양성(Variety) 그

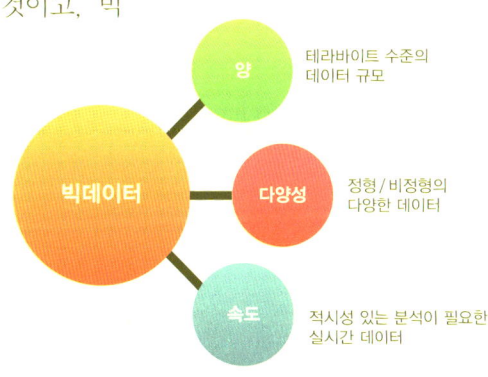

1-3 빅데이터의 3V.

리고 속도(Velocity)가 그것이다.[1-3] 정보통신기술의 발달로 인해 생산되는 디지털 데이터의 양이 급속도로 많아진 것, 그리고 데이터의 전달이나 저장, 분석 속도가 빨라진 것은 말할 필요도 없겠다. 양과 속도 못지않게 중요한 것은 데이터의 종류와 내용이다. 음성 데이터, 영상 데이터, 자연언어 데이터 등 과거에는 데이터라고 생각하지도 못했던 것들까지 데이터가 되었다.

그런데 이처럼 다양해진 데이터를 종래의 방식으로 분석할 수 있을까? 당연히 새로운 데이터를 저장하고 분석하기 위한 새로운 방법들도 필요해졌을 것이고, 엄청난 규모로 빠르게 생산되는 다양한 데이터를 처리할 수 있는 방법을 개발하는 것 역시 빅데이터 연구의 중요한 부분일 것이다.

데이터(data)라는 단어는 원래 라틴어에서 온 것인데 '주어진 것'을 뜻하는 'datum'의 복수형이라고 한다. 그렇다면 영어 표현으로 'What are data?'가 맞는 표현이고 'What is data?'는 옳지 않은 표현일까? '빅데이터란 무엇인가?'라는 질문도 'What are big data?'라고 해야 할까? 반드시 그렇지는 않다. 영어에서 'data'는 하나의 덩어리라는 의미로 단수명사로도 흔히 쓰이고 있기 때문에 'What is big data?'라는 표현도 자주 볼 수 있다. 그렇다면 'Statistics'라는 단어는 어떨까? 이 단어 역시 단수와 복수 모두 가능한데 단수로 쓸 때에는 '통계학'이라는 학문이름을, 복수로 쓸 때에는 통계자료들을 뜻한다.

그런데 '빅데이터'라는 단어가 오늘날과 같은 의미로 사용된 것은 언제부터였을까? 이 물음에 대해서는 여러 가지 답이 있는데 미국의 정보기술 자문회사인 가트너(Gartner)에서 일하던 레이니(Douglas Laney)가 1990년대에 처음 썼다는 주장도 있고, 미국의 컴퓨터 과학자인 매쉬(John

Mashey)가 비슷한 시기에 이 단어를 썼다는 주장도 있다. 또한 가트너의 레이니는 빅데이터를 정의할 때 항상 등장하는 3V를 2001년에 처음 제시한 사람으로 알려져 있기도 하다.[6]

또 다른 주장에 따르면 2005년에 종래의 방식으로는 처리하기 불가능할 정도로 규모가 크고 복잡한 데이터를 빅데이터라고 부르고 널리 알린 사람은 미국의 출판사인 오라일리 미디어(O'Reilly media)에서 일하는 마굴라스(Roger Magoulas)라고 한다. 마지막 주장에 따른다면 빅데이터라는 단어는 무척 짧은 시간 안에 널리 전파되어 많은 사람이 쓰기에 이르렀던 셈이다. 그만큼 이 단어가 우리의 일상은 물론 사회·경제·정치 등에 미치는 영향이 크다는 뜻이겠다.

그런 변화에 대해 생각해보기 위해 조금 시야를 넓혀서 데이터와 정보, 지식의 관계를 잠시 살펴보자. 거칠게 말하면 '정보'는 자료로서의 데이터 자체라기보다는 그 자료를 압축해서 추출해낸 것이라고 할 수 있다. 또한 정보들을 모아 더 압축하고 추상화한 것을 '지식'이라고 할 수 있다. 그리고 그러한 지식들을 모아 더 추상화시킨 것을 '지혜'라고 부를 수 있다. 인류의 역사를 돌이켜보면 경험 많은 노인이나 성직자들이 어른 대접을 받던 시기가 오래 지속되었으므로, 상당한 기간 동안 데이터나 정보, 지식보다는 무르익은 삶의 지혜가 더 중요한 대접을 받았다고 할 수 있겠다. 그러다가 산업화가 진행된 근대 이후에는 지식의 가치가 높아지면서 비로소 많은 사람들이 학교에 다니게 되었고, 거기서 익힌 전문적인 지식이 높이 평가받는 시대가 되었다.

그러다가 20세기 후반부터 '정보사회' 또는 '정보화 사회(information society)'에 대한 논

> **정보화 사회(information society)**
> 정보를 가공·처리·유통하는 활동이 사회 및 경제의 중심이 되는 사회이다.

의가 시작되면서 사람의 머릿속에 담겨 있는 지혜나 지식 대신 컴퓨터가 저장하고 처리하는 데이터가 중요해졌다. 그런데 지혜나 지식은 그 자체로 의미를 가진 것들이었던 반면 새롭게 등장한 컴퓨터 속의 데이터는 궁극적으로 0과 1이라는 무의미한 기호들로 이루어진 것들이다. 이제 신문기사도, 학자들의 연구결과도, 기업과 개인의 금융거래실적도, 심지어는 시나 소설, 일상적인 잡담들까지도 모두 컴퓨터 속에서 바이트 단위로 저장되는 '평등한' 대접을 받게 된 것이다.

문헌 자료가 중심이었던 과거와 비교해보았을 때 디지털 시대의 데이터와 정보는 지식이 만들어지고 소비되는 방식을 크게 바꾸었다. 가령 구글은 2004년부터 진행하고 있는 'Google Books Library' 프로젝트를 통해 전 세계 도서관에 있는 모든 자료를 스캔해서 디지털 자료로 만들 것이라고 한다. 무너질 일 없는 디지털 도서관을 세워 아무리 희귀한 자료라 하더라도 세계 어디에서나 쉽게 이용할 수 있게 만들겠다는 것이다.

또한 누구든 글을 쓰고 수정하고 복제하고 활용할 수 있기 때문에 흔히 집단지성의 대표적인 사례로 꼽히는 인터넷 백과사전 위키피디아는 오랜 전통을 지닌 백과사전들을 쓸모없게 만들어버렸다. 지식이 만들어지고 소비되는 데에 시간과 장소가 더 이상 중요한 장애요인이 아닌 시대가 온 것이다.

정보사회학자 백욱인은 "데이터가 정보가 되고 정보가 지식이 되는 한편, 거꾸로 지식이 정보가 되고 정보가 데이터가 되는 이중의 과정을 통해 현대 정보화 사회의 기반이 마련되므로 데이터와 정보, 지식의 삼각관계를 이해할 필요가 있다"고 주장한다.[7]

빅데이터의 곳간을 열다
데이터랩과 엔그램

빅데이터는 어디에 모여 있을까?
: 데이터센터

필자는 2007년에 '네이버'에 블로그를 만들어 여러 주제에 대한 글을 드문드문 적어왔다. 지난 10년 동안 그 블로그 덕분에 새 '이웃'까지 몇몇 생겼다. 그런데 네이비에서는 얼마 전부터 빅데이터를 이용해서 블로그를 분석해준다고 홍보하기 시작했다. 잠시 살펴보았더니 필자의 블로그를 분석한 결과는 다음과 같다고 알려준다.

1-4 http://blog.naver.com/quetel 네이버 분석 결과.

"찬찬히 읽고, 고심해서 쓰는 당신, 그게 매력이더라 — 관심 주제는 문학·책!
전체공개/이웃공개/서로이웃공개 포스트 366개를 대상으로 네이버 빅데이터 분석 + 자연어 처리 기술을 이용해 의미 있는 키워드와 관심 주제를 추출했어요."

지난 10년간 필자가 블로그에 올린 포스트가 3백여 꼭지라고 한다. 거기에 담긴 키워드를 추려보았더니 위 그림과 같이 나왔다는 말이겠다.[1-4] 가만 보니 통계학과 관련된 단어가 여럿이고 신문이나 책의 이름, 또 그런 곳에 글을 쓴 저자들의 이름도 여럿 보인다. 그런데 "일하는 사람들"이나 "열여섯" 같은 단어가 왜 중요한 단어로 분석되어 나왔을까? 그 이유는 블로그 주인인 필자도 모르겠다.

필자의 블로그에는 일상에서 만나는 사소하고 단편적인 이야기들을 적은 것들이 대부분이지만, 모든 이용자들의 블로그를 다 살펴본다면 아주 많은 키워드들이 등장할 것이다. 아마 블로그 대문 그림만 보고도 "이 블로그 주인은 부산 해운대에 살고, 책과 신문과 영화를 좀 좋아하는 것 같지만, 여행은 전혀 하지 않는 매우 답답한 사람이겠구나." 정도는 누구나 짐작할 수 있을 것 같다. 필자의 경우 근래에는 블로그에 사진을 올리는 경우도 많은데 사진까지 분석한다면 더 세밀하고 다양한 분석이 가능하겠다. 블로그뿐 아니라 사람들이 페이스북이나 트위터, 인스타그램에 남긴 것들까지 분석한다면 아마 누가 언제 어디서 누구랑 무엇을 했는지 금세 알 수 있을지도 모른다.

네이버는 지난 10여 년간 우리나라 검색서비스 분야에서 1위를 유지해왔다고 하는데 2016년 초부터 네이버 검색창과 네이버쇼핑 등의 검색 기록을 바탕으로 다양한 빅데이터 서비스를 내놓고 있다. 그 가운데 '네이버 데이터랩(Naver Data Lab)' 서비스가 대표적인데, 이를 두고 어느 신문에서는 "네이버, 검색부터 지식까지 '빅데이터 곳간' 연다"[8]고 표현했다. 네이버와 같은 기업이 가진 데이터가 바로 가장 중요한 자산이고 사업밑천이라는 뜻이겠다.

그런데 필자의 블로그 데이터를 비롯해서 네이버가 관리하는 엄청난 데이터는 어디에 모아두었을까? 정보 서비스에 필요한 서버, 스토리지, 네트워크 등의 장비를 통합해서 관리하는 시설을 데이터센터라고 부르

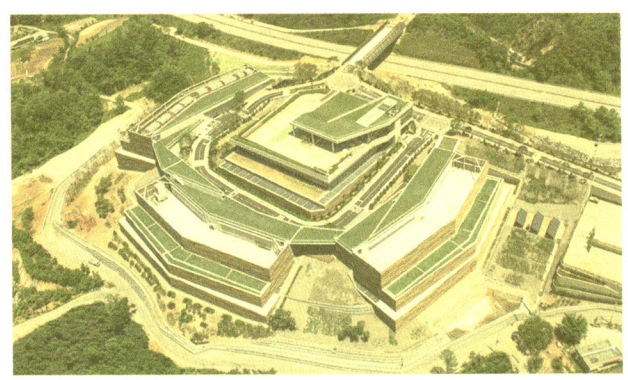

1-5 강원도 춘천에 있는 네이버 데이터센터 '각'. 출처 : http://datacenter.navercorp.com.

는데, 네이버뿐 아니라 많은 IT 기업들은 자체적인 데이터센터를 세계 여러 곳에 갖고 있다.[1-5]

구글의 엔그램
: 단어로 찾는 역사

그림 (1-6)은 네이버 데이터랩에서 보여주는 그림으로서 '혼밥', '혼술'이라는 키워드의 빈도를 나타낸다. 네이버에서는 이런 그림을 '데이터 융합분석'에 포함시키고 있다. 네이버가 지난 10여 년간의 검색 기록을 바탕으로 이런 서비스를 하고 있다면, 구글은 지난 몇 세기 동안에 나온 책들을 스캔한 어마어마한 자료를 바탕으로 2010년부터 이와 비슷한 서비스를 제공하고 있다. 구글은 이미 여러 해 전부터 세계 주요 대학의 도서관에 있는 모든 자료들을 디지털화하는 작업을 하고 있는데, 이를 이용하면 어떤 희귀자료든 세계 모든 사람들이 손쉽게

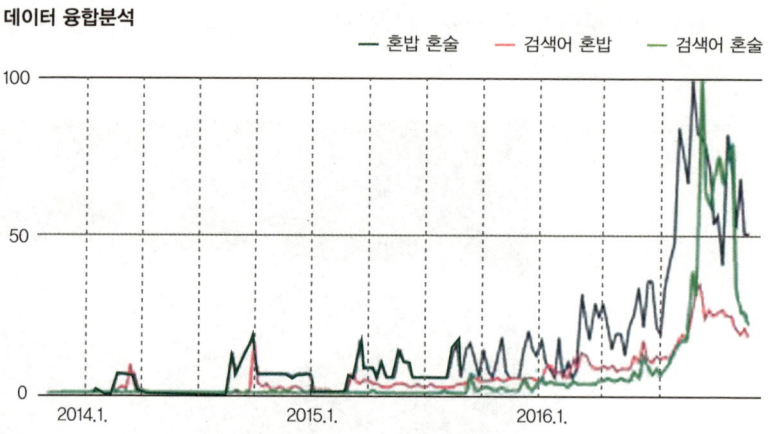

1-6 네이버 데이터랩의 데이터 융합분석 사례.

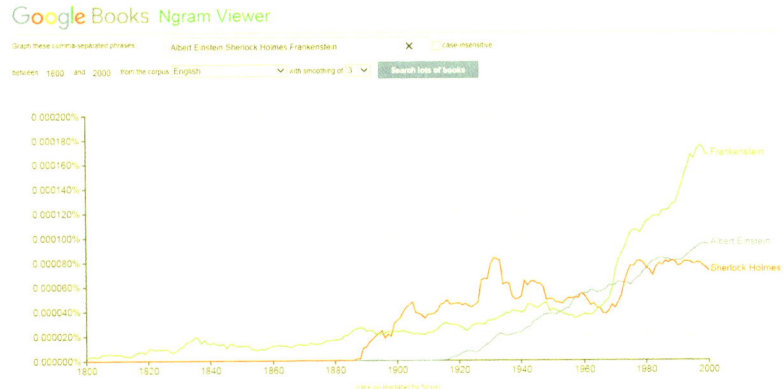

1-7 Google Books Ngram Viewer.

접할 수 있게 될 것이라고 한다. 구글 엔그램(Google Ngram Viewer 또는 Google Books Ngram Viewer) 서비스도 그중 하나다.

여기서 엔그램(n gram)이란 컴퓨터 언어학, 즉 인간이 쓰는 자연언어를 컴퓨터로 처리하는 분야에서 이용되는 분석법으로서, 언어의 문법이 아니라 서로 이웃해서 나타나는 단어들의 빈도와 확률모델을 이용하는 방법이다. 컴퓨터가 인간의 말이나 글을 듣거나 읽고 이해하고 인간과 의사소통할 수 있는 바탕에는 컴퓨터 언어학이 있다. 디지털 인문학의 하나라고 할 수도 있는 이 학문은 컴퓨터 과학과 언어학·수학·통계학이 만나는 대표적인 융합학문이다.

엔그램도 누구나 직접 경험해볼 수 있다. 검색창에서 'Google ngram viewer'라고 치거나 주소창에서 'https://books.google.com/ngrams'를 입력하면 바로 [1-7]과 같은 창을 만난다. 그림에 있는 결과는 지난 200년간 아인슈타인, 셜록 홈스, 프랑켄슈타인의 이름이 문헌에 나온 빈도를 비교해서 보여준 것이다. 엔그램 뷰어의 검색창에 찾고 싶은 단어

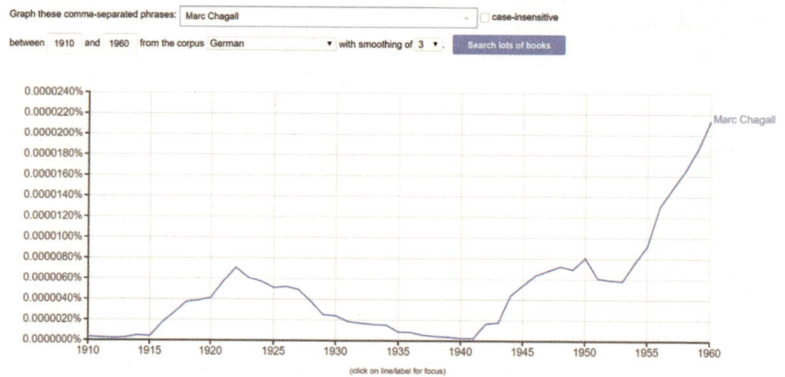

1-8 화가 샤갈의 이름이 독일어 문헌에서 나타난 빈도의 변화.

를 입력하면 몇백 년간의 데이터에서 나온 결과를 순식간에 볼 수 있다. 엔그램 뷰어를 개발한 사람들은 이 서비스가 문학·역사학·언어학 등 아주 많은 분야에서 혁명적인 역할을 할 것이라고 주장한다.[9]

가령 언어를 독일어로 지정하고 1910년부터 50년간 샤갈(Marc Chagall)의 이름이 나타난 빈도를 그려보면 그림 (1-8)과 같다. 이 그림에서 샤갈의 이름이 1940년을 전후한 시기에 급격히 사라진 것을 볼 수 있다. 나치가 독일을 지배하던 시기에 많은 유대계 예술가들이 박해를 받았는데, 샤갈 역시 그들 중 하나였음을 이 그림에서 뚜렷이 확인할 수 있다.

관심이 있는 독자는 'United States is'와 'United States are'가 나타난 빈도를 그림으로 그려보시라. 미국은 여러 주의 연합이므로 복수형이 맞을 것도 같고 하나의 국가이므로 단수형이 맞을 것도 같은데, 시대에 따라 달랐을 것이다. 미국 역사에서 사람들이 미국이라는 나라를 어떤 시기에 단일한 국가로 더 생각했을지 알아보고 싶은 역사가들에게 엔그램은 유용한 도구가 될 수 있을 것이다.

TIP

클라우드 컴퓨팅과 빅데이터

빅데이터 분석은 종전의 통계분석처럼 한 곳에 저장된 한정된 데이터를 대상으로 하기보다는 온라인이나 여러 곳에 있는 데이터를 대상으로 한다. 따라서 빅데이터는 주로 클라우드데이터센터에 저장되므로 클라우드 컴퓨팅 회사가 빅데이터 분석을 제공하는 경우가 많다. 즉 빅데이터 분석보다 클라우드 컴퓨팅이 더 넓은 의미를 지닌다. 대표적인 클라우드 컴퓨팅 회사로 아마존이 만든 'AWS(Amazon Web Services)'를 들 수 있다.[1-9]

AWS는 2006년 데이터를 저장할 장소를 빌려주는 스토리지 서비스에서 시작하여 데이터베이스, 데이터 분석 서비스, 모바일 서비스 등으로 영역을 넓혀왔다. 이 회사가 클라우드 컴퓨팅 분야에서 빠르게 성장한 이유는 2012년 미국의 대통령 선거 때 오바마 후보의 선거운동팀이 AWS의 빅데이터 분석을 활용한 것이 승리의 주요 원인 중 하나로 꼽혔기 때문이다.

1-9 AWS의 로고.

우리나라에서도 AWS코리아라는 이름으로 2012년부터 사업을 하고 있는데 이 회사의 홈페이지에서는 클라우드 컴퓨팅을 "클라우드 서비스 플랫폼에서 컴퓨팅 파워, 데이터베이스 스토리지, 애플리케이션 및 기타 IT 리소스를 필요에 따라 인터넷을 통해 제공하고 사용한 만큼만 비용을 지불하는 것"이라고 소개하면서 이 서비스를 이용하면 이용자가 "데이터센터와 서버에 대규모의 투자를 할 필요가 없다"고 밝히고 있다.

이곳의 대표는 클라우드 컴퓨팅을 인간에 비유해서 다음과 같이 설명하고 있다. "인간으로 치면, 데이터를 처리하고 계산하는 클라우드는 인간의 '뇌', 클라우드로 연결되는 네트워크는 인간의 '신경계', 사진을 찍는 스마트폰과 같은 단말기는 인간의 '감각'에 해당된다고 할 수 있을 것이다. 스마트폰으로 사진을 보고 음악을 듣는 것도 중요하고 클라우드를 연결하는 네트워크도 중요하지만, 정작 뇌 역할을 하는 클라우드야말로 갈수록 중요해지고 있다."[10]

우리는 빅데이터와 클라우드 컴퓨팅이 불러올 미래에 대해 낙관적인 전망을 훨씬 많이 만난다. 하지만 요란하지는 않지만 심각한 문제들을 지적하는 경고의 목소리도 없지 않다. 그중 하나는 전 세계적인 규모의 정보 권력 집중 문제이다.

가령 『클라우드와 빅데이터의 정치경제학』이라는 책의 저자는 "클라우드 컴퓨팅 시스템을 통해 정보노동과 정보소비를 관리하는 소수의 기업들과 몇몇 정부에 정보의 생산·처리·축적·배분과 전자 서비스들이 집중화되는 방식으로 전 세계적인 정보 자본주의가 만들어지는 과정이 진행되고 있다"고 말한다. 이에 따라 "엄청난 컴퓨터 능력이 집중된 클라우드 시스템을 거의 비슷비슷한 소수의 조직들이 폐쇄적으로 통제하는 방식으로 앞으로의 자본주의적 세계 질서가 지속적으로 성장하며 유지될지는 불투명"하다고 경고한다.

저자는 권력 집중뿐만 아니라 앎의 방식 변화에 대해서도 다음과 같이 우려한다. "클라우드 컴퓨팅은 기술적 혁신 그 이상을 의미하는데, 그 이유는 클라우드 컴퓨팅이 매우 독특한 특정 형태의 지식을 선호하는 앎의 문화(culture of knowing) 및 인간의 사회적 삶에서 중요한 함의를 지닌 앎의 방식(ways of knowing)을 촉진하기 때문이다."[11]

오늘날 미국 캘리포니아의 실리콘밸리에 있는 IT기업들은 세계의 변화를 이끌어갈 존재로서 어떤 일을 하더라도 비판받지 않고 거의 신격화에 가까운 대접을 받고 있다. 구글이나 페이스북을 비롯한 공룡기업들이 벌이고 있는 각종 사업 중에는 대단히 모험적인 사업도 많고 왜 하는지 짐작도 하기 어려운 이상한 사업도 여럿 있다. 심지어 사람이 죽지 않는 방법을 연구하는 데 막대한 비용을 쏟아붓는 곳도 있다고 한다. 그러다 보니 우려의 목소리도 나온다.

국내 어느 경제 잡지는 2017년 봄 「실리콘밸리의 공허한 세계관」이라는 도발적인 제목의 커버스토리를 실은 바 있다.[12] 그 잡지의 기사에서는 "실리콘밸리 경영자는 세상을 개선하는 인물로 존경받는다. 하지만 이들 가운데 많은 사람이 자기애가 강하고 비민주적이거나 세상 물정을 모른다"고 비판하고 있다. 세계적인 주목을 받고 있는 인물들 가운데 이성적인 사고를 하지 못하는 사람들이 꽤 많다는 말이다. 정말 그렇다면 그들이 통제불능의 권력을 휘두르지 못하도록 제어하는 일이 시급해 보인다. 빅데이터와 인공지능의 시대는 인간의 비판적인 사고능력이 어느 때보다 중요한 시대다.

낱말들로 뭉게구름을 그려볼까?
텍스트 분석과 데이터 시각화

데이터를 한눈에 보려면?
: 데이터 시각화

잠시 그림 (1-10)을 보자. 이 책의 일부 내용을 가지고 만든 것인데 이런 그림을 '단어 구름(word cloud)', 즉 단어들로 이루어진 구름이라고 부른다. 이 그림은 자연언어 처리 기술을 이용한 '텍스트 분석' 또는 '텍스트 마이닝' 분석법 중에서 가장 널리 알려진 것에 해당한다. 신문기사, 각종 디지털 문서, 트위터나 페이스북 등에 있는 글 등이 모두 이러한 텍스트 분석의 대상이 될 수 있다. 그런데 이러한 것들은

이전까지 통계분석의 대상이었
던 데이터들과 어떤 차이가 있
을까? 아니, 블로그·트위터·
페이스북 등에 있는 글·사진·
영상들을 과연 '데이터'라고 할
수 있을까? 일단 예로 든 단어
구름 그림을 가지고 좀 쉽게 살
펴보자.

  단어 구름은 문서에 있는 단
어들을 다 모아서 그중 자주 나
오는 단어들을 그림으로 나타
내는 방법이다. 사실 책을 비롯한 문자로 기
록된 정보들은 우리가 찾고자 하는 주요 단
어나 핵심 내용 말고도 다양한 요소들을 포
함하고 있다. 가령 마침표·쉼표·물음표·느
낌표 등의 각종 문장부호들, 명사에 붙는 여
러 조사들, 형용사나 동사 뒤에 붙는 다양한
어미들, 그리고 'of, the, a'와 같은 영어의 전치사, 관사들이 그런 요소
에 속한다. 이들은 각각 문장에서 나름 중요한 역할을 하지만 우리의 관
심 대상은 아니므로 텍스트 분석에서는 일종의 잡음 역할을 하는 것들
이다. 사실 전통적인 통계분석 방법들은 이런 잡음들과 찾고 싶은 내용
이 뒤섞인 데이터들보다는 주로 깔끔한 데이터를 대상으로 만들어진 분
석법들이라 할 수 있다. 그런데 빅데이터의 특징 중 하나는 데이터의 양
이 많아진 대신 그 데이터 속에 다양한 잡음들이 섞여 있는 경우가 많다

1-10 '단어 구름'의 한 예.

텍스트 마이닝
언어학·통계학·기계 학습 등을
기반으로 한 자연어 처리 기술
을 활용해 반정형·비정형 텍스트
데이터로부터 의미 있는 정보를
찾아내는 분석법.

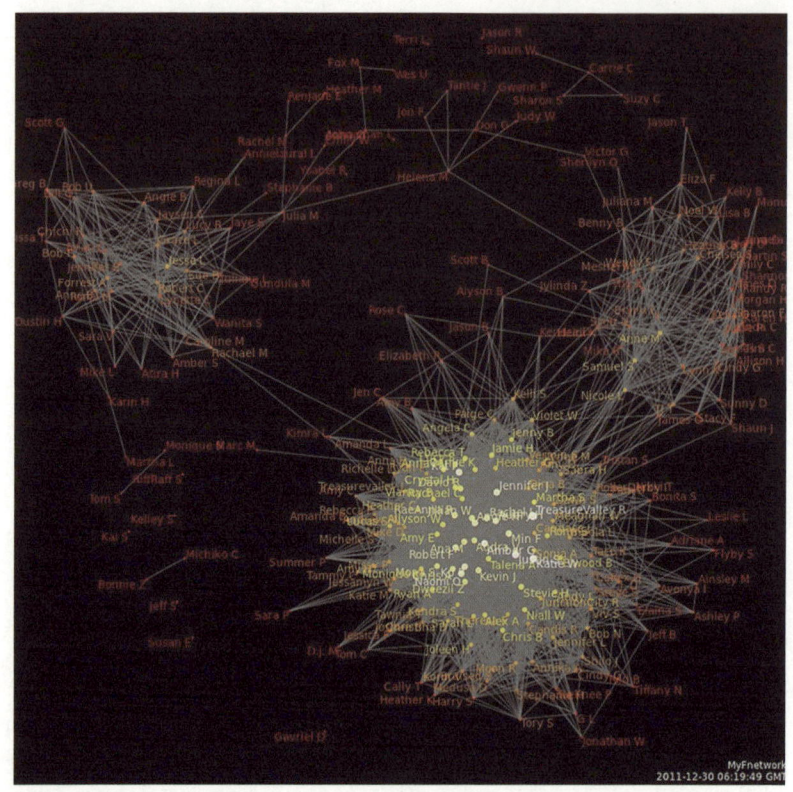

1-11 소셜네트워크 데이터의 시각화. ⓒ Kencf0618

는 점이다.

　두 번째는 우리가 그려본 단어 구름은 '그림'이라는 점이다. 최근 빅데이터 분석에서 한층 더 중요해진 방법으로 '데이터 시각화(data visualization)'를 들 수 있다. 데이터에서 얻은 정보를 나타내는 방법은 여럿이다. 요약된 수치로 나타낼 수도 있고, 표로 그릴 수도 있으며, 수학적인 표현을 써서 모형으로 나타낼 수도 있고, 문장으로 설명하는 방법도 있다.[1-11] 그 모든 방법 가운데 사람들에게 가장 호소력 있는 방법은 그림으로 표현하는 방법일 것이다. 인간이 가진 감각 가운데 시각은 청

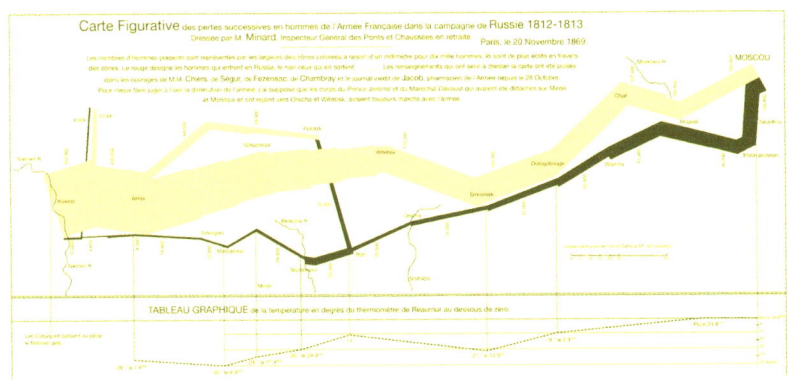

1-12 나폴레옹의 러시아 원정 과정을 지도에 나타낸 미나르의 그림. 1861.

각이나 미각, 촉각, 후각 등보다 훨씬 비중이 커서 인간이 인식하는 것 가운데 거의 75% 정도가 시각을 통한 것이라고 한다. 그림은 다른 어떤 방법보다도 짧은 시간 안에 메시지를 전달할 수 있고, 기억에도 오래 남는다.

19세기 프랑스의 토목공학자였던 미나르(Charles Joseph Minard, 1781~1870)가 1861년에 그린 지도 그림을 잠시 보자. 그림 (1-12)에는 1812년에서 1813년 사이에 나폴레옹의 프랑스 군대가 러시아를 침공했다가 참담한 패배를 당하고 후퇴하기까지의 과정이 나타나 있다. 가운데에 있는 굵은 띠처럼 보이는 것은 프랑스군의 병력 수를 나타내는데 1mm만큼의 폭이 천 명에 해당한다. 검은 띠는 퇴각할 때의 병력 수를 나타내는데 처음 출발할 때에 비해 크게 줄어든 것을 알 수 있다. 또한 그림에는 시기와 군대의 이동 지역별 기온 변화, 이동 거리와 방향, 위도와 경도 등 여섯 가지의 정보가 담겨 있다. 지리학에서는 이처럼 각종 정보를 나타낸 지도를 '주제지도(thematic map)'라고 부른다. 통계학자 중에는 미나르가 그린 이 지도가 지금까지 나온 정보를 표현하는 그래픽들 가운데 가장 뛰어난 것이라고 평가하는 사람도 있다.[13] 이와 같이 각종 정보를 시각적으로 표현하는 분야를 이전까지는 보통 '통계 그래픽(statistical graphics)', '정보 그래픽(information graphics)' 등의 이름으로 불렸다.

  20세기 후반, 데이터의 규모가 커지고 컴퓨터의 처리속도가 빨라지면서 데이터를 그림으로 나타내는 기능이 뛰어난 소프트웨어들도 많이 등장했다. 대표적인 사례로 전 세계에서 통계분석용으로 가장 널리 쓰이고 있는 'R'이라는 소프트웨어를 들 수 있다. 값이 비쌀까? 천만에, R은 누구나 무료로 간단히 다운로드해서 쓸 수 있는 공개 소프트웨어다.

멋진 그림이 좋은 분석일까?
: 데이터 시각화와 데이터 분석

  컴퓨터 기술발달과 데이터 환경의 변화에 따라 비즈니스를 비롯한 다양한 분야에서 프레젠테이션을 통한 정보 전달이 널리 일반화되면서, 데이터에서 정보를 뽑아내고 지식으로 만드는 과정에서 시각화의 비중이 더욱 커지고 있다. 예컨대 마이크로소프트의 윈도즈 10 운영체제를 바탕으로 한 개인용 컴퓨터를 켰을 때 바탕화면에 나타나는 사각형들로 된 그래픽도 그중 하나이다.[1-13] '트리맵(tree map)'이라고 불리는 이 그래픽은 주로 범주별로 뉴스를 제공하는 사이트 등에서 많이 이용한다. 특히 뉴스의 중요도에 따라 면적을 달리해서 보여주며, 그중 하나를 사용자가 클릭하면 세부 뉴스를 보여준다.

  그런데 이처럼 각종 그래픽이 널리 쓰이고 있다고 해서 데이터 시각화가 전통적인 통계학과 데이터 분석법의 중요성을 약화시킨다거나 대체

1-13 Microsoft Windows 10 운영체제가 설치된 개인용 컴퓨터의 바탕화면에서 볼 수 있는 트리맵.

할 수 있다고 생각해서는 안 된다. 데이터가 아무리 다양한 기법을 동원한 화려하고 현란한 시각화 방법으로 제시되더라도 그것만으로는 우리가 데이터를 수집하고 분석해서 알고 싶은 목적을 충족시킬 수 없다.

굳이 비교하자면 데이터 시각화는 그 매력적인 특성에도 불구하고 다른 데이터 분석을 능가할 만큼 중요하지는 않다. 데이터 시각화는 외형적인 아름다움을 추구하기보다는 데이터에서 중요한 정보와 통찰을 얻어내는 과정 중의 하나, 또는 소통 수단 중 하나라고 보면 되겠다.

마지막으로 최근의 사례를 통해 통계의 이용에 대해 잠시 살펴보자. 2016년 12월 통계청 데이터를 가지고 행정자치부에서 만들었던 (1-14)의 지도 역시 주제지도 중 하나이다. 행정자치부 산하 '저출산고령화대책지원단'에서는 저출산 문제를 해결하는 데 도움이 되리라고 보고 아이를 낳을 수 있는 '가임기 여성수'를 지역별로 나타내는 지도를 만들었

1-14 행정자치부가 만든 출산지도, 2016.

1-15 출산지도 관련 수정 공지문. 출처: http://birth.korea.go.kr/.

다. 그런데 이 지도를 본 많은 사람들이 '여성을 아이 낳는 도구로 보느냐'는 등의 항의를 하는 사태가 발생했다. 예상치 못했던 거센 항의를 받게 되자 행정자치부에서는 홈페이지에서 그 지도를 삭제하고 대신 (1-15)와 같은 해명글을 올리기까지 했다.

이처럼 통계를 적절히 활용하기란, 어쩌면 정확한 통계를 만드는 것보다 더 어려운 일이다. 만일 행정자치부에서 이 통계를 데이터 시각화 방법을 이용한 지도로 만들지 않고 수치로만 발표하거나 표로만 발표했다면 그처럼 많은 비난을 받지 않고 넘어갔을지도 모를 일이다. 따라서 가임기 여성수를 나타낸 지도는 정보를 한눈에 파악할 수 있게 해주는 데이터 시각화 방법의 위력을 역설적으로 잘 드러낸 사례라고 할 수도 있겠다.

통계에도 역사가 있을까?
데이터의 역사와 종류

괴테 시절 독일의 '통계'는 종합지리학?

독일의 대문호 괴테(Johann Wolfgang von Goethe)는 18세기가 끝나갈 무렵의 어느 가을날 이탈리아 여행길에 오른다.[1-16] 철도를 비롯한 교통수단이 없던 시대라서 여행은 많은 비용과 시간을 들여야 하는 특별한 일이었으므로, 괴테의 이탈리아 여행 역시 여러 계절에 걸쳐 이루어졌다.

독일을 떠난 지 얼마 후 괴테는 이탈리아 북부의 볼차노라는 곳에 있

1-16 〈캄파냐에서의 괴테〉, 1787년 괴테의 이탈리아 여행에 동행한 티슈바인이 그린 그림. 프랑크푸르트 슈타델미술관.

는 시장을 구경하다 말고 일정에 쫓겨 그곳을 서둘러 떠난다. 그러면서 그는 "통계를 중시하는 우리 시대에는 아마 이 모든 것이 이미 책으로 인쇄되어 있어서 필요할 때마다 책에서 그것에 대한 정보를 얻을 수 있다는 생각에 위안이 된다"[14]라고 썼다. 말하자면 '지금 이 지방에서 못 보고 지나치는 것들에 대해선 나중에 통계책을 찾아보기로 하자'라고 스스로를 위안했던 셈이다. 난데없이 통계라니? 이게 무슨 소리일까? 우리가 오늘날 알고 있는 통계 관련 책은 알 수 없는 숫자와 표, 그리고 그림들만 잔뜩 들어 있는 재미없는 책 아닌가?

괴테가 기행문에서 통계를 언급한 이유는 당시 독일에서 쓰이던 통계라는 말의 뜻이 오늘날 쓰이는 뜻과 많이 달랐기 때문이다. 당시 독일에서 '통계'라는 용어는 오늘날과 달리 어떤 국가나 지방의 다양한 모습을 기록하는 일을 뜻했다. 즉 지리·경제·행정·산업 등 다방면의 주제에 대한 많은 데이터와 정보를 담은 일종의 종합지리학책이 통계책이었던 셈이다.

통계라는 단어가 오늘날처럼 주로 숫자로 된 데이터를 뜻하는 의미로 쓰이기 시작한 것은 19세기 초 영국에서부터였다. 18세기 말에서 19세기 전반기의 영국은 세계에서 가장 먼저 산업혁명 시기를 통과하고 있었다. 산업혁명은 수천 년 지속되어온 사람들의 삶을 근본적으로 바꾸어버렸으므로 이전까지 겪지 못했던 여러 가지 사회·경제적인 문제들이 생길 수밖에 없었다. 이러한 변화의 와중에서 당시 사람들은 산업혁명으로 인한 급격한 사회 변화를 파악하기 위한 객관적이고 과학적인 방법으로서 통계에 주목했다. 그 결과 1833년 맨체스터 통계협회를 선두로 런던(1834년)을 비롯한 도시들에서도 통계협회를 만들고 다양한 통계조사를 벌여 데이터를 수집하기 시작했다.

그들은 통계조사를 통해 드러나는 사실만이 객관적이며, 거기에 견해나 이론이 덧붙으면 객관성이 훼손된다고 생각했으므로 데이터로부터 모든 사변적인 이론을 떼어놓으려 했다. 따라서 당시는 '데이터의 전성시대'라 불러도 될 시대였다. 데이터와 통계에 대해 당시 사람들이 어떻게 생각했는지 엿볼 수 있는 상징적인 그림이 있다. 오늘날 영국의 왕립통계학회의 전신인 런던통계협회의 문장이 그것이다.

1-17 초기 런던통계협회의 문장.

1-18 19세기 후반의 영국왕립통계학회 문장.

맨 처음 그 단체의 문장에서는 밀짚단을 묶고 있는 띠에 적힌 "Aliis Exterendum"이라는 라틴어를 볼 수 있다.[1-17] 이 라틴어 문장은 보통 "통계전문가는 풍성한 데이터를 모을 뿐, 그 데이터를 분석하고 정보를 얻어내는 것은 다른 사람이 할 일이다"라는 뜻으로 해석된다. 정치적인 편향에서 벗어나 객관적인 사실만을 수집, 정리하며 가설과 이론의 영향을 받지 않고 데이터만 모으는 것이 통계전문가가 해야 할 일이라는 것이었다.

사실 지금도 여전히 많은 사람들이 '통계'라는 말에서 끝없이 이어지는, 무미건조해 보이는 숫자 데이터를 먼저 떠올린다. 19세기 중반까지가 바로 그런 의미의 통계가 중요했던 시기였다. 즉 백 년도 훨씬 지난 옛날에는 그 데이터 자체만으로도 귀한 대접을 받을 수 있었다. 하지만 19세기와 20세기를 지나면서 통계학이 매우 많은 분야에서 과학으로 받아들여진 이유는 온갖 데이터를 계속 쌓아 거대한 숫자의 산을 만든 탓이 아니다. 19세기 후반이 되면 영국의 왕립통계학회 역시 자신들의 문장을 살짝 바꾸는데, 가장 중요한 변화는 "Aliis Exterendum"이라는 라틴어를 빼버린 것이다. 오늘날 누구나 짐작하듯이 데이터를 수집하는 것과 데이터를 분석하여 정보를 얻는 것이 분리될 수 없었기 때문이었다.[1-18]

대상과 상황에 따라 선택한다
: 실험 데이터와 관찰 데이터

빅데이터가 중요한 데이터로 등장하기 이전에는 주로 '실험(experiment)'과 '관찰조사(observation)'를 통해 데이터를 얻었다. 두 방법의 차이를 간단히 표현하자면 실험은 없던 데이터를 '만들어내는' 것이고, 관찰조사는 이미 존재하는 현상으로부터 데이터를 찾고 모으는 것이라고 할 수 있다. 실험 데이터의 사례로는 물리나 화학 실험실에서 얻는 데이터나 약학이나 의학 연구자들이 새로운 약이나 치료법의 효과를 알아보기 위해 실험동물 또는 환자들을 대상으로 얻는 데이터가 있겠다. 대개의 실험은 알고 싶은 결과에 영향을 미칠 수 있는 요인들을 세밀하게 통제하고 실시하기 때문에 그렇게 얻은 데이터는 관찰을 통해 얻은 데이터보다 더 믿을 만하다. 따라서 실험 데이터를 분석하면 인과관계를 비롯해서 보다 뚜렷한 주장의 근거를 얻을 수도 있다.

실험은 보통 화학이나 물리학 등 그 분야를 잘 알고 경험이 많은 사람이 계획하고 실행할 때 잘 진행될 것처럼 보인다. 그런데 아무리 세밀하게 실험을 하더라도 거기서 얻는 데이터에는 이런저런 오차들이 들어 있기 마련이므로, 실험 데이터를 분석하는 과정에서는 오차의 원인과 크기, 분포 등에 대한 분석이 중요한 부분을 차지하게 된다. 다행스럽게도 거의 100년 전부터 다양한 실험설계(design of experiments) 방법을 연구한 통계학자들 덕분에 우리는 실험 데이터를 더 체계적이고 과학적으로 분석할 수 있게 되었다. 따라서 오늘날 연구기관이나 기업에서는 해당 분야의 연구자와 통계전문가 간의 대화와 협력을 통해 많은 실험을 진행하고 있다.

이처럼 실험이 데이터를 얻는 훌륭한 방법이라고 해서 과학이나 사회연구를 할 때 항상 실험을 할 수 있는 것은 결코 아니다. 나중에 우리가 살펴볼 흡연과 폐암의 관계에서 "흡연이 폐암의 원인이 된다"는 가설을 입증하기 위해 많은 사람을 평생 동안 실험실에 가둬두고 담배를 피우거나 피우지 않게 만드는 실험을 할 수는 없는 일이다. 또한 기후변화의 원인과 과정을 밝혀내기 위해 전 지구적 차원의 실험을 시도할 수도 없는 일이다. 물질을 대상으로 한 자연 연구에서와 달리 사회나 경제 연구에서는 실험을 보편적으로 활용하기가 어렵다.

반면 관찰조사는 실험에 비해 덜 통제된 상황에서 데이터를 얻기 때문에 분석을 통해 인과관계와 같은 보다 확실한 결론을 얻기는 어렵다. 하

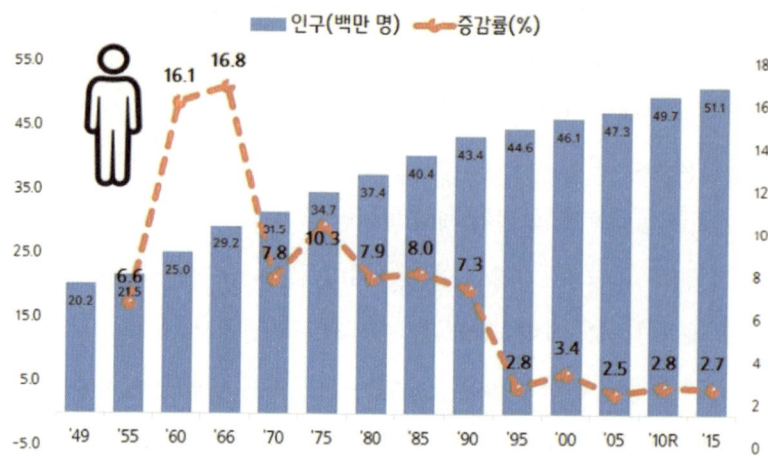

1-19 2015년 통계청에서 실시한 인구센서스 '인구주택총조사' 결과 자료 '총 인구 및 증감률'. 출처 : 통계청.

지만 이 방법은 세밀한 실험 조건을 마련할 필요가 없기 때문에 보다 수월하게 많은 데이터를 얻을 수 있고 사회나 경제 현상을 관찰하는 데에도 널리 이용할 수 있다. 물론 자연과학에서도 실험뿐 아니라 관찰조사 방법을 널리 이용한다. 매년 우리나라에 날아오는 철새의 종류나 규모가 어떻게 달라지는지 알기 위해서는 관찰조사 방법을 쓸 수밖에 없을 것이다.

사람에 대한 관찰조사 가운데 가장 대표적인 것은 전국적인 인구조사일 것이다. 인구조사는 보통 '센서스(census)'라고 불리는데, 구미 각국에서는 19세기가 시작될 무렵인 1800년을 전후한 시기에 처음 시작되었다. 서구보다 1세기쯤 늦게, 그것도 일본의 식민지 지배 하에서 시작된 우리나라의 인구조사는 5년 간격으로 실시되고 있다.[1-19] 또한 각종 선거를 앞두고 언론에서 자주 보도하는 선거여론조사도 우리가 쉽게 만날 수 있는 통계조사 중 하나이다. 그러한 여론조사에서는 유권자들을 잘 대표할 수 있는 표본을 뽑기 위해 다양한 표집(sampling) 방법을 이용한다. 통계청을 비롯한 정부기관들이 주기적으로 발표하는 실업률 통계, 물가지수 통계 등이 모두 그에 맞는 표집방법을 써서 얻은 조사 데이터를 바탕으로 나온 것이다.

앞에서 "관찰조사는 이미 존재하는 데이터를 찾고 모으는 것"이라고 표현했는데, 통계조사라는 것이 현실적으로 그렇게 단순하지는 않다. 가령 통계조사 담당자가 실업률을 조사하러 나가면 모든 사람들이 실업자인지 아닌지 표시를 달고 기다리고 있는 것이 아니지 않는가. 따라서 실업률을 조사할 담당자는 조사를 시작하기 전에 꽤 많은 것들을 미리 정하고 계획해야 한다. 어린이와 노인까지 조사 대상에 포함시킬지도 결정해야 하고, 우리나라에서 수십만 명에 달하는 군인을 노동통계에서 어떤 존재로 보아야 할지도 정해야 하며, 무엇보다 어떤 사람을 실업자라고 해야 할지 엄밀하게 규정해야 한다. 따라서 조사를 준비하고 실행하는 사람들이 사회와 경제, 인간에 대한 이해를 지녀야만 좋은 조사가 가능할 것이다. 결국 통계조사란 단순한 숫자 헤아리기가 아니라 통계학 지식과 더불어 조사하는 분야에 대한 일정 정도의 지식과 정보가 필수적인 작업이라 할 수 있다.

통계조사가 점점 중요해짐에 따라 우리나라 통계청에서는 여러 해 전부터 '사회조사분석사' 자격증제도를 만들어 통계조사의 수준을 높이려 애쓰고 있다. 이 자격증을 가지면 여론조사 회사에 지원할 때 우대받을 수도 있으며, 특히 이 자격증을 가진 사람만 응시하도록 제한을 두고 있는 통계전문 공무원 선발 시험을 볼 때에도 유리해진다.

양적 데이터와 질적 데이터, 어느 한쪽만 최선일까?

보통 우리가 데이터라고 부르는 것은 사실 모두 수량으로 나타낼 수 있는 양적인 데이터를 뜻한다. 어떤 거리 집회에 참가한 사람 수를 헤아릴 때, 매일매일 얼마나 많은 사람들이 페이스북을 이용하고 거기에 얼마나 많은 사진을 올리는지 헤아릴 때, 측정 장치를 써서 길이나 무게, 기온을 측정할 때 우리가 얻는 것이 모두 양적인 데이터들이다. 모든 것을 측정하여 수량으로 나타내는 것은 과학과 기술 발달의 바탕이 되었고, 여러 세기 동안 거대한 성과를 낳았다. 수량화는 특히 서양에서 발달했는데, 오랫동안 중국을 비롯한 아시아 문명보다 뒤처져 있던 유럽 문명이 세계를 지배할 수 있었던 이유로 '수량화 혁명'을 드는 학자도 있다.[15] 수는 곧 객관적인 것, 정확한 것으로 인식되므로, 무엇이든 과학적이라고 인정받으려면 수량으로 표현되어야만 했다.

이처럼 모든 것을 수량화하려는 사고방식을 가장 잘 뒷받침해온 분야가 바로 통계학일 것이다. 양적인 데이터의 수집에서부터 분석을 거쳐 해석과 예측, 그리고 문제해결과 의사결정에 이르는 모든 과정에서 통계학은 중요한 역할을 한다. 나아가 우리는 객관적으로 수량화할 수 없어 보이는 주관적인 것들까지 점수로 나타내는 데에도 어느새 익숙해졌다.

가령 설문조사를 통해 결혼생활에 대한 만족도나 삶에서 느끼는 행복도를 측정한다고 해보자. 설문지의 문항들은 아마 '매우 불만-불만-보통-만족-매우 만족'이라는 다섯 가지 선택지 중에서 하나를 고르게 되어 있을 것이다. 분석하는 사람은 응답결과를 1부터 5까지의 점수로 코딩해서 수치 데이터로 만들 것이다. 일단 그렇게 숫자로 바꾸고 나면 그다음부터는 쉽다. 성별로, 연령대별로, 직업별로, 소득 수준별로 점수를 평균해서 결혼만족도, 행복도를 비교 분석할 수 있다. 이 얼마나 편리한가! 그리고 행복이나 만족처럼 숫자로 나타낼 수 없어 보이던 것들을 이렇게 점수 매기고 순위 매길 수 있다니 얼마나 과학적으로 보이는가!

숫자란 얼굴이 없기 때문에 그것이 사물을 측정한 것이든 사람의 신체 특성을 측정한 것이든, 아니면 사람의 감정을 측정한 것이든 서로 아무 차이가 없다. 따라서 분석도 같은 절차를 따르면 된다. 이것이 통계학의 힘이다. 통계학이 두루 여러 분야에서 보편적으로 활용되는 과학적인 학문이라고 할 때 그런 주장은 모두 수량화를 전제로 한다.

자, 이제 이런 질문을 해보자. "나는 누구인가?" 한국은 주민등록이라는 세계에서 드물게 강력한 주민 통제 수단을 가진 나라이다. 국가는 필자를 6101xx-11xxxxx이라는 번호로 호명한다. 과연 국가는 이 번호로 필자에 대해 얼마나 알고 있을까?

무명시민
(JS/07/M/378을 위해 국가에서 세워준 대리석 묘비)

통계국에 의하면 그는
한 번도 관청의 불만을 산 적이 없고,
그의 행동에 대한 모든 보고가 일치하는바
옛 표현을 써서 말하자면 그는 현대의 성인이었으니
매사에 공동체에 봉사하였기 때문이다.
전시를 제외하고 은퇴하던 날까지
공장에서 일하며 결코 해고당하는 일 없이
퍼지자동차회사의 고용주들을 만족시켰다.

그렇다고 노동조합을 등지거나 유별나지 않아

회비를 꼬박꼬박 냈다고 그의 조합은 밝히고 있으며

(우리는 그의 노동조합이 건실했던 것으로 평가한다)

사회심리연구원들이 알아낸바

그는 동료들에게 인기 있었고 애주가였다고 한다.

매일 신문을 구독했으며

광고에 대한 그의 반응은 여러모로 정상적이었다고 신문사에서는

확신한다.

그의 보험증서는 그가 완벽하게 재난에 대비했음을 입증하고

건강기록부는 그가 입원한 적이 있으나 완쾌하여 퇴원했음을 보여

준다.

생산자연구소와 생활향상연구소가 자신 있게 말하는바

그는 할부제도의 혜택을 잘 알고 있었으며

현대인에게 필요한 모든 것을 소유하고 있었다 —

축음기, 라디오, 자동차 그리고 냉장고.

그가 세상 돌아가는 것을 제때에 제대로 이해하였기에

우리의 여론조사자들은 만족한다.

평시에 그는 평화를 지지하였고, 전시에 그는 종군하였다.

결혼하여 다섯 자녀를 인구에 보탰는데,

다섯은 그의 세대에는 적당한 숫자였다고 우생학자는 말한다.

교사들은 그가 자녀교육을 결코 방해한 적이 없다고 보고한다.

그는 자유로웠는가? 그는 행복했는가? 이런 질문은 얼토당토않다.

뭔가 잘못되었다면 우리는 당연히 알고 있었을 터이니.[16]

독특한 시풍을 가졌던 오든(Wystan Hugh Auden)의 이 시에 따르면, 사람이 죽으면 데이터가 남는다. 국가나 노동조합·보험회사·여론조사회사·우생학자·교사 등 여러 기관이나 전문가들이 다양한 기준으로 개인에 대한 데이터를 수집한다. 그 온갖 기록들은 아마 '객관적이고 정확'할 것이다. 그런데 시의 마지막에서 과연 그가 자유로웠겠냐고, 행복했냐고 시인이 물었을 때 그런 사실들만으로 과연 어떤 답을 해줄 수 있을까? 그렇게 데이터와 기록으로 남은 개인은 정해진 틀 속에 박제된 표본처럼 초라하고 남루해 보인다. 이런 객관적 사실만으로 어떤 사람의 삶을 파악할 수는 없다.

마찬가지로 통계 데이터를 분석하는 양적 연구가 모든 것을 다 설명할 수 있는 만능 연구방법은 아닐 것이다. 이에 따라 특히 사람을 연구하는 분야에서는 양적 연구 외에 '질적 연구(qualitative research)' 역시 많이 이루어져왔다. 가령 외부와 단절된 상태로 오래 살아온 어느 집단을 인류학자들이 찾아가서 함께 살며 그들의 삶과 제도를 관찰했다고 해보자. 그 모든 결과를 오로지 수량으로만 나타낸다면 대단히 많은 것을 버려야 할 터인데 그런 뒤에 남은 숫자들이 얼마나 앙상하고 허술해 보이겠는가?

스몰데이터와 빅데이터, 그 관계란?

우리가 앞서 살펴본 3V와 같은 조건을 만족시키는 데이터를 빅데이터라고 부른다면, 실험이나 관찰조사를 통해 만들어지던 이전의 데이터는 무엇이라고 불러야 할까? 어떤 사람들은 그런 데이터를 '스몰데이터(small data)'라고 부르기도 하는데, 이때 나오는 '빅'이나 '스몰' 같은 표현이 꼭 데이터의 규모만 뜻하는 것은 아닐 것이다. 거기에는 이전까지의 데이터가 크고 중요한 문제를 푸는 데 도움이 되기에는 한계가 뚜렷하므로 종래의 데이터는 겨우 소소한 문제에 답하는 데에 적절한 것으로서 지엽적이고 구닥다리 데이터라는 뜻도 은연중에 담겨 있다. 데이터란 단어가 이미 있는데도 굳이 빅데이터라는 새로운 이름을 붙인 것은 새로운 데이터가 이전의 데이터와 구별되는 뚜렷한 차별성을 갖기 때문이었을 것이다. 빅데이터가 실험과 조사를 통해 얻던 종전의 '스몰데이터'와 다른 점은 3V라는 빅데이터의 특성 이외에도 데이터를 얻는 방법이 크게 달라진 것도 포함된다.

가령 어느 기업에서 소비자들의 생각을 알아보고 싶다고 하자. 그런데 종전의 시장조사방법에 따라 표본 소비자들을 일일이 만나 의견을 묻는 대신 소비자들이 주고받은 SNS의 데이터를 활용해 조사한다고 하자. SNS 데이터를 얻기 위해서는 실험 조건을 정밀하게 통제할 필요도 없고, 대표성을 확보하기 위해 꼼꼼하게 조사 설계를 할 필요도 전혀 없다. 그런데도 SNS에서는 이전과 견줄 수 없을 만큼 어마어마한 규모의 데이터를 얻을 수 있다. 그렇다면 이제 곧 빅데이터만 남고 스몰데이터는 사라지게 되는 것일까?

21세기가 시작되고 나서 빅데이터로 인한 시대변화를 가장 극적으로 표현한 글 중 하나가 바로 미국의 유명 과학잡지『와이어드(Wired)』의 편집장 앤더슨(Chris Anderson)이 2008년에 발표한 「이론의 종말(The End of Theory : The Data Deluge Makes the Scientific Method Obsolete)」일 것이다.[17] 앤더슨은 판매부수가 적어서 서점에서 찾기 어려운 책들도 검색을 통해 팔 수 있게 만든 인터넷서점 아마존의 예를 들면서 빈도가 낮은 상품의

1-20 크리스 앤더슨, 「이론의 종말」에 들어 있는 삽화. 'theory'라는 단어 위에 붉은 색으로 X표가 되어 있다.

중요성을 강조하는 '롱 테일(long tail)'이라는 단어를 유명하게 만든 장본인이기도 하다.

앤더슨이 「이론의 종말」이라는 대담한 제목을 단 글에서 빅데이터 때문에 '종말'을 고하게 되었다고 사망선고를 내린 것은 인과관계를 중심으로 한 과학 이론과 그러한 연구에서 핵심적인 역할을 해왔던 표본 데이터, 즉 스몰데이터 분석법들이었다.[1-20] 대신 그는 빅데이터 분석에서는 굳이 인과관계까지 따질 것 없이 상관관계만으로도 많은 것을 알아낼 수 있으리라고 주장했다.

통계학자의 입장에서 생각해보면 앤더슨의 이러한 주장은 지나치게 과장된 것으로 보인다. 우리는 분명히 빅데이터 덕분에 이전까지 밝혀내기 어려웠던 많은 새로운 지식을 얻게 될 것이고 새로운 사업도 펼칠 수 있게 될 것이다. 하지만 지금까지 통계분석이 쓰이던 모든 분야의 모든 문제에 대해 빅데이터 분석이 성공적으로 쓰이기는 어려울 것이다. 빅데이터의 시대에도 우리는 여전히 표본조사를 할 것이고, 소규모 환자 집단을 대상으로 임상시험을 할 것이며, 그렇게 얻은 스몰데이터를 분석할 것이다.

빅데이터 분석의 해결 과제는?
: 질적 분석

빅데이터의 시대는 '모든 것을 데이터로 만들 수 있는' 시대라고 한다. 그렇다면 그런 시대에도 질적인 데이터와 질적 분석 방법은 여전히 남을까? 어느 날 점심시간대에 사람들이 주고받은 카카오톡 데이터들을 아주 많이 모았다고 해보자. 휴대전화 화면을 그대로 옮겨담은 그림에 나오는 짧은 대화 속에는 'ㅋㅋㅋ', 'ㅠㅠㅠ', '^^' 같은 표현들, '맛있는 점심'을 뜻하는 '맛점'이라는 줄임말, 게다가 으쓱으쓱 뽐내는 고양이를 닮은 이모티콘까지 들어 있다.[1-21] 이처럼 카카오톡 메시지에는 기존의 통계분석법으로는 제대로 처리할 수 없는 형식의 데이터가 상당히 많이 들어 있는데, 의사소통에서 그런 데이터들이 꽤 중요한 역할을 한다.

1-21 어느 날 점심때 필자의 지인들이 주고받은 카카오톡 대화.

가령 사람들의 카카오톡 메시지를 모아서 사람들이 서로 얼마나 친밀한지 알아보고 싶다고 하자. 친밀도라는 것은 점수나 퍼센트로 나타내기 어려운 주관적인 것으로서 양적인 분석보다는 질적인 분석으로 살펴야 할 것 같다. 이러한 사례에서 빅데이터 분석이 종래의 통계데이터 분석과 차별화되는 점들을 찾아볼 수 있다. 일단 빅데이터 분석에서는 기존의 통계분석에서 다루던 숫자 중심의 데이터보다 훨씬 다양한 데이터를 분석한다. 또한 빅데이터 분석은 그런 다양한 데이터들로부터 수량 데이터를 분석하는 종래의 통계적 방법들로는 알아내기 어려웠던 질적인 특성까지 찾으려 한다. 데이터의 양이 아주 많아지면 적은 데이터에서는 찾을 수 없었던 질적인 특성들을 찾아낼 수 있게 된다는 것이다. 그렇다면 「무명시민」이라는 시를 통해 관료적인 시스템 속에서 숫자 데이터 부스러기로 남는 개인의 쓸쓸한 뒷모습을 그린 오든의 목소리도 이제 곧 흘러간 옛이야기가 되고 마는 것일까?

빅데이터 분석은 본질적으로 계량적인 분석이다. 사람들이 카카오톡으로 주고받은 대화, 사진, 이모티콘 등을 분석해서 사람들 사이의 친밀도를 알아본다고 할 때 가장 중요한 방법은 각 요소들의 빈도를 헤아리는 것이다. 즉 관계마다, 상황마다 어떤 요소들이 많이 쓰이고 덜 쓰이는지 헤아려서 관계들의 순위를 매기고 사람들 사이의 친소관계를 엮어나갈 것이다. 따라서 많은 빅데이터 분석법들이 숫자 데이터를 분석할 때 통계학이 써온 방법들을 이용한다. 그러므로 빅데이터 분석 역시 통계학이 갖는 한계, 즉 계량적인 방법으로는 사람들의 내면과 같은 질적 세계를 분석하기 어렵다는 한계를 고스란히 그대로 갖는다.

그런데도 만일 다양한 많은 데이터를 다루는 빅데이터 분석이 다른 분석보다 특별히 더 과학적인 분석으로 높이 평가받게 된다면 빅데이터 분석이 할 수 없는 질적 연구들은 점점 사람들의 연구 주제가 되기 어려워질 것이다. 한계를 넘어서 자신의 능력을 지나치게 높이 평가하는 것은 통계학과 빅데이터를 위해서도 이로울 것이 없다. 뚜렷한 장점과 가능성에도 불구하고 통계학과 빅데이터 분석은 만능의 기술이 아니고 앞으로도 그럴 수는 없을 것이다.

통계학,
데이터를 정보와 지식으로 만들다
빅데이터 시대의 통계학

머리가 커야 큰사람이 되지!
: 통계학은 측정의 과학

학문 분야를 일컫는 단어들 가운데 '-metry', '-metric' 등으로 끝나는 것들이 있다. 이런 단어들은 어떤 대상을 계량적으로 측정하고 거기에서 얻은 데이터에 통계학적인 방법을 써서 필요한 정보를 얻는 분야를 일컫는다. 예컨대 우리말로 '계량경제학'이라고 불리는 'Econometrics'는 수학과 통계학 중심의 경제학 연구 분야를 뜻한다. 또 심리학 분야 중에서 'Psychometrics'는 심리측정학, 정신측정학 등으로 불린다.

특히 통계학과 밀접한 관계를 갖고 있는 생물학에서는 'Biometry', 'Biometrics' 등의 단어가 생물측정·생체계측·생물통계학 등의 이름으로 번역되어 쓰이고 있다. 생물학 분야에서 이 단어들은 때로 조금씩 다른 의미로 쓰이기도 하지만 측정과 통계학적 방법이 중요한 것은 마찬가지라고 할 수 있다.

그래도 차이를 잠깐 살펴본다면, '생물측정학'은 주로 인간을 대상으로 신체적인 특성들을 측정하고 그 결과를 활용하는 분야를 일컫는다. 최근 휴대전화에도 이용되고 있는 지문인식시스템과 같은 생체인식 방법들이 대표적이다. 우리는 자신이 누구인지를 증명하기 위해 주민등록증이나 여권과 같은 신분증을 제시하기도 하고, 컴퓨터를 이용하거나 금융거래를 시작하기 위해 비밀번호를 입력하기도 한다. 사람을 인식하기 위해 생체정보를 활용하는 방법은 위조가 가능한 다른 방법들보다 대상을 더 정확하게 인식할 수 있으므로 최근 활발하게 연구되는 분야 중 하나다. 생체정보를 이용해 사람의 신원을 확인하는 방법은 테러를 비롯한 위험 상황을 예방하는 데도 대단히 중요하다.

사진을 예로 들어보자. 지금 20대 가운데 필름 카메라로 사진을 찍어본 사람들은 얼마나 될까? 누가 처음 전화기에 카메라를 붙일 생각을 했는지 몰라도 이미 우리는 휴대폰으로 사진을 마음껏 찍을 수 있는 시대에 살고 있다. 카메라가 만들어내는 영상 데이터는 빅데이터 중에서도 비중이 꽤 큰 것이므로 그런 데이터를 분석하기 위한 연구도 활발하게 진행되고 있다. 2016년 11월 페이스북이 비싼 값으로

얼굴 인식 기능(face recognition)
사람의 얼굴 특징을 이용하여 신원을 확인하는 기술. 얼굴의 2차원 또는 3차원 이미지를 이용하거나 열상 정보, 동영상에서의 얼굴 정보를 이용하여 신원을 확인하는 경우로 구분한다.

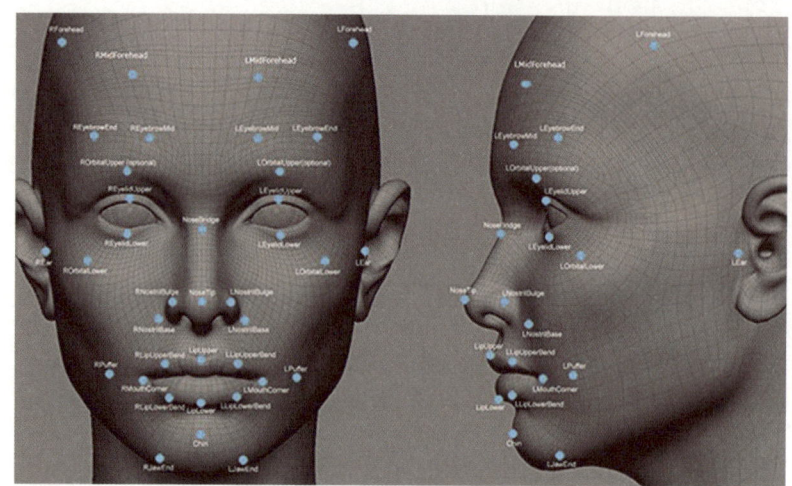

1-22 영국 요크 대학 심리학과의 톰 하틀리 교수 연구팀이 호감을 갖는 첫인상을 조사하기 위해 분석한 얼굴의 65가지 특성을 그래픽으로 표현한 것. 광대뼈의 위치나 코의 휘어짐 정도를 수학적으로 나타냈다. 출처 : 하틀리 교수의 논문에 실린 그림.

사들인 기업으로 '얼굴 인식 기능(face recognition)'을 가진 곳도 있었다. [1-22]

　서양에서 특히 사람에 대한 측정이 널리 관심을 끌고 여러 학문에서 활용된 것은 19세기였다. 19세기 후반에서 20세기 초에 많은 학자와 대중의 관심을 끌었던 과학 연구 분야 중에 '두개골 측정학(Craniometry)'이라는 것이 있다. 이름에서 알 수 있듯이 두개골 측정학은 주로 사람의 머리뼈와 그 속에 있는 뇌의 각 부분을 측정한 데이터를 이용하는 학문이다. 얼굴이나 머리 모양으로 사람의 성격·재능 등을 알아보는 관상학(Physiognomy), 골상학(Phrenology)도 있지만 이들은 제대로 된 과학으로 취급받지 못한 반면, 두개골 측정학은 정밀한 측정 장치를 통해 얻은 수량화된 데이터에 바탕을 두었으므로 19세기 중후반 이후부터 엄연한 과학으로 대접받았다.

두개골 측정학이 사람들의 관심을 끈 배경에는 인류학 연구가 있었다. 19세기 중후반 당시 적지 않은 사람들은 인간의 지적인 능력이 머리의 크기, 즉 두뇌의 용적에 따라 다르다고 생각했다. 데이터를 가지고 이를 과학적으로 입증하기 위해 두개골 측정학자들은 인간과 원숭이·침팬지 등의 뇌 크기를 비교하고,[1-23] 인

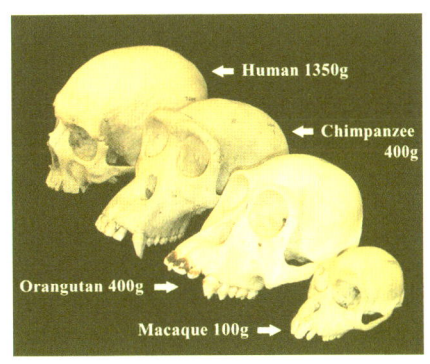

1-23 영장류의 두개골 비교. ⓒ Christopher Walsh, Harvard Medical School

간 가운데서도 성별·인종별·국가별로 사람들의 머리 크기를 정밀하게 측정해서 비교했다. 두개골 측정학자들은 인간의 유골을 측정했을 뿐 아니라, 뛰어난 업적을 남긴 유명 인사들의 뇌를 그들 사후에 기증받아 특출한 능력과 뇌 크기 사이의 상관관계를 연구하기까지 했다. 이 연구에 따르면 유럽인의 평균 뇌 무게가 1,300∼1,400g인 데 비해 저명한 자연학자인 퀴비에(Georges Cuvier)의 뇌는 1,800g이었고, 러시아의 문호 투르게네프(Ivan Turgenev)의 뇌는 무려 2,000g이 넘었다고 한다.[18]

이 학문 분야에서 가장 유명한 인물은 프랑스의 의사이자 인류학자인 브로카(Pierre P. Broca, 1824∼1880)다. 의과대학의 저명한 해부학 교수이자 파리 인류학회의 창설자이기도 했던 브로카는 뇌의 크기에 따라 지적 능력의 순위를 매겼는데, 남성의 뇌가 여성보다 크고, 유럽인의 뇌가 흑인을 비롯한 다른 인종의 뇌보다 크다고 주장했다.

브로카의 데이터 분석은 오늘날에도 대단히 광범위하고 철저한 것으로 평가된다. 그렇다면 브로카를 비롯한 학자들이 방대한 데이터를 오랫동안 꼼꼼하게 분석해서 얻은 것이 과연 올바른 과학 지식이었을까?

물론 그렇지 않다. 당시에도 그들의 주장과 배치되는 데이터가 적지 않았다. 가령 대수학자 가우스(Carl F. Gauss, 1777~1855)의 뇌 크기는 평균 정도에 지나지 않았고, 뛰어난 사람 중에서도 겨우 1,000g 남짓한 작은 뇌를 가진 사람들도 있었던 데다, 범죄자들 중에도 머리가 큰 사람이 많았다. 하지만 두개골 측정학자들은 그런 경우들을 예외적인 사례로 치부해버리고 자신들의 견해를 꿋꿋하게 밀고 나갔다.

기억 천재의 통계학 점수는?
빵점!

두개골 측정학자들이 뇌의 크기를 중요하게 생각한 것은 오늘날 컴퓨터의 저장 용량을 떠올리게 한다. 컴퓨터의 성능이 발전하면서 특히 데이터를 저장하는 방법이 크게 발달했다. 저장 능력의 비약적인 발달은 빅데이터 시대를 여는 데 중요한 조건 중 하나일 수밖에 없다. 덧셈 뺄셈 등의 계산을 정확하고 빠르게 잘하는 능력이 벌써 몇 십 년 전부터 아무런 주목도 받지 못하게 되었듯, 많은 것을 잘 기억하는 능력도 이미 마찬가지 신세가 되었다. 빅데이터 시대에 데이터는 엄청 많아졌고, 그 방대한 데이터를 기억에 담아두는 일은 사람이 아예 엄두도 낼 수 없게 되었다.

그렇다면 빅데이터의 시대에 통계학의 역할은 무엇일까? 시카고 대학 통계학과 교수로 오랫동안 통계학의 역사를 연구해온 스티글러(Stephen M. Stigler, 1941~)는 아르헨티나의 작가 보르헤스(Jorge L. Borges)의 단편 소설 한 편을 가지고 이를 설명한 바 있다.[19] 소설의 제목은 「기억의 천재 푸네스」로, 소설의 주인공인 청년 푸네스는 야생마에서 떨어지는 사고로 인해 심각한 장애와 더불어 아주 특별한 능력을 갖게 된다. 바로 모든 것을 절대 잊지 않고 모두 기억하는 능력이었다.

푸네스는 "나 혼자 지니고 있는 기억이 이 세상이 생긴 이래 모든 인간이 가졌을지도 모르는 기억보다 많을 것"이라고 말하는데, 정말로 그는 산에 있는 각각의 나무에 달린 나뭇잎을 하나하나 기억할 뿐만 아니라 그것들을 지각하거나 상상했을 때 느낀 각 순간의 인상마저도 기억한다.[20] 보통 사람들이 어제나 오늘이나 같은 나무, 같은 나뭇잎으로 생각하는 것들이 푸네스에게는 모두 다른 것으로 차곡차곡 기억 속에 쌓여갔다.

그러나 그런 기억 능력으로 인해 푸네스에게 문제가 생긴다. 모든 것을 세부적으로 완벽히 기억하다 보니 세세한 차이점을 잊고, 나무를 일반화해서 범주화하고 추상화할 수 없게 된 것이다. 즉 푸네스는 기억만 할 뿐 사고할 수는 없었다. 스티글러는 이를 다음과 같은 짧은 문장으로 멋지게 정리했다. "푸네스의 세계는 통계학 없는 빅데이터의 세계다." 통계학이 학문으로서 독자적인 지위를 갖게 된 이유는 데이터로부터 정보와 지식을 얻는 이론과 방법을 제공하기 때문이었다. 빅데이터의 시대에도 마찬가지다.

정보기술의 발달로 데이터와 정보에 대한 접근이 쉬워졌다고 해서 인간이 세계를 그만큼 더 잘 이해하고 더 깊이 통찰할 수 있게 된 것은 결코 아니다. 인공지능을 연구하는 사람들이 인간의 두뇌를 모델로 삼을 때 흉내 내고 싶은 것은 뇌의 기억 용량이 아니라 기억하고 있는 데이터들을 뇌 속의 신경세포들이 연결해서 묶어내는 능력, 즉 구슬을 꿰는 능력일 테다. 푸네스가 할 수 없는 것이 바로 그것이었다. 기억만으로는 절대 힘이 될 수 없는 법이다.

빅데이터 시대, 통계학도 변화한다
통계학의 융합성

**컴퓨터 활용으로
통계학 날개 달다**

19세기 말부터 개발되기 시작하여 20세기에 널리 쓰인 통계학적 추론 이론과 방법들은 대부분 실험이나 조사를 통해 얻은 데이터들에 대한 분석을 다루었는데, 오늘날의 빅데이터와 비교해보면 데이터를 얻는 과정도 다르고 규모도 무척 작은 편이었다. 통계학적 추론의 목표는 작은 규모의 표본 데이터를 확률이론이 바탕이 된 추론 방법을 써서 분석하고, 그로부터 모집단의 특성을 알아보는 것이었다.

1-24 1890년경 미국의 하버드 대학 천문대의 관측 자료에 대한 계산을 담당한 여성들. 당시 이들은 '컴퓨터(computer)'라고 불렸다. ⓒ Harvard College Observatory

빅데이터가 등장한 이후 오늘날 그런 데이터를 스몰데이터라고 부르기도 하는데, 사실 20세기까지는 데이터 자체는 상대적으로 덜 중요하게 생각되었고 확률이론과 추론법이 더 강조되는 편이었다.

그러다가 20세기 중후반 이후 컴퓨터를 활용하면서 데이터 분석에 필요한 계산 능력이 크게 향상되었고, 그에 따라 점점 큰 규모의 데이터에 다양한 분석법을 적용할 수 있게 되었다.[1-24] 사실 1960년대부터 통계분석용 컴퓨터 프로그램들이 개발되어 데이터를 분석하는 사람들이 지루한 계산에서 해방되자 일부에서는 통계학이 컴퓨터 과학에 흡수되어 버릴 것이라는 전망을 내놓을 정도였다. 그만큼 컴퓨터가 통계학에 끼친 영향은 실로 막대한 수준이었다.

그러나 그런 어두운 전망이 실현되는 대신 통계학은 컴퓨터 덕분에 이론과 활용 면에서 모두 큰 발전을 거듭하여 수학과도 다르고 컴퓨터 과학과도 다른 뚜렷한 지위를 차지하게 되었다. 컴퓨터가 없다면 상상에 그쳤을 여러 분석법이 등장하여 통계학 이론의 지평을 넓히고, 데이터 분석에서도 널리 쓰이게 된 것이 대표적인 사례라 할 수 있다.

컴퓨터 덕분에 20세기 후반 통계학의 면모가 크게 달라지기는 했지만 크게 보면 대학 통계학과의 교과목들은 여전히 확률 이론과 통계학적 추론법 중심이었다. 돌이켜볼 때 20세기 끝 무렵에 나온 대규모 데이터를 분석하기 위한 몇몇 기법들, 그리고 21세기 들어서면서 등장한 빅데이터는 사실 통계학 내부보다는 인접 분야인 비즈니스와 컴퓨터 과학 등에서 먼저 시작된 것이었다.

빅데이터로 인한 변화를 강조하는 사람들 중에는 종래의 소규모 표본 데이터 분석을 중심으로 한 통계학은 빅데이터 시대에 맞지 않다고 주장하는 이도 있다. 심지어 표본 데이터가 아니라 모집단 전체를 손에 넣을 수 있는 시대가 오고 있으므로 통계학적 추론 자체가 쓸모없어질 것이라는, 꽤 과격해 보이는 주장을 하는 사람도 있다. "빅데이터 시대에는 통계 전문가의 손을 빌릴 것 없이 데이터가 스스로 모든 것을 말할 것"이라는 주장이 대표적이다.

듣고 보니 이런 주장은 얼핏 1830년대 영국에서 통계 단체들이 생길 때 나왔던 주장들과 무척 흡사해 보인다. 심지어 빅데이터의 특징 중 하나인 비정형 데이터 분석이 중요하게 부상하는 최근의 분위기는 괴테 시대 독일의 통계를 떠올리게 만들지 않는가? 그러고 보면 통계학의 역사도 제법 두터운 듯하다.

나에게 꼭 맞는 치료법을 찾아라
: 생물정보학

통계분석은 지난 20세기 의학 연구에서도 중요한 역할을 해왔다. 가령 새로운 치료법이나 치료약의 효과를 알아보기 위해서 임상시험을 할 때 통계학적 이론과 방법은 필수 요소가 된다. 의학뿐 아니라 사회·경제 현상을 연구하는 분야에서도 통계학은 집단을 대상으로 한다. 그런데 모든 것이 나와 똑같은 사람은 있을 수 없으므로, 임상시험의 경우 비슷한 조건을 가진 사람들에게 같은 약을 쓰더라도 그 효과는 다를 수밖에 없다.

최근에는 통계학적 의학 대신 개인별 특성을 고려한 맞춤형 의학이 가능해질 것이라는 전망도 나오고 있다. 그렇다면 장차 의학 연구에서 통계학의 역할은 축소된다는 것일까? 그렇지 않다. 여러 기존 학문들의 융합 추세 속에서 새로운 분야들이 많이 등장했는데 그중 하나가 '생물정보학(Bioinformatics)'이라 불리는 분야다. [1-25] 생명체는 아직 인간이 모르는 부분이 많은 커다란 연구 주제로서 어마어마한 데이터의 보고이기도 하다. 이러한 데이터로부터 정보와 지식을 얻어내려면 생물학은 물론 컴퓨터 과학·수학·물리학의 도구들과 함께 통계학이 필수적이다.

통계학은 이미 그 자체로 굉장히 융합적인 학문일 뿐 아니라 다른 분야들과 어울려서 더 큰 새로운 융합 분야를 만드는 데도 다른 어떤 학문보다 더 적극적이다.

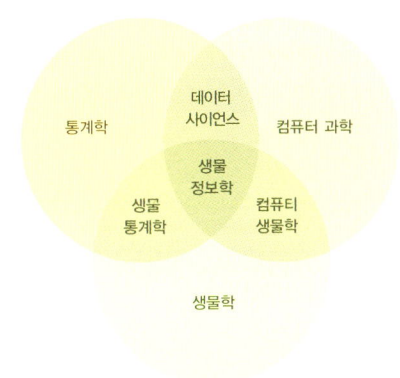

1-25 생물정보학의 융합적 특성을 보여주는 다이어그램. 생물학, 컴퓨터 과학과 함께 통계학이 생물정보학의 중요한 구성요소로 들어 있다.

빅데이터 시대에
가장 섹시한 직업은?

역사를 따지면 상당히 젊은 신생 학문인 통계학은 20세기를 지나면서 학문 세계는 물론 우리의 일상과 정치·경제·산업·비즈니스 등 어디에서나 약방의 감초처럼 등장하는 분야가 되었다. 그렇다면 이런 질문도 가능하다. 통계학이 그렇게 다양하게 쓰이고 있다면, 분야마다 다른 문제를 각각 다른 방식으로 사고하고 해결하고 있는 건 아닐까? 이렇게 복잡한 세상에서 통계학은 여전히 나름의 통일성을 지니고 있을까?

구글의 수석경제학자인 배리언(Hal Varian)을 인터뷰한 기사에 다음과 같은 내용이 있다. 인터뷰어가 "구글에서 일하고 있는 2만여 명 가운데 통계전문가(statistician)는 몇 명쯤 되나요?"라고 묻자, 배리언은 "어떤 사

Rankings

Statisticians rank #1 in Best Business Jobs. Jobs are ranked according to their ability to offer an elusive mix of factors. Read more about how we rank the best jobs.

Statisticians are ranked:
- #1 in Best Business Jobs
- #1 in Best STEM Jobs
- #4 in The 100 Best Jobs

U.S.News SCORECARD	8.1 Overall
Salary	7.1
Job Market	10
Future Growth	6
Stress	8
Work Life Balance	8

Read about how we rank the best jobs.

1-26 2017년 2월 15일 현재 'U.S.News & World Report' 베스트 잡에서 비즈니스 부문 랭킹 1위인 통계전문가.
출처: http://money.usnews.com/careers/best-jobs/.

람을 통계전문가라고 해야 할지 정의하기가 어렵습니다"라고 답했다.[21] 배리언의 애매한 답이 최근 통계학의 변화를 가장 잘 나타내주고 있는 것 같다. 그는 아마 통계학과를 졸업한 사람뿐만 아니라 계량적 방법으로 데이터를 분석하는 사람이라면 모두 통계전문가라고 여겼을 것이다. 배리언이 "앞으로 10년간 가장 섹시한 직업(the sexy job)은 통계전문가일 것"이라는 말을 했던 때가 2008년이었는데 10년이 지난 지금 그의 생각이 어떻게 변화했을지 무척 궁금해진다.[1-26]

빅데이터의 시대인가, 머신러닝의 시대인가

───── 어떤 사람은 빅데이터의 시대에 접어들었다고 말하고, 또 어떤 사람은 인공지능의 시대가 왔다고 하며, 또 어떤 사람은 머신러닝을 공부해야만 하는 시대가 되었다고도 한다. 게다가 2016년 구글의 알파고가 유명해진 이후에는 딥러닝, 강화학습 같은 이름도 자주 들을 수 있게 되었다. 이들은 서로 어떤 관계일까? 아무래도 최근의 시대 변화를 파악하려면 빅데이터와 인공지능, 그리고 머신러닝과 각종 '학습법'들이 서로 어떻게 다르고 또 어떻게 연결되는지 대략적으로라도 살펴볼 필요가 있을 것 같다. 짧게 요약하자면 빅데이터가 대규모 데이터와 그 데이터를 처리할 수 있는 기술을 일컫는다면, 머신러닝을 비롯한 여러 학습법들은 데이터 학습을 통해 패턴이나 규칙을 찾아내는 역할을 하는 인공지능의 한 부분이라고 할 수 있겠다.

이 장에서 우리는 빅데이터와 머신러닝의 관계를 짚어본 다음, 머신러닝에서 자주 볼 수 있는 주요 알고리즘들을 살펴볼 것이다. 또한 머신러닝에서 중요하게 이용되는 통계학적 방법들인 군집·분류·예측에 대해 알아볼 것이다. 이어서 빅데이터와 학습법을 활용하여 우리의 일상과 가까운 문제들을 해결하려는 사례들로 구글의 독감 예측, 온라인데이트 등을 살펴보겠다.

이제 공부는
기계가 하는 것?

**컴퓨터는
시키는 일만
잘한다더니?**

> **알고리즘(algorithm)**
> 컴퓨터에서 문제를 풀기 위한 절차나 방법을 의미한다. 알고리즘을 컴퓨터 언어로 옮긴 것들의 집합이 프로그램이다.

머신러닝(machine learning)은 '기계학습'이라고도 불린다. 사람도 아닌 기계한테 공부를 시킨다니, 아니 기계가 스스로 알아서 학습을 한다는 말까지 있던데 도대체 이게 무슨 소리일까? 사실 여기서 말하는 '기계'는 복잡한 부속들로 이루어진 기계장치가 아니고 컴퓨터에게 어떤 일을 시키는 알고리즘을 말한다. 즉 머신러닝은 스스로 배워나갈 수 있는 알고리즘이라는 뜻이다.

혹시 머신러닝이라는 말에서 공부하는 로봇을 상상한다면 그런 로봇은 머신러닝보다는 인공지능에 더 가깝다고 할 수 있다. 조금 뒤에 살펴보겠지만 머신러닝은 인공지능보다는 좁은 의미로서 인공지능의 한 기법을 의미한다고 보면 되겠다.[1]

2-1 튜링이 독일군의 암호를 해독하기 위해 개발한 계산기 봄브(Bombe). 사진은 튜링 당시의 봄브가 아니고, 영국컴퓨터학회에서 최근에 새로 만든 것이다.
ⓒ Antoine Taveneaux

물론 아무리 머신러닝이라 한들 아무것도 없이 저 혼자 공부할 수는 없을 것이다. 머신러닝은 데이터를 가지고 학습하는데, 그렇다면 혹시 머신러닝 알고리즘한테도 틀린 답을 고쳐주며 학습을 친절히 지도해줄 선생님이 필요할까? 알고리즘이 하는 일에 따라 다르다.

사실 배우고 생각하는 컴퓨터라는 아이디어는 영국의 튜링(A. Turing)을 비롯하여 1940년대에 컴퓨터를 처음 개발한 선구자들도 이미 꿈꾸었던 것이다.[2-1] 그런데 컴퓨터가 만들어지고 쓰인 지 수십 년이 지난 오늘날에 와서 딥러닝을 비롯한 머신러닝이 크게 주목받는 이유가 무엇일까? 입력 데이터를 받아들여 결과를 내놓는 일이라면 오래전부터 컴퓨터가 잘 해오던 일 아닌가? 인공지능 분야의 전문가 중 한 사람은 컴퓨터에서 인터넷을 거쳐 머신러닝에 이르는 발전을 데이터의 홍수와 무제한의 선택이라는 문제에 대응할 수 있는 불가피한 것으로 설명한다.

> 컴퓨터에서 인터넷으로 그리고 머신러닝으로 발전한 것은 피할 수 없는 과정이다. 컴퓨터 때문에 인터넷이 가능했고 인터넷으로 데이

터의 홍수와 무제한의 선택 문제가 생겼다. 머신러닝은 무제한의 선택 문제를 해결하고자 홍수 같은 데이터를 처리한다. 인터넷만으로는 '모두에게 맞는 하나'에서 무한대의 다품종 소량으로 수요를 바꾸지 못한다.[2]

기업의 경우, 데이터와 정보가 부족하던 시절에는 컴퓨터 프로그래머나 데이터 분석 전문가의 도움으로 모든 일을 해나갈 수 있었다. 하지만 인터넷의 발달로 인해 고객들이 거의 무한한 선택을 할 수 있게 되면서 기존의 컴퓨터 프로그래머나 전문가의 힘만으로는 더 이상 고객들의 다양한 요구를 충족시킬 수 없는 상황이 되었다. 이전처럼 고객의 요구들을 무시한 채 몇 가지 베스트셀러 상품을 다량으로 팔던 시대가 지나고 개별 고객의 요구를 세밀히 헤아려야 하는 다품종 소량 판매의 시대가 온 것이다. 이제 수많은 규칙을 학습해서 개별 고객의 요구까지 파악할 수 있어야 하는데 머신러닝이 잘하는 일이 그런 일들이다.

시대 변화에 따라 새로운 상황을 맞은 것은 고객 역시 마찬가지다. 선택할 수 있는 상품의 종류가 너무나 많다면 고객으로서는 더 이상 그 모든 상품을 하나하나 둘러보고 선택할 수가 없을 것이다. 이제 고객은 머신러닝이 여러 데이터를 바탕으로 자신에게 맞춤식으로 예측해서 골라주는 상품들 중에서 선택해야 한다.

그런데 고객의 데이터를 분석해서 고객이 사려는 상품을 세밀하게 예측해주는 일을 하려면 이전의 컴퓨터처럼 시키는 일만 또박또박 잘해서는 곤란할 것이다. 가령 이전의 방식에 따른다면 마케팅 부서에서는 고객을 중요한 특성에 따라 몇 개의 집단으로 나눈 다음 그 집단 전체를 대상으로 몇 가지 상품을 추천할 것이다. 이는 마치 선거에 나선 후보자측

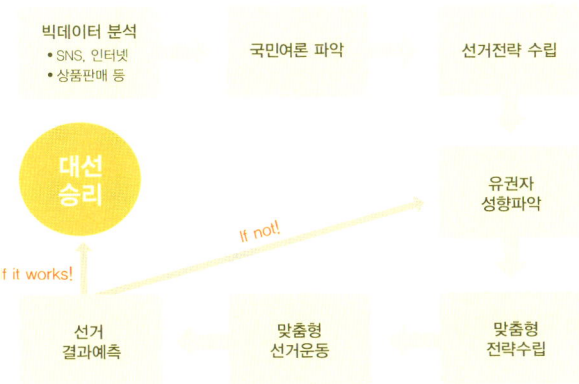

2-2 "빅데이터 대선 전략". 출처 : "빅데이터 시대의 국민공감 선거전략 - 미 대선사례를 중심으로", 『IT & Future Strategy』 제12호, 한국정보화진흥원 빅데이터전략연구센터 이슈페이퍼, 2012. 11. 22.

이 유권자를 성별, 지역, 계층 등에 따라 나눈 다음 집단별로 맞춤 전략을 세워서 선거운동을 하는 것과 같다.

이미 누구나 알고 있는 그런 방식으로 선거에서 이기기 어렵다는 사실은 지난 2012년 미국 대통령선거가 잘 보여준다. 당시 민주당의 오바마 후보 측에서는 머신러닝 전문가를 고용해 정밀한 유권자 맞춤 전략 시스템인 '마이크로타깃팅(microtargeting)' 방법을 썼다. 오바마의 선거 팀에서는 각종 빅데이터 자료를 통해 유권자의 성향을 분석했으며 그 결과를 이용해 지지층을 늘렸다.[2-2]

사실 당시 선거는 오바마에게 쉬운 선거가 아니었는데, 선거를 앞두고 오랜 역사를 가진 여론조사 전문기업 갤럽이 오바마의 패배를 예측할 정도였다. 그처럼 이기기 쉽지 않았던 선거에서 오바마가 승리함으로써, 2012년 미국 대통령선거는 성공적으로 빅데이터와 머신러닝을 활용한 최초의 사례로 역사에 남게

> **마이크로타깃팅(microtargeting)**
> 개별 유권자를 세분화하여 분석하고 잠재적인 지지자를 식별하는 선거 캠페인.

되었다. 바야흐로 누군가가 내가 속한 큰 집단이 아니라 '나'라는 개인에 대해 학습하고 나의 이름을 불러줄 때 비로소 내가 마음을 움직이고 반응하는 시대가 된 것이다.

머신러닝과 통계학은 서로 경쟁 관계일까?

지디넷코리아의 기사에 따르면 국내의 어느 전문가는 머신러닝을 다음과 같이 설명했다고 한다.

> 그래프가 없다고 생각해보세요. 점들만 가지고 이게 만들어내는 그래프가 뭔가를 찾아내는 작업이 머신러닝입니다. 이 점들 사이에 오차가 있지 않습니까? 이 오차를 최소화하는 어떤 선이 만들어지는데 우리는 그 선을 찾고 싶은 겁니다.[3]

통계학을 공부한 사람이 이 말을 들으면 단박에 "아니, 이건 바로 통계학의 함수추정을 설명하는 것 아닌가!"라고 반가워할 것이다. 함수추정(function estimation)이란 데이터를 가지고 패턴을 찾아 확률밀도함수를 추정하거나 변수들 사이의 관계를 나타내는 회귀함수 등을 추정하는 통계학의 한 분야를 말한다. 사실 머신러닝에서 (마치 새로운 것처럼, 게다가 종종 낯선 이름을 붙여서) 소개하는 알고리즘들 가운데에는 이미 오래전부터 통계학자들이 널리 이용해온 것들이 수두룩하다. 그렇다고 추어탕집이나 설렁탕집들처럼 머신러닝과 통계학이 서로 더 많은 손님을 끌어들이기 위해 경쟁할 이유는 없으니, 과연 누가 '원조'인가를 따지는 것은 부질없는 노릇이다.

하물며 알고 보면 머신러닝은 곧 통계학이라거나, 기껏해야 통계학을 새롭게 응용한 분야 중 하나일 뿐이라고 낮게 평가하는 것 역시 낡은 사고방식이다. 설사 각종 이론과 방법이 통계학 분야에서 먼저 나와 있었다 하더라도 그것들을 찾아서 창조적으로 구현한 머신러닝 연구자들의 역할은 높이 평가받아 마땅하다. 또한 목적에 따라 매우 다양한 머신러닝 알고리즘들이 있고 그중에는 통계학과 상당히 멀어 보이는 것도 적지 않다. 사실 머신러닝이나 딥러닝이 중요해지기 이전인 1980년대에 인공지능 연구의 주류 중 하나였던 전문가 시스템만 하더라도 풍부한 지식을 강조했다는 면에서 보면 통계학적인 추론과는 제법 거리가 먼 것이었다.

어쨌든 데이터를 바탕으로 추론하고 세부적인 예측을 하려는 것이 머신러닝의 중요한 목적 중 하나라면 이는 곧 통계학자들이 오랫동안 해 온 작업이기도 하다. 그렇다면 결국 앞으로도 머신러닝은 통계학과 상당히 가까운 분야일 수밖에 없겠다. 그런데 통계학적 사고란 무엇일까? 짧게 표현하면 확률과 데이터에 바탕을 둔 추론이라고 할 수 있다. 문제는 확률과 데이터로 얻은 추론 결과는 절대 틀릴 수 없는 수학적인 증명이 아니라는 점이다. 통계학은 언제나 오류의 가능성에 대해 열려 있으므로 통계학이란 곧 오류의 과학이라고까지 불린다.

그런데 개별 고객의 요구까지 세밀하게 예측한다는 머신러닝, 인공지능이라면 오류가 나올 수 없는 정밀한 이론과 방법만 동원해야 하지 않을까? 오류가 나올 가능성을 언제나 허용하는 통계학적 사고방식이 인공지능의 학습법에서 근본적인 역할을 한다니, 조금 어색해 보이지 않는가? 아마 이세돌과 바둑을 두면서 알파고는 나름 열심히 온갖 경우의 확률을 계산한 다음 승리할 확률이 가장 높아 보이는 곳에 돌을 놓았을 것이다. 비록 절대 오류가 생길 수 없는 증명을 통해 얻는 것은 아니지만 막대한 데이터를 활용해서 구한 것이라면 통계학적 추론과 확률에 따른 의사결정의 결과도 상당히 위력적일 것 같다.

머신러닝과 인공지능은 어떤 사이?

그렇다면 머신러닝과 인공지능은 서로 어떤 사이일까? 우리는 '인공지능(Artificial Intelligence, AI)'이라는 단어에서 복잡한 알고리즘이나 프로그램 대신 사람의 모양을 하고 소설이나 영화에 등장하는 인조인간이나 로봇을 떠올린다. 또한 『파운데이션』이라는 대작 SF 소설을 쓴 아시모프(Isaac Asimov, 1920~1992)가 만든 저 유명한 "로봇 3원칙"(1942년 단편 「위험에 빠진 로봇(Runaround)」에서 처음 언급)까지 떠올릴 수도 있다.[2-3]

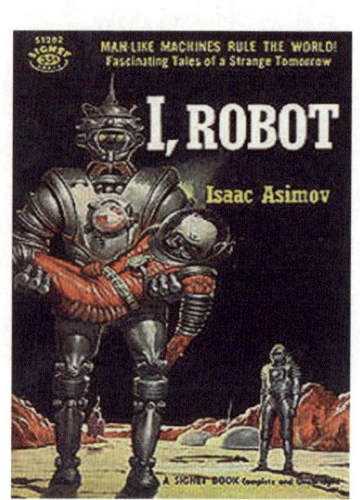

2-3 아시모프의 SF 단편집 『나는 로봇이다』 표지. 로봇 3원칙이 처음 언급된 '위험에 빠진 로봇'의 내용이 그려져 있다.

제1원칙 : 로봇은 인간에게 해를 끼쳐서는 안 되며, 위험에 처해 있는 인간을 방관해서도 안 된다.

제2원칙 : 제1원칙에 위배되지 않는 경우 로봇은 인간의 명령에 반드시 복종해야만 한다.

제3원칙 : 제1원칙, 제2원칙에 위배되지 않는 경우 로봇은 자기 자신을 보호해야만 한다.

인간은 아주 오래진부터 자신을 닮은 지적인 존재를 만들어보려는 꿈을 품어왔을 것이다. 이는 마치 조물주가 했던 일을 역시 피조물 중의 하나인 인간이 하려는 셈이므로 어찌 보면 매우 대담한 모험적인 생각일 수도 있겠다. 그러자면 먼저 인간이란 무엇인지 인간 자신을 속속들이 파헤쳐서 알아야 할 터인데, 인간의 과학 수준은 인공지능이라는 말에 들어 있는 '지능' 또는 지적인 능력이라는 것이 무엇이며 인간의 지적인 활동이 어떻게 이루어지는지를 제대로 알아내는 데에도 아직 닿지 못했다. 그래도 연구결과의 성취도를 떠나 적어도 인공지능에 대한 연구가 전적으로 컴퓨터과학자나 공학자들이 맡을 수 있는 일은 아니라는 것은 분명해 보인다.

예컨대 인간을 닮은 기계를 만들어보겠다는 시도는 곧바로 "인간 자신부터가 대단히 정밀한 기계 아닐까?"라는 질문을 낳을 수밖에 없다. 만일 인간이 하나의 기계장치라면 속속들이 분해하고 그 작동원리를 낱낱이 파헤쳐가다 보면 언젠가 인간이 인간을 닮은, 나아가 인간과 다를 바 없는, 심지어는 인간보다 훨씬 뛰어난 능력을 지닌 피조물을 만드는 날이 올지도 모른다.[4] 혹시 인공지능을 연구하는 컴퓨터과학자나 공학자들 중에 그런 생각을 가진 사람이 더 많은 것은 아닐까?

앞의 질문은 또한 "과연 인간은 특별한 존재인가?"라는 대단히 묵직한 질문과도 닿는다. 이런 짧은 생각만으로도 우리는 인공지능 연구가 이전까지 만나기 어려웠던 여러 분야들이 함께 대화하고 치열한 논쟁을 벌이고 서로 섞어야 하는, 무엇보다 대단히 매력적인 융합분야임을 확인하게 된다.

어쨌든 과학과 기술의 힘으로 그런 꿈과 꿈의 실현을 위한 시도가 구체적으로 나타난 것은 컴퓨터 이후의 시대, 즉 20세기 중반 이후의 일이었다. 그렇다고 해서 채 100년도 안 되는 그리 길지 않은 기간 동안 인공지능 연구가 탄탄대로만을 줄곧 달려온 것은 전혀 아니다. 지난 1980년대에 한창 각광받았던 인공지능 시스템은 '전문가 시스템(expert system)'이라 불리는 것으로서 전문가처럼 지식이 많으면 현실적인 문제들도 잘 해결하리라는 생각에 바탕을 둔 소프트웨어였다. 하지만 풍부한 지식만으로는 스스로 특정 분야 바깥의 문제까지 풀 수 있는 '지적인 능력을 가진 기계'가 될 수는 없었다.

그렇게 전문가 시스템이 한계를 드러낸 이후 1990년대 중반에 이르기까지 인공지능 분야는 흔히 '인공지능의 겨울(AI winter)'이라고 불리는 어려운 시기를 보내야 했었다. 그러다가 2000년대 이후부터 인터넷과 빅데이터, 그리고 머신러닝과 최근의 딥러닝 덕분에 인공지능은 다시 붐을 일으키게 되었다. 이러한 인공지능의 역사와 종류에 대해서는 우리말 인터넷백과사전 '위키백과'의 '인공지능' 항목을 참조할 수 있고, 국내외 저자들이 쓴 책들에도 잘 정리되어 있다.[5]

그렇다면 인공지능과 머신러닝은 어떤 관계일까? 앞에서 인용한 바 있는 머신러닝 책을 쓴 미국의 컴퓨터과학자는 "머신러닝은 인공지능과 혼동되기도 한다. 기술상 머신러닝은 인공지능의 하위 분야이지만 이제는 크게 성장하고 성공하여 인공지능이 자신보다 더 뛰어난 머신러닝을 자랑스러워할 정도다. 인공지능의 목표는 컴퓨터를 가르쳐서 지금은 인간이 하고 있는 일을 더 잘하게 하는 것인데, 이를 달성하는 데 학습이 가장 중요한 요소다. 학습이 없으면 어떤 컴퓨터라도 인간을 따라잡는 데 오랜 시간이 걸린다"라고 적었다.[6] 컴퓨터의 학습능력, 즉 머신러닝의 발달이 없었다면 인공지능은 오늘날과 같은 중요한 역할을 할 수 없었다는 것이다. 우리가 '머신러닝=인공지능'이라고 여기면서 두 단어를 종종 같은 뜻으로 섞어 쓰는 것도 머신러닝이 인공지능에서 무척 중요한 부분이기 때문일 테다.

머신러닝은 빅데이터의 토양에서 성장한다

그런데 과연 데이터 없는 머신러닝을 생각할 수 있을까? 데이터를 통한 학습이 이루어지지 않는다면 그 '머신'은 '학습'을 할 수 없으므로 마치 길을 가다가 벽을 만난 것처럼 앞으로 나아가지 못하고 한계점에 부닥칠 것이다. 또는 질문의 순서를 바꾸어서 머신러닝 없는 데이터를 생각할 수 있을까? 그럴 때 데이터는 아무리 많더라도 마치 함께 엮어줄 실이 없는 구슬들처럼 정보와 지식을 만드는 데 제대로 활용되지 못할 것이다.

앞서 인용한 머신러닝 책을 쓴 미국의 컴퓨터과학자 도밍고스는 빅데이터와 머신러닝의 관계를 초원의 생태계에 비유해서 설명하고 있다. 그에 따르면 인터넷을 전 세계적 규모의 초원이라고 간주할 때 그 초원의 풀잎에 해당하는 것이 웹페이지들이다. 먼저 무진장한 데이터 중에서 필요한 것을 수집하고 저장해야 하는데, 이때 풀을 뜯는 소에 해당하는 프로그램(크롤러, crawler), 웹페이지의 목록을 만드는 프로그램(인덱서, indexer), 그리고 데이터를 저장하는 데이터베이스 프로그램을 이용한다. 그런 다음에는 초원의 먹이사슬에서 초식동물보다 상위에 있는 육식동물이라 할 수 있는 통계 알고리즘과 분석 알고리즘이 수집·저장된 데이터들을 요약하고 가려내고 분석해서 정보로 만드는 일을 한다. 마지막으로 초원에서 최후의 포식자에 해당하는 머신러닝이 많은 정보로부터

유용한 지식을 만들어낸다.[7]

따라서 현재 비슷한 규모의 데이터를 가진 기업들 중에서는 최선의 머신러닝 알고리즘을 보유한 기업이 유리할 것이고, 같은 기술 수준의 머신러닝 알고리즘을 가진 기업들 중에서는 더 많은 데이터로 더 많은 학습을 거친 알고리즘을 가진 기업이 유리할 수밖에 없다. 그런데 이미 여러 번 강조했지만 머신러닝이 데이터로부터 만들어내는 지식은 오류 없는 완벽한 지식이 아니다. 만일 머신러닝이 과거의 날씨 데이터를 가지고 내일 날씨를 예측했다면 그 예측은 확실한 예측이 아니고 확률적인 예측일 것이다. 물론 데이터가 많으면 많을수록 그 예측이 틀릴 확률은 더 낮아지게 된다. 머신러닝이 아무리 많은 메일을 학습해서 정상 메일과 스팸메일을 걸러냈다고 하더라도 그 분류 결과가 100% 정확한 것은 아니다. 업무상 중요한 메일이 광고메일들과 함께 스팸메일함에 던져져 있곤 하던 진땀나는 경우를 만난 사람들이 꽤 있을 것이다.

그런데 인공지능, 머신러닝과 데이터의 관계는 알고리즘이 하는 일의 단계에 따라 달라질 것이다. 마쓰오 유타카라는 일본인 학자의 설명을 잠시 따라가보자. 그는 물류창고를 예로 들어 인공지능을 네 단계로 나누어 알기 쉽게 설명했다. 그 창고에서는 짐을 크기·무게·종류 등의 특성에 따라 분류해서 이동시켜야 한다. 가장 낮은 1단계는 짐의 크기를 대·중·소로 나누는 규칙이 엄격하게 정해져 있어서 그대로 따라하면 된다. 크기 이외에는 짐의 다른 세부적인 특성은 고려하지 않으므로 깨지기 쉬운 물건이라면 파손될 수도 있고, 냉동이 필요한 식품이라면 부패해버릴 수도 있다. 즉 다양한 종류가 아니고 단순한 짐들만 분류하는 이 단계에서 짐을 분류하는 데 데이터를 이용할 필요는 없겠다.

2단계는 짐을 분류하기 위해 저장된 지식을 바탕으로 추론을 거쳐 짐의 행방을 판단한다. 크기뿐 아니라 '취급주의', '냉동보관' 등의 태그가 있다면 그에 맞게 취급해야 하므로 판단을 하기 위해서는 지식과 더불어 입력 데이터를 이용해야 한다. 3단계는 샘플을 보고 분류 규칙과 지식을 학습한 다음 스스로 일을 처리하는 단계이다. 이 단계에서는 엄격한 규칙이 주어지지 않아도 스스로 판별하여 짐을 이동시킨다. 하지만 크기와 무게 등 짐에 대해 파악해야 할 주요한 특성이 무엇인지는 사람이 알려줘야 한다. 이 단계는 데이터가 많이 필요한 단계로서 빅데이터와 머신러닝을 활용하는 단계이다.

'통계적 자연어 처리'를 예로 들어 앞의 2단계와 3단계를 비교할 수 있다. 2단계에서는 번역을 위해 문법과 언어학 지식이 가장 중요했지만 3단계에서는 문법과 지식보다 데이터가 더 중요해졌다. 외국어 문장의 뜻을 문법에 따라 정확히 파악하는 대신 같은 내용을 담은 두 가지 언어 데이터를 비교 학습함으로써 문법과 지식을 동원한 번역보다 더 나은 번역을 할 수 있게 되었기 때문이다. 지식의 문제였던 번역이 확률과 통계의 문제가 된 것이다. 구글의 번역 프로젝트 'Google Translate'가 가장 대표적인 사례다.

마지막 4단계는 딥러닝 단계인데 알고리즘이 짐의 어떤 특성을 중요하게 보아야 할지 스스로 발견해서 규칙을 만들어 분류한다. 딥러닝은 엄청난 연산을 필요로 하는 한편, 방대한 데이터도 필요로 한다. 최근에는 시간차를 두고 연속적으로 흐름을 이루어 들어오는 스트리밍데이터를 받아들여 처리하는 인공지능 알고리즘에 대한 연구도 여러 곳에서 진행되고 있다.

머지않아 만능 알고리즘의 시대가 올까?

2-4 스위스 군대 칼. ⓒ Jonas Bergsten

스위스 군인들이 사용한다고 알려져서 보통 '스위스 군대 칼(Swiss Army Knife)'이라고 불리는 도구가 있다.[2-4] 이름은 칼이지만 칼 말고도 가위·톱·병따개 등 아주 많은 것들이 달려 있는데, 녹도 슬지 않고 등산이나 야외활동을 할 때 가지고 다니기에도 무척 편리하다. 심지어 요즘에는 USB까지 달려 나온다니 이름 그대로 일종의 만능 칼이라고 할 만하다.

그렇다면 알고리즘에도 만능이 있을까? 우리가 앞에서 인용한 『마스터 알고리즘』이라는 책을 쓴 컴퓨터과학자 도밍고스는 그 질문에 긍정적인 답을 내놓고 있다. 과연 그는 무엇을 만능 알고리즘이라고 했을까? "입력으로 어떠한 데이터와 가정이라도 받아들여 그것에 내포된 지식을 출력하는 알고리즘"이 만능 알고리즘, 즉 '마스터 알고리즘'이란다. 도밍고스는 머신러닝을 이용하지 않는다면 장기를 두는 프로그램은 신용카드 거래를 처리할 때에는 소용이 없으므로 다른 두 가지 문제가 있으면 프로그램을 두 가지 작성해야 한다고 말한다. 그런데 머신러닝은 같은 알고리즘으로 여러 가지 일을 처리할 수 있기 때문에 몇 가지 안 되는 알고리즘으로 머신러닝이 활용되는 대다수 분야의 문제를 해결한다는 것이다.

그렇다면 당연히 다음과 같은 매우 도발적인 질문이 나올 것이다 : "하나의 머신러닝 알고리즘이 모든 일을 할 수 있지 않을까? 하나의 알고리즘이 데이터에서 배울 수 있는 모든 것을 다 배울 수 있는 것이 아닐까?" 만능 칼처럼 데이터를 가리지 않고 학습해서 지식을 만들어낼 수 있는 보편적인 알고리즘이 정말 나올 수 있다면, 이것은 과학의 역사에서 가장 큰 혁명일 것이다.

그런데 과연 마스터 알고리즘은 미래학자 커즈와일(Ray Kurzweil, 1948~)이 '특이점(singularity)'이라고 불렀던 시대를 여는 열쇠가 될까? 특이점이란 인공지능이 아주 똑똑해져서 그 자신보다 더 똑똑한 인공지능을 만들어낼 수 있는 순간을 말한다. 이미 전례 없이 똑똑한 인공지능이 다시 자신을 능가하는 뛰어난 인공지능을 만드는 과정이 거듭된다고 상상해보자. 그 인공지능은 지금 우리가 예측할 수도 없는 무한한 지적 능력을 갖게 될 것이다. 커즈와일은 그런 시기가 먼 미래도 아니고 2045년쯤에 실현될 것이라고 예측한 바 있는데, 그렇다면 이제 겨우 30년도 안 남았다. 그런 상황을 인간이 감당하고 통제할 수 있을까?

그런데 대단히 매력적으로 들리기도 하고 위협적으로 들리기도 하는 이러한 전망이 그대로 이루어질지는 모르지만 그런 보편 알고리즘과 유사한 알고리즘을 학습시키려면 지금의 빅데이터보다 규모가 훨씬 크고 훨씬 다양한 데이터가 필요할 것이다. 인공지능·머신러닝과 분리해서 생각할 수 없는 빅데이터의 미래가 과연 어떠한 모습으로 펼쳐질지 실로 궁금한 일이 아닐 수 없다.

인간인가, 기계인가? 그 구별법
튜링 테스트와 캡차

인간의 지적 능력을 모방한 인공지능 컴퓨터가 과연 사람과 얼마나 닮았는지 알아보는 검사방법 중에서 널리 알려진 두 가지를 살펴보자.

먼저 '튜링 테스트(Turing test)'가 있다. 튜링 테스트는 기계가 인간과 얼마나 비슷하게 대화할 수 있는지를 기준으로 기계의 지능을 판별하는 테스트로, 앨런 튜링이 제안한 것이다. 튜링은 1950년에 발표한 논문에서 기계가 지능적이라고 간주할 수 있는 조건을 언급하고 "기계가 생각할 수 있는가?"라는 질문에 대해 긍정적으로 답한 바 있다. 또한 그는 "컴퓨터가 생각할 수 있다면 그것을 어떻게 표현해야 하는가?"라는 질문에 대한 답도 내놓았다. 그의 답은 "컴퓨터로부터의 반응을 인간과 구별할 수 없다면 컴퓨터는 생각(사고, thinking)할 수 있다"는 것이었다. 만일 지성 있는 사람이 관찰하여 기계가 진짜 인간처럼 보이게 하는 데 성공한다면 확실히 그것은 지능적이라고 간주해야 한다는 것이다.

2014년 6월, 영국의 학자들은 러시아와 우크라이나의 프로그래머들이 개발한 '유진 구스트만(Eugene Goostman)'이라는 프로그램이 드디어 튜링 테스트를 통과했다고 발표했다.[2-5] 심사위원단의 33%가 이 프로그램을 사람으로 인정하여 기준치 30%를 넘어선 '최초의 인공지능'이 탄생한 것이다. 그러나 한편으로 전문가들은 유진이 단순한 '채팅 로봇'일 뿐이라고 비판하기도 했다. 즉, 개발자들이 13세

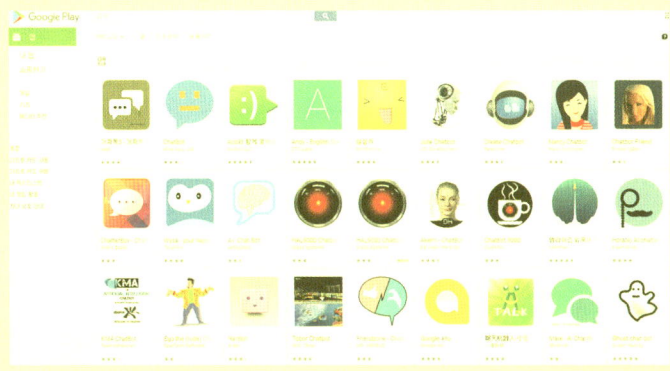

2-5 유진 구스트만은 사람과 대화할 수 있는 프로그램, 즉 챗봇(채팅 로봇, chatbot)의 일종이다. 최근 다양한 챗봇들이 개발되어 학습, 쇼핑, 비서업무, 각종 상담 등에 이용되고 있다.

소년에 맞춰 프로그램화한 대화 로봇일 뿐, '인간처럼 사고하는' 능력을 갖춘 것이 아니라는 것이다.

그다음, '캡차(CAPTCHA)'라는 것도 있다. 인터넷사이트 같은 곳에 회원가입을 하려고 했더니 휘어지고 찌그러진 숫자나 문자들과 함께 "당신이 진짜 인간인지 확인하겠다"는 이상한 말을 보여주는 화면을 만난 적이 있을 것이다. 어떤 사람이 그 단어나 숫자를 제대로 못 읽어서 사람이 아니라고 판단되었다면 그를 개나 고양이로 보겠다는 말일까? 그 테스트가 사람인지 여부를 알아볼 수 있는 이유는 사람은 별 문제 없이 읽어내는

2-6 'smwm'이라는 문자열을 비틀어놓은 캡차.

2-7 덧셈을 요구하는 수학 캡차.

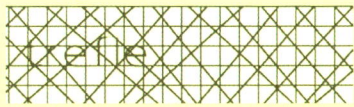

2-8 사람도 구별하기 어려운 캡차.

• Chapter 2 빅데이터의 시대인가, 머신러닝의 시대인가

2-9 reCAPTCHA.

문자들을 인공지능을 이용한 컴퓨터의 광학문자인식(OCR, Optical Character Recognition)은 제대로 판독하기 힘들어하기 때문이다. 이런 방법으로 사람과 인공지능을 분간하는 방법을 '캡차(CAPTCHA, Completely Automated Public Turing Test to tell Computers and Human Apart)'라고 하는데, 제법 긴 영문 이름을 살펴보면 그 속에 '튜링 테스트'가 포함되어 있다. 캡차를 개발한 연구진은 단어를 두 개 보여주는 'reCAPTCHA'라는 것도 만들어 스캔하기 어려운 오래된 자료를 디지털화하는 데 이용하기도 했다.[2-6~9]

딥러닝은 심화학습?
머신러닝과 딥러닝

**알파고의 승리는
딥러닝의 결과**

     2016년 한국에서 인공지능이란 단어가 갑작스러울 정도로 유명해진 것은 프로바둑기사 이세돌과 인공지능 알파고의 바둑 대결 덕분이었다. 첫 대국이 시작되기 전까지만 하더라도 바둑은 경우의 수가 거의 무한대이므로 인공지능이 세계에서 가장 바둑을 잘 두는 인간을 상대하기는 아직 어려울 것이라는 예상이 지배적이었다. 그런데 결과는 뜻밖에도 모두의 예상을 깨고 알파고가 다섯 번 가운데 네 번이나 이긴 것으로 나왔다. 사실 바둑 이전에 IBM의 '딥블루'가 체스 세계 챔피언을 물리친 것이 1997년이었고, 2012년과 그다음 해에는 컴퓨터가 일본의 유명한 프로 장기기사('쇼기'라고 불리는 일본 장기는 우리나라 장기와 다르다)들을 이긴 바 있다.

흔히 인공지능을 둘로 나누는데, 하나는 강한 인공지능(strong AI)이고, 다른 하나는 약한 인공지능(weak AI)이다. 여기서 강하고 약하다는 표현은 인공지능의 능력이 인간의 사고나 문제해결 방식과 얼마나 가까운가를 나타낸다. 약한 인공지능은 시키는 일만 하는 것으로서 현재까지 인공지능이 거둔 성과들은 다 약한 인공지능 덕분이라고 할 수 있다. 그에 반해서 강한 인공지능은 인간과 마찬가지로 사고할 수 있고 자의식도 가진 존재로서 우리가 영화에서 만났던 인간을 능가하거나 위협하는 인조인간과 비슷하다고 생각하면 되겠다.

알파고가 이세돌을 이기고 나자 알파고의 학습 알고리즘 딥러닝(Deep Learning)도 유명해졌다.[2-10] 딥러닝을 우리말로 '심화학습' 또는 '심층학습'이라고 번역하기도 하는데, 이 역시 머신러닝의 하나라고 할 수 있다. 사실 구글이나 페이스북, IBM, 중국의 바이두 등의 거대기업들이 딥러닝에 주목하고 많은 연구개발비를 투자하기 시작한 것은 비교적 최근인 2010년대 이후의 일이다. 구글의 알파고는 원래 구글의 작품이 아니고 구글이 인수한 영국의 딥마인드 테크놀로지가 개발한 것인데, 딥마인드는 하사비스(Demis Hassabis) 등이 2010년에 만든 작은 스타트업이었다. 2014년

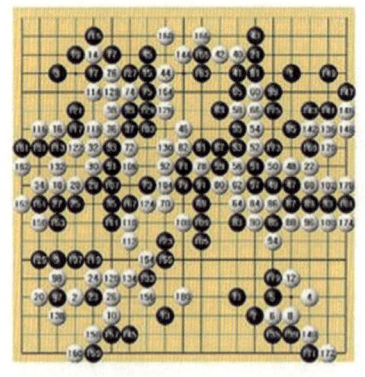

2-10 이세돌이 백을 쥐고 180수만에 알파고에게 승리한 네 번째 대국의 기보.

구글이 잠재력을 보고 이 회사를 상당히 높은 가격으로 인수하면서 딥러닝에 대한 사람들의 관심도 더욱 높아졌다.

그런데 딥러닝의 'deep'은 이미 1997년 세계 체스챔피언과 겨루어 승리를 거뒀던 IBM의 '딥블루(Deep Blue)'에서도 볼 수 있는 단어인데 여기서 푸른색(블루)은 전통적으로 IBM의 로고에

2-11 IBM의 로고.

쓰인 상징적인 색깔이다.[2-11] 1997년에 등장한 IBM의 딥블루는 2011년 퀴즈대회에서 승리하게 되는 왓슨으로 이어진다. 한때 컴퓨터는 곧 IBM 컴퓨터를 뜻할 정도로 세계 최고의 하드웨어 제조기업이던 IBM은 개인용 컴퓨터가 등장한 이후에 전개된 시장의 변화를 제대로 못 읽은 탓에 1990년대 초에는 거의 파산 직전까지 몰렸었다. 이후 딥블루와 왓슨이 IBM을 대표하게 된 것은 IBM의 대변신과 더불어 바야흐로 빅데이터와 인공지능의 시대가 왔음을 보여주는 좋은 사례다. 그런데 딥러닝과 딥블루에 'deep'이라는 단어가 공통적으로 들어 있지만, 인공지능의 분류에서 IBM의 딥블루와 구글의 딥러닝은 서로 다른 계보에 속한다.

인간의 뉴런을 카피하다
: 인공신경망과 딥러닝

인공지능 알고리즘은 크게 나누었을 때 '계산주의'와 '연결주의'라는 서로 다른 두 가지 관점에서 생각할 수 있다. 계산주의는 인간의 뇌가 개념과 정보를 기호로 저장한 다음 마치 방정식을 풀듯이 이들을 조작하여 문제를 풀고 사고를 진행한다고 보는 관점이다.

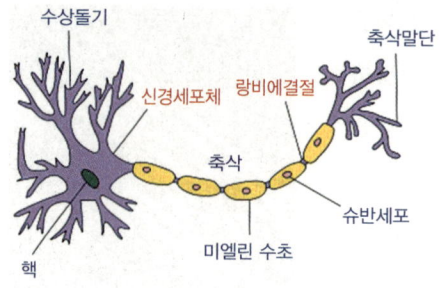

2-12 일반적인 뉴런의 구조. © Quasar Jarosz

만일 수학적·논리적 계산만 하는 인공지능이라면 이 관점이 옳을 것이다. 하지만 오로지 계산주의 관점만으로는 수학이나 논리 바깥의 문제까지 다루는 데에 그리 적절하지 못하다. 이십여 년 전, 바둑보다 단순한 체스 시합에서 인간을 이긴 딥블루의 알고리즘은 계산주의에 가깝다.

한편 연결주의는 인간의 뇌가 뉴런(신경세포)들의 연결에 의해 작동하므로 인공지능 알고리즘 역시 이를 모델로 해야 한다고 보는 생물학적인 관점이다.[2-12] 따라서 연결주의 관점에서 본다면 인공지능은 뉴런들의 복잡한 연결망을 재현해야 한다. 이를 '인공신경망(Artificial Neural Network, ANN)'이라고 부르는데, 딥러닝이 이러한 신경망을 이용한 대표적인 알고리즘이다.[8][2-13]

인공신경망은 데이터를 받아들여서 입·출력 신호와 바로 연결되지

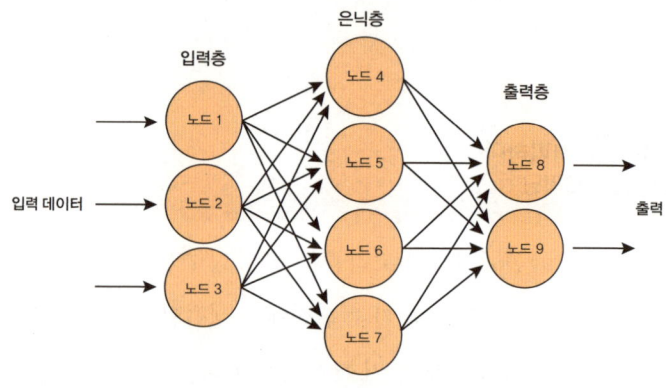

2-13 입력층·은닉층·출력층으로 이루어진 인공신경망.

않는 '은닉층(hidden layer)'이라는 중간 단계를 거쳐 출력 신호를 내보내도록 되어 있다. 신경망은 보통 그림 (2-13)과 같이 나타내는데, 신경망의 뉴런에 해당하는 것을 '노드(node)'라고 부른다. 그림에는 세 개의 입력노드가 있다. 은닉층에 있는 노드 4를 예로 들면 이 노드는 세 개의 입력노드로부터 신호를 받아 다음과 같이 노드 4의 출력값을 계산한다.

$$f\left\{\sum_{i=1}^{3}(w_i \times \text{노드 } i \text{의 출력값})\right\}$$

여기서 f 는 출력값을 계산하는 함수인데 이 함수보다 중요한 것은 각 입력노드에 부여하는 가중치 w_i 들로서 이 가중치들은 각 입력노드가 출력값에 미치는 영향력을 나타낸다. 신경망에서는 입력부터 출력까지의 계산은 왼쪽에서 오른쪽 순서로 진행되는데 학습과정은 반대방향으로 진행된다. 즉 인공신경망이 최종 출력값을 계산하고 보니 그 결과가 옳지 않았다면 뒤로 돌아가서 각 노드의 가중치들을 재조정하게 된다. 이처럼 실수로부터 배워서 고치는 과정을 '역전파(back propagation)'라고 부르는데 이것이 인공신경망의 학습에서 가장 중요한 부분이다.

고전적 인공신경망과 달리 딥러닝 알고리즘은 중간의 은닉층을 여러 겹으로 만든 다음, 서로 다른 학습을 한 은닉층들끼리 서로 복합적인 작용을 할 수 있게 한다. 이전까지 한두 개에 머물던 은닉층이 여러 겹이 되었기 때문에 딥러닝의 이름에 '깊다'는 말이 붙었는데, 2015년 중국 연구팀은 1,000층을 쌓는 데 성공하기까지 했다. 그 결과 딥러닝은 사람의 인식 작용과 보다 더 가까운 방식으로 학습할 수 있게 되었으며, 나아가 사람이 지시하지 않아도 스스로 무엇을 입력신호로 받아들일지도 판단할 수 있게 되었다. 물론 그 때문에 처리해야 할 연산의 양과 학습에 필요한 데이터의 양이 크게 늘어난다. 2010년대 이후 딥러닝은 특히 비정형 빅데이터라고 불리는 음성 데이터 인식, 영상 데이터 인식 등에서 탁월한 성과를 내면서 유명해졌다.

한편 IBM의 왓슨은 퀴즈대회에서 인간을 물리치기 위해 많은 학습을 해서 그 결과를 대용량 기억장치에 담아두고 불러 썼다. 왓슨의 승리는 이렇게 저장된 방대한 지식과 IBM의 자연어 처리 기술, 그리고 보너스 상금을 받을 수 있는 퀴즈문제를 찾아내는 현실적인 전략 등에 힘입은 것이었다. 컴퓨터과학자 유신 교수는 이를 다음과 같이 평가한다. "IBM은 천재적인 인공지능 알고리즘을 개발하는 대신 더 빠르고 더 값싸진 CPU와 메모리를 이용해서 '힘으로' 승부를 냈다."[9]

그런데 앞에서 우리는 인공지능을 강·약 둘로 구분해보았다. 그렇다면 알파고는 어디에 속할까? 구글의 알파고 역시 명령받은 일만 수행하므로 IBM이 만든 왓슨 등과 마찬가지로 약한 인공지능에 속한다. 그렇다면 인간처럼 사고하고 자의식까지 지닌 강한 인공지능은 어디에 있을까? 다행인지 불행인지, 아직은 없다.

머신러닝에게도 선생님이 필요할까?
머신러닝 알고리즘

훈련 데이터를 공부해서 스팸메일을 걸러낸다
: 지도학습

머신러닝 알고리즘은 흔히 둘로 구분되는데 하나는 지도학습, 다른 하나는 비지도학습이다. 지도학습은 감독학습 또는 관리학습이라고도 불리며, 입력 데이터들을 통해 입력변수들의 정보를 받아서 정해진 반응변수(출력변수)에 대한 예측값을 얻는 것이다.[2-14]

스팸메일을 걸러내는 알고리즘을 생각해보자. 이 경우 입력 데이터 역할을 하는 것은 수신메일들이다. 만일 특정 단어들이 메일에 들어 있는

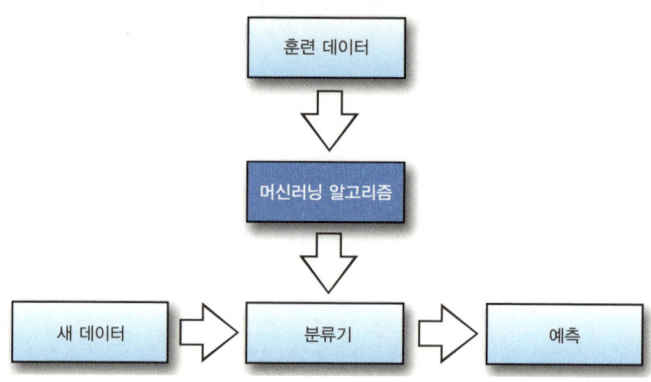

2-14 훈련 데이터를 이용한 머신러닝의 학습과정.

지 알아보고, 그 메일이 스팸메일인지 아닌지를 가려낸다고 한다면 스팸 여부가 출력변수가 된다. 머신러닝에서는 알고리즘을 학습시키는 데이터를 '훈련 데이터(training data)'라고 하는데, 이 훈련 데이터를 가지고 규칙을 만들게 된다. 그런데 훈련 데이터에 포함된 메일에는 그 메일이 스팸인지 아닌지가 나타나 있으므로 알고리즘에서 예측한 결과와 비교해서 예측이 제대로 되었는지 판단할 수 있다.

 알고리즘은 이처럼 훈련 데이터를 가지고 학습을 거듭하는 과정을 통해 분류 규칙을 만들어서 잘못 분류할 확률을 줄여나가게 된다. 이 경우 생길 수 있는 오류는 두 가지이다. 하나는 정상 메일을 스팸이라고 분류하는 오류이고, 다른 하나는 스팸을 정상 메일로 판단하는 오류이다. 예컨대 아주 많은 단어를 선정해서 그 단어가 하나라도 포함되어 있으면 그 메일을 스팸으로 분류하는 규칙을 만든다면 정상 메일 중에 많은 메일이 스팸으로 분류될 것이다. 반대로 너무 적은 단어만 가진 규칙을 만든다면 스팸인데도 정상 메일로 판단되는 경우가 많아질 것이다. 스팸 메일을 찾아내는 알고리즘처럼 출력 결과가 맞는지 틀린지 확인할 수 있는 경우는 마치 교사나 감독이 있어서 결과를 평가하는 것과 비슷하므로 '지도학습'이라고 부른다.

그런데 메일이 스팸메일인지 정상 메일인지 최종 판정하는 것은 사람의 일이므로 지도학습에서 교사나 감독 역할을 하는 것은 대개 인간이다. 지금 예로 든 것처럼 스팸·정상 두 가지 결과로 이루어진 출력변수를 예측하거나, 매장을 방문하는 고객을 구경만 하는 고객, 반품하러 오는 고객, 물건을 살 고객으로 나누는 경우 등 출력변수가 범주로 나타나는 분석을 '분류(classification)'라고 부른다. 지도학습에는 분류 이외에 '예측(prediction)'도 포함된다. 예측이란 출력변수가 범주로 나타나는 것이 아니라 매출액, 수익, 일기예보에서 예측하는 기온 등과 같이 값으로 나타나는 경우이다. 예측을 위한 알고리즘 중에 가장 대표적인 것이 회귀분석이다.

출력변수가 없는 자율학습도 있다
: 비지도학습

한편 비지도학습에서는 지도학습과 달리 입력 데이터만 있고 미리 정해진 출력변수가 없다. 비지도학습은 정해진 출력변수가 아니라 데이터 안에 숨어 있는 패턴이나 규칙을 찾아내고 싶을 때 쓸 수 있다. 따라서 비지도학습에서는 분석 결과가 맞는지 틀렸는지 알려줄 교사나 감독이 없고, 그런 이유 때문에 '자율학습'이라고도 불린다.

예컨대 입력 데이터에 있는 변수들을 살펴보았더니 그 변수의 값들에 따라 서로 비슷한 것끼리 몇 개의 무리를 지을 수 있었다고 해보자. 이런 분석을 '군집분석(cluster analysis)'이라고 부르는데, 이 경우에는 분류의 경우에서처럼 그 무리들이 스팸이나 정상으로 나뉘는 것이 아니므로 개별 데이터를 제대로 나누었는지 판단할 수는 없다. 그렇지만 좋은 군집 분석이 되려면 각 무리 안에 있는 데이터들은 서로 비슷해야 하고, 다른 무리끼리는 서로 이질적이 되도록 만들어야 한다. 그러기 위해서는 데이터들이 서로 얼마나 비슷하고 다른지를 나타낼 기준이 필요할 텐데, 이를 데이터들 사이의 유사성(similarity) 또는 거리(distance)를 가지고 알 수 있다.

그런데 데이터들끼리 서로 가깝거나 먼 정도는 현실적으로, 그리고 수학적으로 다양하게 정의할 수 있으므로 같은 데이터에 대해서도 어떤 유사도, 어떤 거리를 이용하는가에 따라 분석 결과가 달라진다.

데이터를 모으고 나누고 결과를 예측하다

머신러닝 알고리즘의 사례

데이터를 끼리끼리 모으자
: 군집

군집분석의 목적은 입력된 데이터의 특성에 따라 비슷한 것끼리 집단을 만드는 것이다. 이때 데이터들이 서로 비슷한지 다른지를 알아보기 위해 유사도와 거리가 쓰인다. 우리는 평면 위에 있는 두 점 $A=(x_1, y_1)$, $B=(x_2, y_2)$ 사이의 거리가 피타고라스의 정리에 따라 $d(A, B) = \sqrt{(x_2-x_1)^2 + (y_2-y_1)^2}$임을 잘 알고 있다. 이때 각 점의 두 성분은 데이터의 두 가지 특성을 나타낸다. 만일 데이터의 특성이 두 가지가 아니라 p가지라면 두 점 $A=(a_1, a_2, \cdots, a_p), B=(b_1, b_2, \cdots, b_p)$ 사이의 거리는 평면의 경우와 비슷하게 $d(A, B) = \sqrt{\sum_{i=1}^{p}(a_i - b_i)^2}$로 구하면 될 것이다. 우리에게 익숙한 이런 거리를 '유클리드 거리(Euclidean distance)'라고 부른다.

매일 걸어다니는 집과 학교 사이의 거리를 유클리드 거리로 쟀다고 해보자. 집을 나서서 학교까지 걸어간다고 할 때 걷는 거리가 바로 그 거리일까? 당연히 아니다. 유클리드 거리는 집과 학교 사이에 건물이 있든 도로가 있든 강이 있든 상관하지 않고 구한 직선거리인데, 우리는 건물과 도로와 강 위를 직선으로 날아서 가는 것이 아니고 걸을 수 있는 길을 따라서 간다. 이럴 때에는 유클리드 거리가 아니라 다른 거리가 필요하다. 만일 내가 걷는 곳의 시가지 모양이 바둑판처럼 생겼다면 흔히 '맨해튼 거리(Manhattan distance)'라고 불리는 거리를 이용할 수 있다. 집과 학교의 위치를 나타내는 데이터가 $A=(x_1, y_1) \ B=(x_2, y_2)$라고 한다면 두 곳 사이의 맨해튼 거리는 $d(A, B) = |x_2 - x_1| + |y_2 - y_1|$가 될 것이다. 물론 수학책에 나오는 이런 거리는 우리가 걷거나 차를 타고 가는 현실의 거리와 매우 다르다.[2-15]

이처럼 거리는 우리가 필요에 따라 정의해서 쓰기 나름이라서 이 두 가지 거리 말고도 흥미롭고 다양한 거리들이 많이 있다. 거리를 정의해야 비슷한 데이터끼리 묶는 군집분석을 할 수 있는데 당연히 데이터 사이의 거리가 짧을수록 비슷한 데이터로 판단하면 되겠다.

예를 들어 백화점에서 많은 고객들을 몇 개의 집단으로 묶어 집단별로 서로 다른 홍보자료를 보내고 싶다고 해보자. 이럴 때 고객들의 구매 목록 데이터를 비교해서 서로 다른 고객의 목록에 같은 품목이 얼마나 들어 있는지 헤아려보면 고객들 사이의 유사도, 또는 거리를 계산할 수 있

을 것이다. 그런 다음 유사도
가 높은 고객끼리, 즉 거리가
가까운 고객끼리 집단으로
묶어서 그 집단에 맞는 홍보
전략을 세워볼 수 있을 것이
다. 물론 여기서 예로 든 거
리는 유클리드 거리도, 맨해
튼 거리도 아닌 새로운 거리
다. 당연히 고객들 사이의 거
리를 어떻게 정하는가에 따
라 집단은 달라질 것이며, 집
단으로 나누고 나서도 그 결
과가 맞고 틀리는지 판단할

2-15 부산도시철도 노선도. 하늘을 날 수 있는 새라면 유클리드 거리만큼 바다 위를 날아 다대포에서 해운대까지 갈 수 있겠지만 사람은 그럴 수 없다. 도시철도를 이용해서 간다면 구불구불한 노선을 따라가야 하고, 서면역에서 내려 환승까지 해야 한다.

수도 없다. 백화점 측에서는 나중에 판매결과를 보고 나서야 군집분석과 홍보 효과를 판단하게 될 것이다.

군집분석에서 널리 이용되는 알고리즘 가운데 하나로 'k-평균(k-means) 알고리즘'이 있다. 여기서 k는 군집(집단)의 수를 말하는데, 이 알고리즘은 군집의 수를 미리 정한 다음 비슷한(즉 거리가 가까운) 데이터들을 같은 집단으로 묶고 서로 다른 집단끼리는 거리가 멀도록 만드는 방법이다. 데이터의 수가 N이라고 할 때 만일 집단의 수 k가 1이라면 모든 데이터를 하나의 집단에 다 넣는 셈이므로 집단 내의 동질성은 가장 낮아질 것이다. 반면 집단의 수가 데이터의 수와 같다면, 즉 k=N이라면 각 데이터가 각각 하나의 집단을 이루므로 집단 내의 동질성은 가장 높아질 것이다. 물론 이런 극단적인 군집분석은 현실적으로는 둘 다 아무 쓸모없는 분석이고 실제로는 분석 목적과 데이터의 특성에 따라 적절한 집단의 수를 정해서 데이터를 나눈다.

데이터를 끼리끼리 나누자
: 분류

분류는 어떤 데이터가 어떤 그룹에 속하는지 판별하기 위한 것인데, 군집분석과 달리 지도학습에 속하는 방법이다. 분류가 지도학습에 포함되는 이유는 데이터를 분류할 그룹이 미리 정해져 있고, 분류를 하고 나면 그 분류가 제대로 되었는지 확인할 수 있기 때문이다. 즉 분류는 답을 맞추어볼 수 있는 분석인 셈이다.

예를 들어 은행에서 대출신청 고객의 여러 가지 특성을 바탕으로 그 고객에게 대출을 해줄 것인지 아닌지 분류하고 싶다고 하자. 특성으로는 고객의 신용평점, 직업, 소득, 재산, 성별, 연령, 혼인여부 등 여러 가지가 있을 것이다. 은행이 알고 싶은 것은 "대출받은 고객이 이자와 원금을 약속한 대로 꼬박꼬박 갚을 것인가"이다. 분류 알고리즘으로 대표적인 것이 '의사결정 나무(decision tree)'인데, 마치 나무가 자라면서 나무 둥치에서 굵은 가지가 나오고, 그 가지에서 또 많은 작은 가지들이 나오듯이 여러 단계를 거치면서 고객의 특성에 따라 대출 여부를 판정하는 알고리즘이다.

분류를 위해서는 '의사결정 나무'와 더불어 가장 가까운 이웃(nearest neighbor)들의 특성을 근거로 데이터가 속할 집단을 판단하는 'k-최근접 이웃(k-NN, k-nearest neighbor) 알고리즘'도 많이 쓰인다. 이 방법 역시 간단하고 이해하기 쉽다. 예컨대 학교에서 내 마음에 드는 이성이 같은 강의를 듣고 있다고 해보자. 과연 그(또는 그녀)가 무엇을 좋아하고 어떤 성격을 가진 사람인지 몹시 궁금하지만 직접 물어보기는 아무래도 쑥스럽다. 이럴 때 간접적으로 그(또는 그녀)와 가까운 친구들을 대상으로 여러 가지 특성을 조사한 다음 그(또는 그녀) 역시 친구들과 비슷하리라고 판단하는 우회전술을 쓸 수 있다. 이 간단한 원리가 바로 k NN 알고리즘의 아이디어다. 정체가 궁금한 데이터가 있을 때 그 데이터와 가장 가까운 주변의 k개 데이터를 살펴서 그중 다수의 특성을 목표 데이터의 특성으로 간주하는 것이다.

k NN 알고리즘은 동영상 서비스 업체나 인터넷 서점에서 영화나 도서를 고객에게 추천할 때에도 이용할 수 있다. 과거의 영화·책 선택 데이터를 바탕으로 특정 고객과 가장 비슷한 고객을 k명 고른 다음 그들이 가장 많이 본 영화나 책을 추천하는 것이다. 이때 전체 고객 수가 N이라고 할 때 만일 k=N으로 정하면 어떻게 될까? k는 가장 가까운 이웃의 수를 나타내는데 k=N이라면 모든 사람을 이웃으로 간주하는 셈이므로 전체적으로 사람들이 가장 많이 본 블록버스터 또는 베스트셀러를 추천하게 된다.

물론 그렇게 뻔한 결과를 얻기 위해서라면 굳이 분류 알고리즘까지 동원해서 데이터를 분석할 이유가 없을 것이다. 그렇다고 해서 고객별로 정밀하게 추천하기 위해 가까운 이웃의 수 k를 너무 작게 잡으면 너무 적은 데이터만 참고하게 되므로 잡음의 영향을 많이 받게 된다. 즉 k를 선택하는 것이 k NN 분류에서는 상당히 중요하다.

어찌 보면 분류는 데이터를 집단으로 나눈다는 점에서 군집분석과 비슷해 보인다. 그런데 군집분석의 경우에는 데이터 사이의 거리에 따라 비슷한 것끼리 모아 집단으로 묶고 나서도 과연 그 결과가 제대로 되었는지 확인할 길이 없는 반면, 분류의 경우에는 결과를 확인할 수 있다. 가령 은행에서는 대출심사를 해서 신용도에 따라 고객을 분류한 다음 돈을 잘 갚을 것이라고 판단되는 고객에게 돈을 빌려줄 것이다. 그리고 대출을 해준 다음 시간이 지나고 나면 어떤 고객이 돈을 갚고, 어떤 고객이 갚지 못하는지 알 수 있으므로 처음의 분류가 옳았는지 평가할 수 있게 된다.

어떻게 고객을 붙잡아둘까?
: 예측

예측은 과거 데이터 등을 이용하여 수치값을 예상하는 방법이다. 여러 가지 변수를 가지고 특정 주식의 미래 가격을 예측한다든지 미래 판매액을 예측하는 경우, 또 여러 변수를 이용해서 가계의 수입과 지출을 예측하는 경우 등이 여기에 속한다. 또 이동통신사에서 약정기간이 끝났을 때 고객이 다른 회사로 옮기지 않고 계속 머물 확률을 알고 싶다고 할 때에도 예측 알고리즘을 이용할 수 있다. 예측 역시 분류와 마찬가지로 예측 결과와 실제 결과를 비교해볼 수 있기 때문에 지도학습의 하나라고 할 수 있다.

예측을 위해서는 독립변수들을 가지고 반응변수의 값을 알아보는 회귀분석 방법이 널리 쓰인다. 만일 이동통신사에서 고객이탈 여부를 알기 위해서 고객의 직업이나 연령, 이용하는 서비스의 종류와 양 등의 정보를 이용한다면 이런 정보들이 설명변수가 된다. 또한 고객의 이탈 여부가 반응변수가 된다. 이때 알고 싶은 것이 고객이 떠나지 않을 확률이라면 회귀모형 중에서도 '로지스틱 회귀(logistic regression)'라는 방법을 쓸 수도 있다.

한편 예측은 그 자체로도 대단히 중요한 분석방법이지만 앞에서 살펴본 분류를 위해 이용될 수도 있다. 가령 은행의 대출심사를 다시 예로 들어보자. 금융기관들은 고객에 대한 많은 데이터를 가지고 있고, 그 데이터를 이용하면 고객들의 과거 거래실적이라든가 직업·소득·재산·담보 능력 등의 변수와 돈을 잘 갚을 확률 사이의 관계를 나타내는 수식을 만들 수 있다. 이런 관계식을 이용해서 은행은 대출신청자들을 대상으로 그들에게 돈을 빌려주었을 때 그 돈을 고객이 잘 갚을 확률을 계산할 수 있을 것이다. 은행에서는 나름의 기준, 예컨대 그 확률이 90% 이상인 고객의 대출신청은 받아들이고 나머지 고객에게는 대출을 거절하는 등의 기준에 따라 고객을 분류해서 대출 여부를 판단할 수 있다.

구글, 빅데이터와 통계 모형으로 독감을 예측하다
빅데이터와 감염병

감염병은 국가가 관리한다
: 질병관리본부

2017년 1월 말, 질병관리본부의 홈페이지를 찾아가 보았더니 첫 화면에 붉은색 볏을 머리에 단 커다란 닭이 걸려 있었다.[2-16] 닭의 해 정유년 설날을 앞두고 닭 그림과 함께 그 기관의 새해 계획이나 좋은 덕담이라도 올려둔 것일까? '질병관리본부(Center for Disease Control and Prevention)'는 영어로 흔히 'CDC'라고 줄여서 부르는데, 이는 질병을 관리·통제하고 예방하는 일을 맡은 기관이라는 뜻이겠다.

2-16 질병관리본부 홈페이지(2017. 1. 30).

그런데 이 홈페이지에 실린 닭 그림은 실상 그 전해인 2016년 가을부터 퍼지기 시작하여 닭과 오리 3천여만 마리를 죽음으로 몰고 간 AI 예방법을 알리는 홍보자료이다. 여기서 AI는 '조류독감'이라고 보통 부르는 '조류인플루엔자(avian influenza)'라는 감염병을 말한다.

이런 감염병은 의학 수준이 낮았던 옛날에나 걱정하던 유물이라고 여기는 사람들이 제법 있지만 알고 보면 국가의 질병관리를 책임지는 기관에서 예방수칙을 강조할 만큼 감염병은 현재진행형의 중요한 질병이다. 2016년 가을과 겨울의 조류인플루엔자 사례에서 보듯 감염병은 종종 사람들이 그 병을 확인하고 대책을 마련하기도 전에 무서운 속도로 퍼져서 막대한 피해를 입힌다. 게다가 감염병은 최근 들어 거의 해마다 찾아오고 있는데, 병의 원인이 되는 바이러스도 여럿인데다 변형 바이러스까지 끊임없이 생기는 추세다.

한편 구글에서 CDC를 검색하면 미국 질병관리본부 사이트가 가장 먼저 나오는데, 첫 화면에서 검색자가 감기에 걸렸는지, 아니면 독감에 걸렸는지 묻고 있다.[2-17] 두 나라 질병관리본부가 같은 시기에 서로 다른 감염병을 걱정하고 있음을 볼 수 있다.

그런데 질병관리본부는 국민들의 질병을 관리·예방하는 일을 하는 곳일 텐데, 왜 닭과 오리가 많이 걸리는 조류인플루엔자 예방법을 전면에 내세워 홍보하고 있을까? 많은 환자가 발생하여 큰 문제가 되지는 않았지만 그 병이 사람에게도 옮을 수 있기 때문일 것이다. 그렇다면 닭과 오리의 조류인플루엔자는 어느 기관에서 걱정할 일일까? 농림축산식품부다. 그 기관의 홈페이지를 찾아가보면 「AI 빅데이터 분석」이라는 자료도 여럿 실려 있는데, 조류인플루엔자가 어디서 어느 정도 발생했는지 알리고, 지역별 확산가능성 등을 분석한 내용을 담고 있다.[2-18] 정부기관에

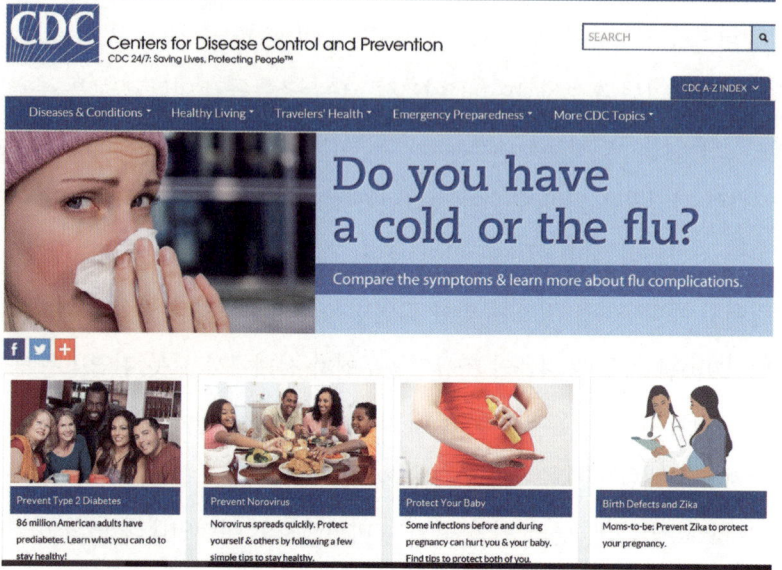

2-17 미국 질병관리본부(CDC) 홈페이지(2017. 1. 30).

서는 빅데이터를 이용하여 AI의 현황과 전망을 신속히 알리려 했던 것 같은데, 언론에서 뒷북 행정이라는 비판이 비등했던 것으로 볼 때 아쉽게도 그런 시도가 AI의 확산을 막는 데 큰 효과를 본 것 같지는 않다.

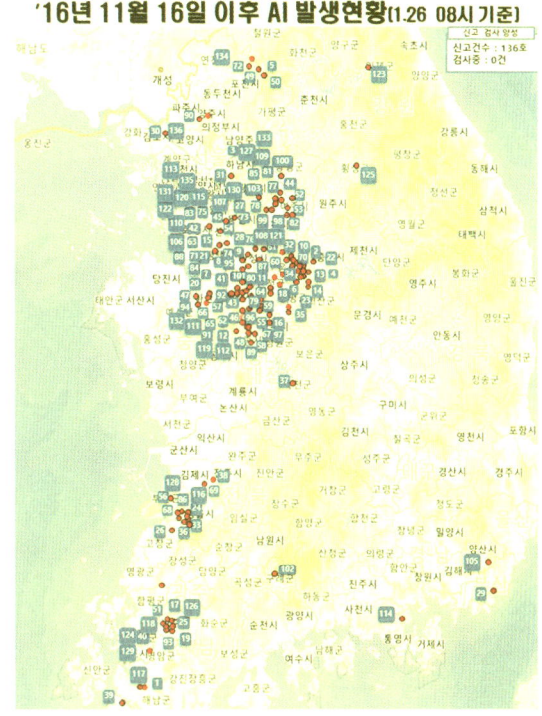

2-18 「AI 빅데이터 분석」, 농림축산식품부(2017. 1. 26).

구글, 독감 예측에 성공하다

질병관리본부를 비롯한 정부기관으로서는 감염병이 일단 발생하면 그 확산을 막기 위해 최대한의 노력을 쏟아부어야 할 것이다. 그러기 위해서는 감염병이 언제 어디서 얼마만한 규모로 발생할지, 또 어느 정도 속도로 어디까지 퍼질 수 있는지 예측해서 미리 적절한 대책을 세우는 것이 대단히 중요하다. 그런데 새로운 감염병이거나 가끔씩 찾아오는 감염병이 아니라 해마다 약속이나 한 듯 찾아오는 독감 같은 병도 예측하기가 매우 어려워서 병원을 찾아온 환자가 생기고 그 환자가 독감에 걸렸는지 여부를 검사해보고 나서야 독감이 시작된 것을 파악하게 된다. 만약 환자들이 병원을 찾기 전에 며칠이라도 미리 어느 지역에서 독감이 돌기 시작한 것을 파악할 수 있다면 집중적으로 적절한 조치를 해서 독감 환자를 크게 줄일 수 있을 것이다.

미국의 경우 매년 5~20%의 사람들이 독감에 걸리며, 매년 평균적으로 3만 6,000명 정도가 독감으로 생명을 잃는다고 한다. 그런데 우리나라의 질병관리본부와는 비교도 할 수 없을 만큼 엄청난 전문 인력을 가진 미국의 질병관리본부에서도 하지 못한 독감 예측을 보건이나 의료와 아무 상관없는 기업이 해냈다고 한다. 검색서비스 기업으로 시작한 구글이 수많은 사람들의 검색 빅데이터를 분석해서 독감을 예측하는 알고리즘을 2008년에 만들었는데, 그렇게 얻은 예측이 실제 결과와 썩 잘 들어맞았던 것이다. 게다가 구글의 예측은 질병관리본부의 공식 통계보다 2주나 빠른 것이었으므로 '집단 지성(collective intelligence)'의 훌륭한 사례로 높이 평가받으면서 빅데이터라는 생소한 단어를 널리 알리는 데 큰 역할을 했다.[2-19] 빅데이터를 설명하는 책이나 자료를 보면 지금도 구글이 방대한 검색어 데이터를 분석해서 독감을 미리 예측한 것을 빅데이터 분석의 대표적인 성공사례로 소개하는 경우를 많이 볼 수 있다.

> **집단 지성**(collective intelligence)
> 다수의 개체들이 서로 협력 혹은 경쟁을 통하여 얻게 되는 결과를 지칭한다. 소수의 우수한 개체나 전문가의 능력보다 다양성과 독립성을 가진 집단의 통합된 지성이 올바른 결론에 가깝다는 주장이다.

구글은 공중보건을 위한 데이터 기반의 조기경보 시스템을 만든 셈인데 그렇다면 구글은 어떤 방법으로 독감 예측 알고리즘을 만들었을까? 2008년에 그 알고리즘을 만들기 시작할 때 구글의 소프트웨어 공학자들은 현실 세계에서 일어나는 현상들을 연구하는 데에 자신들이 가진 풍부한 검색 데이터를 활용해볼 길을 찾다가 독감 예측 문제를 택하게 되었다고 한다. 그들이 이용한 방법은 2003년부터 미국 사람들이 구글로

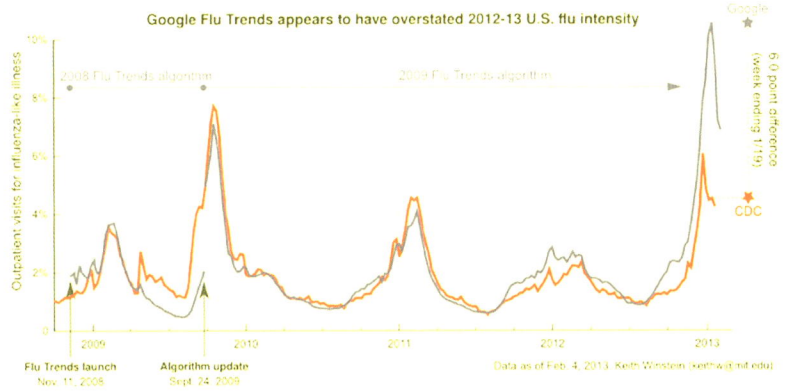

2-19 2008년 11월부터 2013년 2월까지의 구글 독감 예측 결과와 미국 질병관리본부의 데이터를 비교한 그림.
출처 : http://blog.keithw.org/2013/02/q-how-accurate-is-google-flu-trends.html/.

    검색한 질문들을 매주 수천만 개씩 모은 다음 실제 독감 발생 결과와 검색 질문 사이의 상관관계를 통계적인 모형을 써서 알아보는 것이었다. 즉 요즘 사람들은 몸에 이상이 느껴지면 바로 병원에 가기보다는 구글 검색을 통해 '감기와 독감 치료', '독감의 증상', '합병증' 등에 대해 찾아볼 것이므로 만약 어느 지역에서 이런 검색어들이 갑자기 많이 나오면 구글이 전문가 집단인 보건 당국보다 먼저 독감 발생을 알아낼 수 있게 된다는 것이다.

    사실 우리는 구글의 검색기능을 이용할 때 아무런 사용료를 내지 않는다. 구글은 모든 사람에게 공짜서비스를 제공하는 것이다. 그런데 진짜 공짜일까? 알고 보면 그런 서비스를 이용하는 대가로 우리는 우리 자신에 대한 여러 가지 데이터를 구글에 공짜로 넘겨주고 있다. 구글이나 페이스북 같은 거대 공룡 기업들이 그렇게 넘겨받은 데이터로 무얼 하는지 우리는 모른다.[10] 독감 예측 알고리즘을 만든 구글의 공학자들은 검색한 사람들이 이용한 컴퓨터의 IP 주소를 통해 검색한 곳까지 알아내서 독감 발생 지역을 찾는 데 이용할 수 있었다. 그 결과로부터 그들은 독감과 상관관계가 높은 검색 질문 45개를 골라낼 수 있었고, 이로부터 검색 결과만 가지고 어디서 독감이 발생하기 시작했는지 빠르게 알아내는 통계 모형을 만들었다.

즉 검색에 나타난 단어들의 빈도로부터 과거의 독감 유행이라는 사건과 검색어들의 상관관계를 판단했던 것이다. 검색어들이 독감과 어떤 관계를 갖는지는 따질 필요 없고 단지 검색에 나타난 빈도로 판단한 상관관계가 높으면 중요한 단어로 간주되어 예측 모형식에 들어가게 된다. 그렇기 때문에 독감 예측 모형을 만드는 데에 사실상 의사의 전문지식은 아무 필요도 없게 된다.

구글, 독감 예측에 실패하다

그렇다면 구글의 감염병 예측이 그 후에도 계속 성공했을까? 아니었다.

2012년 말부터 다음해 초까지 유행한 독감에 대한 구글의 예측은 실제 결과와 상당히 큰 차이를 보였다. 구글은 미국인들 가운데 11%에 달하는 사람들이 독감에 걸릴 것이라고 예측했지만, 나중에 미국 질병관리본부에서 집계한 실제 결과는 구글 예측의 절반 정도인 6%에 지나지 않았다.

그러자『네이처』『사이언스』등의 유명 과학학술지에 구글의 독감 예측을 부정적으로 평가하는 연구들이 실리게 되었다. 그중 대표적인 것이 2014년 3월에 발행된『사이언스』에 실린 논문이다. 네 명의 사회과학자들이 쓴 그 논문은 「구글 독감 예측의 우화 : 빅데이터 분석의 함정들 (The Parable of Google Flu : Traps in Big Data Analysis)」이라는 꽤 신랄한 제목을 달고 있었다. 논문의 저자들은 구글의 예측이 일관되게 독감 발생률을 지나치게 높이 예측하는 잘못을 범했다고 비판하면서 구글의 예측법은 단독으로 쓰이기보다는 정부기관 등 다른 곳의 예측을 보조하는 역할에 머무는 것이 좋을 것이라고 주장했다.

구글은 왜 실패했을까? 다양한 이유들이 거론되었는데 구글의 검색이 같은 질문에 대해서 사람마다 다른 결과를 보여주는 방식으로 바뀐 것을 이유로 드는 사람도 있다. 우리의 뜻에 따라 일련의 검색이 진행되는 것이 아니라 구글이 보여주는 것을 따라서 찾아보게 되었으므로 검색어의 빈도가 현실을 제대로 반영하지 못한다는 것이다. 사실 구글은 검색 알고리즘을 상당히 자주 수정하고 있으므로 그런 변화들이 검색 결과 통계에도 영향을 미쳤을 것이다.

한편 상관관계만으로 데이터 분석을 했기 때문이라는 견해도 있다. 『뉴욕타임스』의 어느 기자가 빅데이터에 대해서 쓴 책을 보면 상관관계로부터 지식을 얻으려면 '맥락(context)'을 제대로 파악하는 것이 필수적인데, 구글의 예측 알고리즘은 상관관계만을 주목하는 결정적인 한계를 갖는다는 것이다.[11]

짝을 찾아주는
빅데이터와 머신러닝

**번창하는 사업,
온라인 데이팅**

빅데이터 시대가 되면서 비즈니스 세계에서는 새로운 사업도 많이 생기고, 반대로 위기를 맞거나 사라지는 사업도 많아졌다. 그에 따라 많은 직업이 사라지고 새로운 직업이 생기는 변화도 빠르게 진행되고 있다. 빅데이터가 등장한 배경으로는 하드웨어와 기술의 발달, 기업환경의 변화 등과 함께 '연결'이 꼽힌다. 세월이 아무리 흘러도 사람이 사람을 만나고 사랑하며 살아가는 건 옛날이나 지금이나 마찬가지일 테다. 최근 빅데이터의 등장으로 특히 어려움을 겪는 사업 가운데 하나가 전통적인 방식으로 결혼할 짝 찾기를 도와주는 업종일 것이다. 여윳돈이 있는 사람과 돈이 필요한 사람을 연결시켜주는 금융업이 정보산업인 것처럼, 사람들에게 만날 기회를 제공하는 일에서도 역시 정보는 핵심적인 역할을 한다. '초, 재혼 전문'이라고 지하철에서 광고하는 회사들의 이름을 잘 보라. 스스로 회사 이름을 당당히 '○○결혼정보회사'라고 밝히고 있다.

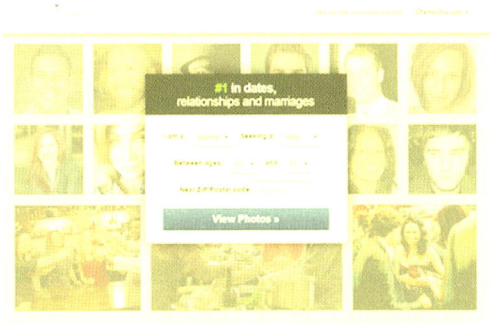
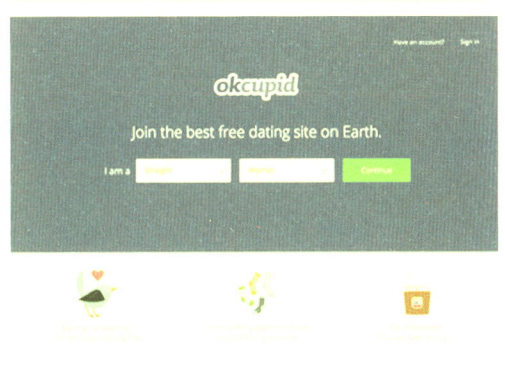

2-20 미국의 온라인 데이팅 사이트들. 출처 : Wikipedia, 'match.com', 'okcupid'.

빅데이터 시대라 불리는 최근의 변화가 결혼정보회사들을 긴장시키는 이유는 물론 그 회사들이 가진 정보력의 가치가 이전만 못하기 때문이다. 데이트와 결혼은 다른 것이긴 하지만 일단 사람들이 만날 상대를 찾는 방식이 빠르게 바뀌고 있고, 그런 변화를 주도하고 있는 곳이 바로 온라인 데이팅 서비스를 제공하는 업체들이다.[2-20] 이미 미국을 비롯한 여러 나라에서 이런 서비스를 이용하는 인구가 급속히 늘어난 결과 그렇게 만나 결혼까지 하는 경우도 많아졌다고 한다. 그러다 보니 인터넷 웹사이트를 통해 데이트 상대를 연결해주는 업체들 중에는 수십 개 나

2-21 우리나라에서 많이 이용되는 소개팅앱들.

라에서 번창하는 글로벌 기업이 되어 엄청난 매출액 규모를 자랑하는 경우도 생겼다. 특히 그런 업체들이 가장 매력적으로 생각하고 있는 시장이 인도와 중국이라고 한다. 이들 나라는 인구 규모도 클 뿐더러 중매를 통해 결혼에 이르는 풍속이 강하게 남아 있기 때문에 중국에만 해도 결혼중매 업체가 2만 개가 넘을 정도로 결혼 비즈니스가 호황을 누리고 있다고 한다.[12]

스마트폰이 널리 보급되면서 국내에서도 이른바 소개팅앱의 성장세가 뚜렷하다.[2-21] 2016년 스마트폰 사용자들의 앱 이용실태보고서에 따르면 국내 매출 상위 10위 앱 안에 소개팅앱이 세 개나 들어 있다고 한다. 시장규모는 500억 원 정도로 추산된다는데, 25~44세 사이에 있는 한국의 미혼 인구 590만 명 중에서 대략 300만 명 정도가 소개팅앱의 회원일 것으로 추정된다고 한다. 즉 그 연령대의 미혼자들은 두 사람 중 한 사람 꼴로 소개팅앱을 쓰고 있다는 것이다.[13]

그런데 옛날 방식의 중매쟁이든 전통적인 결혼정보회사든, 또는 최근에 급성장하고 있는 온라인 데이트 회사든 간에, 사람 간의 짝짓기를 도와주려면 무엇보다 되도록 많은 사람들의 신상 데이터를 넉넉히 갖고 있어야 할 것이다. 게다가 회사 입장에서는 온라인 데이트가 건전하지 않다는 인식을 주지 않기 위해 학력을 비롯한 사람들의 조건과 그들이 제공하는 정보의 진위까지 적절하게 관리해야 한다.

예컨대 국내 한 데이트 사이트의 대문에는 이런 광고가 나온다. "여자가 선택한 남자, 남자가 선택한 여자만 있는 서비스, 우리 회사는 훌륭한 스펙의 초기 멤버 500명을 직접 면접을 통해 선발했습니다. 지금 당신의 매력을 증명하고 우리 회사의 회원이 되세요!" 이런 광고에 따르면 이용자들이 온라인 데이트 사이트를 고르는 것이 아니라 회사가 이른바 '스펙'을 보고 이용자를 선택하기도 하는 모양이다. 심지어 기존의 회원들이 가입 희망자를 심사해서 회원 가입 여부를 결정하는 곳도 있다고 한다. 경쟁이 심해지다 보니 온라인 데이트 업체들도 나름의 차별화 전략을 고민하게 되었다는 말이겠다.

짝을 찾아주는 과학, 통계학

그런데 중매쟁이든 회사든, 데이트 상대를 원하는 많은 사람들의 자료를 모으는 단계까지는 통계학이 크게 필요 없을 수도 있다. 예나 지금이나 중매쟁이나 데이팅 사이트의 능력을 판가름할 가장 중요한 기준은 결국 "개인별 데이터를 어떻게 활용해서 어떤 사람들을 맺어줄 것인가?"라는 문제다. 동성 파트너를 찾는 경우를 제외하고 일단 남·녀 각각 5천만 명씩 총 1억 명의 회원 정보를 갖고 있는 데이팅 회사가 있다고 하자. 풍부한 데이터를 자랑하기 위해 고객에게 5천만 명에 달하는 이성의 정보를 모두 보여주면서 마음대로 골라보라고 하면 그 또는 그녀는 좋아할까?

다양성·속도와 함께 빅데이터의 세 가지 특징으로 흔히 드는 것이 데이터의 양이다. 엄청난 규모의 데이터는 축복일 수도 있겠지만 그 자체만으로는 쓰레기더미일 수도 있다. 아무리 데이터가 많아도 그 데이터를 적절히 분류하고 간추려서 고객에게 맞는 알짜 정보를 골라주지 않는다면 검색 사이트든 온라인 데이팅 사이트든 머지않아 문을 닫아야 할 것이다.

이처럼 수많은 데이터를 나누고 집단으로 묶는 일은 데이터가 많아질수록 점점 중요해진다. 그래야만 데이터가 사람들이 필요로 하는 가치 있는 정보 또는 지식이 될 수 있기 때문이다. 데이터가 어떤 집단에 속하는지 분류하고(classification), 차이나 유사성을 기준으로 집단화해서 묶고(cluster analysis), 패턴을 찾고(pattern recognition), 짝을 맺어주는(matching) 등의 일은 중매쟁이나 점쟁이들이 오래전부터 해왔던 것들인데, 통계전문가들 역시 오래전부터 그런 일을 해왔다.

그리고 당연히 이러한 통계학적 방법은 온라인 데이팅 사이트를 운영하는 회사에만 필요한 것이 아니다. 그와 비슷한 통계학 방법들은 도서관에서 책을 분류해서 서가에 배치할 때도 쓰이고, 스팸메일을 골라내는 데에도 쓰인다. 또한 병원에서 건강검진 데이터를 통해 어떤 질병의 유무를 판단할 때, 정치인들이 유권자들의 투표 성향을 알아볼 때, 혹은 쇼핑몰을 운영하는 사람들이 고객의 변덕스런 입맛을 알아볼 때, 그리고 알파고가 다음에 바둑돌을 놓을 자리를 고를 때에도 요긴하게 쓰인다.

데이트 상대나 연인에게 바라는 사항들이야 시대에 따라 달라지겠지만 사람의 마음이 까다롭기는 1980년대나 1990년대나 21세기나 마찬가지일 것이다. 급격하게 변화하는 세상에서 데이트와 결혼을 주선하는 회사들은 생겼다가 사라지기를 반복할 테고, 회사들의 영업방식도 빠르게 바뀌겠지만 그 근본 원리에 해당하는 통계학적 방법들은 계속 활용될 것이다.

사랑의 과학
: 뇌과학? 빅데이터?

지난 몇 세기 동안 과학이 세상만사를 다 바꾸어놓은 것처럼 보이지만 우리의 삶에서 중요한 것 가운데 과학자들이 손대지 않고 내버려둔 것들도 무척 많다. 그중에서도 대표적인 것이 사랑일 것이다. 사랑은 오랫동안 예술가들의 것이었지 과학자들의 연구 주제는 아니었다.[14] 아마 많은 사람들에게 '사랑의 과학'이라는 표현은 여전히 어색해 보일 텐데, 시인들 중에는 과학에 관심이 많은 사람도 있나보다. 2016년 겨울에서 다음해 초까지 방송된 드라마 〈도깨비〉에서 도깨비 공유는 「사랑의 물리학」이라는 시를 읊으며 팔랑팔랑 달려오는 김고은을 기다린다.[15] [2-22] 도깨비가 첫사랑에 빠진 것이다. 드라마가 인기를 끌면서 이 시가 유명해진 덕분에 사랑과 과학이 조금이나마 더 가까워졌을까?

2-22 TVN 드라마 〈도깨비〉에서 공유가 「사랑의 물리학」이라는 시를 읽고 있는 장면.

사랑하는 상대방을 흔히 '나의 반쪽'이라고 부르는 걸 보면 사람들은 자신과 최대한 닮은 상대와 만나고 싶어하고 함께 살고 싶어하는 것 같다. 그런데 과연 결혼을 한 커플이 헤어지지 않고 그 관계를 오래 유지할 수 있는 보편적인 조건들이 있을까? 이런 질문들은 데이트 상대를 맺어주는 사업을 하는 회사에서 무척 고민하는 문제들일 것이다.

서로 사랑하는, 또는 미워하는, 아니면 무관심한 사람들의 뇌를 찍은 사진을 연구하는 뇌과학자라면 사랑의 원리와 법칙까지도 과학적으로 깔끔하게 규명하고 설명할 수 있을지도 모른다. 심리학자들 중에 뇌 사진과 호르몬을 측정하는 등의 방법을 써서 특별히 사랑의 심리학을 연구하는 사람들이 있는데, 미국의 데이트 회사들에서는 바로 그런 사랑 전문가들을 채용해서 그들의 연구를 짝짓기 사업에 적극 활용하고 있다고 한다.

사랑의 과학에 대해 또 다른 방향에서 접근하는 사람들도 있는데 그들의 연구 방법은 빅데이터를 이용하는 것이다. 대표적으로 미국의 유명한 온라인 데이트 사이트인 '오케이큐피드(OkCupid)'를 2004년에 창업하여 굴지의 기업으로 키운 이들 중 한 사람이 쓴 책을 살펴보자. 그는 여러 해 동안 자신의 회사에 축적된 고객들의 정보를 분석하여 남녀의 만남과 사랑, 섹스에 대해 책을 썼다.[16] 그 책을 쓴 사람의 이름은 크리스티안 루더(Christian Rudder)인데 그는 원래 대학에서 수학을 공부하고 동료들과 온라인 데이트 사이트를 만든 다음 2009년부터는 그 회사의 자료분석팀을 이끌어왔다고 한다.

루더는 "데이트 사이트는 사람들이 서로를 판단하고 성적 욕망을 채우기 위해 존재한다"라고 주장하면서 데이트 사이트에는 키, 정치 성향, 사진, 글 등 모든 항목이 쉽게 검색하고 분류할 수 있는 형태로 올라오기 때문에 사람들의 판단이나 욕망을 자세히 연구할 수 있다고 말한다.[17] 과거 사회과학자들이 하던 설문조사나 소규모 실험을 할 필요도 없이 사람들이 사적으로 관계를 맺을 때 벌어지는 실제 상황을 들여다보는 사회학적 연구를 회사 서버에 고스란히 담겨 있는 방대한 데이터를 가지고 해낼 수 있다는 것이다.

루더는 자신이 쓴 책의 제목을 'Dataclysm'이라고 붙였는데, 이 이름은 '데이터'와 '대변동(cataclysm)'을 합쳐서 만든 것이라고 한다. 그는 책의 제목을 이렇게 붙인 이유를 두 가지로 설명했는데, 하나는 최근 빅데이터의 홍수를 뜻하기 위해서이고, 다른 하나는 그러한 데이터를 통해 지금까지의 정체된 지식과 좁은 시야가 홍수에 휩쓸려 내려가고 새로운 세상이 올 것이라는 희망을 담기 위해서라고 한다.[18]

그의 분석 중에는 흥미로운 것들이 많다. 가령 20세부터 50세까지 연령별로 여성과 남성이 각각 선호하는 이성의 나이를 살펴보면, 여성은 자신과 비슷한 연령의 남성을 선호하는 반면, 남성은 모든 연령대에서 한결같이 20대 초반의 여성만을 선호한다는 것이다. 여성이 남성을 택하는 기준과 남성이 여성을 보는 기준이 서로 크게 다르다는 것인데 이런 결과는 남성들에게 직접 물어서 조사한 결과와도 또 크게 차이가 난다고 한다. 즉 남자들의 경우 자신이 좋아한다고 생각하는 여성의 나이와 정말 좋아하는 여성의 나이가 크게 다르므로 말 따로, 행동 따로인 셈이다. 둘 중 아마 아무도 보지 않는 온라인 데이트 사이트에서 드러낸 모습이 진실에 가까울 것 같다.

루더는 이 데이터를 분석한 다음 "여성들은 함께 늙어갈 남성을 찾지만, 남성은 언제나 젊은 여성을 향해 고개를 돌린다"고 결론 내렸다.[19] 어쩌면 이런 결론은 누구나 짐작할 수 있는 것일지 모르지만 아무도 지켜보지 않는다고 생각할 때 사람들이 어떤 행동을 하는지를 드러내주는 방대한 규모의 데이터에서 나온 것이라는 점에서 지금까지의 연구들과 차별화된다.

동성애처럼 드러내서 밝히기 어려운 주제에 대한 분석도 흥미롭다. 동성애자가 인구의 어느 정도를 차지하는가에 대해서는 지금까지 매우 다양한 수치들이 제시된 바 있는데, 1940년대에 나온 「킨제이보고서」에서는 남성 가운데 10%, 여성 중에서는 6%가 동성애자라고 추정한 바 있지만, 이후의 통계나 실험을 이용해서 얻은 비율은 적게는 1%, 많게는

15%에 이를 정도로 차이가 컸다고 한다. 빅데이터를 분석하는 사람들 중에는 검색어를 이용해서 동성애자의 비율을 추정하기도 한다. 가령 구글의 연구진은 미국 내 포르노 검색 가운데 남성 동성애에 대한 검색이 차지하는 비중을 살펴보고 남성 가운데 5% 정도가 동성애 성향을 가진 것으로 추정한 바 있다. 한편, 미국 내 구글 검색에서 "내 남편이 혹시……"라는 말 뒤에 제일 많이 쓰이는 단어가 바로 '게이(gay)'라는 분석도 흥미롭다.

루더는 데이트 사이트에 가입한 회원들이 적은 자신을 소개하는 글을 분석해서 여성·남성 동성애자와 이성애자, 양성애자들의 특징을 찾았다. 그는 여성 동성애자와 이성애자들은 자신을 표현하는 특징적인 어휘에 큰 차이가 없는 반면, 남성 동성애자들은 성에 대해서 가장 적게 언급하는 대신 자신을 소개하는 글에서 대중문화에 대해서는 두드러지게 많은 관심을 나타냈다고 한다. 한편 데이트 사이트에 가입하면서 자신을 '양성애자'라고 선택한 사람이 여성 중에서는 8%, 남성 중에서는 5% 정도라고 하는데, 실제로 그들은 양성이 아니라 한쪽 성의 상대방을 선택하는 경우가 많다고 한다. 양성애자라고 스스로 밝힌 사람들 중에도 역시 말과 행동이 일치하지 않는 사람들이 많았던 것이다.

루더의 책을 소개하면서 마지막으로 통계 그래픽에 대해서도 짧게 언급하고 싶다. 그의 책에는 상당히 공을 들여 그린 듯한 그림들이 들어 있다. 그는 다채로운 색깔을 많이 써서 화려한 그림을 그리는 대신 다양한 데이터를 최대한 간명하게 표현하기 위해 애쓴 듯하다. 그는 책의 마지막에서 통계 그래픽을 디자인할 때 "더 적은 잉크를 써서 더 많은 데이터를 나타내"려고 노력했다고 밝히면서 정보 그래픽의 대가인 통계학자 터프티(Edward Tufte)를 흉내내고 싶었다고 밝혔다.[20]

『뉴욕타임스』에서 '데이터의 레오나르도 다 빈치'라고 불렀다는 터프티가 쓴 책들은 우리나라에 번역되어 있지 않지만, 그 자신과 책에 대한 소개는 다음 웹사이트에서 볼 수 있다 : https://www.edwardtufte.com/tufte/.

확률과 통계,
우연을 과학으로 길들이다

──── 확률이라고 하면 우리는 학교 수학시간에 배웠던 공을 뽑는 경우의 수를 먼저 생각한다. 그런데 확률은 수학책 속에만 갇혀 있는 것이 아니라 우리의 일상 속으로 무척 가까이 들어와 있다. 우리는 공뽑기의 확률과 로또복권에 당첨될 확률, 그리고 내일 비가 올 확률, 또는 친구의 말이 참이라고 믿을 확률 등 서로 매우 다른 경우들에 확률을 이용하고 있다. 확률이라는 것이 이처럼 다양하게 사용되다 보니 과연 확률이라는 것을 하나로 정의할 수나 있을지 의심스러울 정도이다.

이 장에서는 수식을 거의 쓰지 않고 복권과 도박에서 나오는 확률과 기댓값을 살펴본 다음 확률이 낮아서 거의 일어나지 않을 것 같은 사건들에 대해서도 알아볼 것이다. 또한 생일 문제, 몬티 홀 문제, 상트페테르부르크의 문제 등 유명한 확률 문제들을 통해 확률의 여러 가지 모습을 알아볼 것이다. 아울러 확률의 종류와 베이즈 정리에 대해서도 살펴볼 것이다. 원인을 알 수 없는 우연한 일이나 예측하기 어려운 불확실한 일들을 과학 연구의 대상으로 삼아 나름의 규칙을 찾아보려는 확률 연구는 근현대 과학의 뚜렷한 성과 가운데 하나라고 할 수 있다. 그 결과 오늘날 확률적인 사고는 불확실성이 지배하는 세계를 이해하는 데에 필수적인 요소가 되었다.

내기와 도박
탐욕인가, 본능인가, 아니면 과학인가

**딸을 미끼삼고 집을 판돈삼아
내기를 하다니!**

「맛(Taste)」이라는 짧은 소설이 있다.[1][3-1] 로알드 달(Roald Dahl)이라는 영국 작가가 썼는데, 어느 부잣집에서 열린 저녁식사 모임 이야기다. 모임에 초대된 손님 중에는 이름난 미식가가 한 사람 있다. 음식과 와인에 대한 책도 여럿 낸 그는 특별히 와인에 정통해서 잠시 맛을 보면 그 와인의 출처를 알아맞힐 정도라고 한다. 그날 저녁 모임의 하이라이트 역시 부잣집 주인이 어렵게 구해온 진귀한 와인을 맛보는 시간이었는데, 어쩌다 보니 그 와인이 언제 어디서 생산된 것인지를 두고 집주인과 미식가 사이에 내기가 벌어지게 되었다. 소설에 흥미를 더하는 것은 두 사람이 내기에 걸었던 상품이 아주 특별하기 때문이다. 미식가는 만일 맞추지 못하면 자신의 집 두 채를 내놓겠다고 했는데, 겨우 와인의 출처를 알아 맞히는 내기에 자신의 전재산을 건 셈이다. 그보다 더 놀라운 것은 그가 정답을 맞혔을 때에 받고 싶다고 집주인에게 요구한 상품이다. 그는 돈이나 재산이 아니라 집주인의 딸을 달라고 했던 것이다. 처음에 부드러운 분위기 속에 진행되던 저녁식사 모임은 순간 팽팽한 긴장감으로 가득 차게 되었다. 과연 내기의 결말은?

3-1 「맛(Taste)」이 실린 작품집 표지.

로알드 달
(Roald Dahl, 1916~1990)
"역사에 길이 남을 최고의 이야기꾼"이라 평가받는 영국 아동문학 베스트셀러 작가. 단편집 『맛』『개조심』 등으로 '에드거 앨런 포 상'과 '전미 미스터리 작가상'을 수상했으며, 『마틸다』『제임스와 슈퍼 복숭아』 등 유명 작품을 발표했다.

이 내기에서 졌을 때 입을 피해가 엄청난데도 불구하고 두 사람이 내기에 덤벼든 이유는 양쪽 모두 자신이 확실하게 이긴다고 믿었기 때문이다. 이길 확률이 100%인 게임이라면 내 것을 잃을 위험을 전혀 염려할 필요 없이 확실하게 막대한 이익을 누릴 수 있다. 당연히 이런 게임에서는 무엇이든 다 걸 수 있다.

이때 두 사람이 내기에서 이길 확률이 꼭 같다고 해보자. 그렇다면 집주인 딸의 '가격'을 바로 간단히 계산할 수 있다. 내기를 하는 두 사람이 합리적인 사람이라고 한다면 밑지는 거래를 하지는 않을 것이므로, 내

> **제로섬 게임(zero-sum game)**
> 사람들이 얻는 이득과 손실의 합이 0이 되는 게임. 판돈을 내고 하는 도박이 대표적인데 돈을 딴 사람의 이득은 잃은 사람의 손실과 같다.

기가 제로섬 게임(zero-sum game)이 되어야 할 것이다. 그렇다면 미식가가 내놓겠다는 집 두 채의 가치와 집주인이 내기에 건 딸의 가치가 같아야 한다. 즉 적어도 이 두 사람의 내기에서는 집 두 채의 가격이 합리적으로 계산한 딸의 가격이 되는 것이다. 그리하여 이 거래에서는 젊은 여성이 집 두 채라는 재물과 등가물로 내기가 벌어지는 테이블 위에 놓이게 되었다. 아버지가 딸을 내기에 상품으로 내놓는 점과 함께 이 소설을 읽는 사람들이 긴장감을 잃지 않게 되는 중요한 이유 가운데 하나가 여기에 있다.

여기서 두 사람의 내기의 기본 원칙, 즉 제로섬 게임이 되어야 한다는 원칙을 달리 표현해보면 "내기에서 쌍방의 기댓값이 서로 같아야 한다"라고 할 수 있다. 사실 사람의 값을 화폐가치로 바꾸어 나타내는 것은 수 세기 전부터 생명보험회사들이 일상적으로 해오고 있는 일이다. 역사를 따진다면 사람의 삶과 죽음을 대상으로 하는 보험은 짐을 싣고 바다를 항해하는 배에 대한 보험보다 늦게 시작되었는데, 사람의 가치를 돈으로 나타내기 어려웠던 것도 늦어진 이유 중 하나였을 것이다.

소설 「맛」에서 미식가는 식사가 시작되기 전에 아무도 몰래 포도주 병을 보았기 때문에 미리 알고 있는 정해진 정답에 맞추어 그럴듯한 추리를 하면 된다. 미리 답을 다 보고 난 뒤에 시험을 치르는 것과 마찬가지이니 그는 내기에서 이겨 젊고 예쁜 집주인 딸을 얻어 유유히 집으로 돌아가게 되었을까? 그런데 인생이 흔히 그렇듯 소설의 결말도 그렇게 마무리되지는 않는다. 흥미진진한 내기의 최종 결말이 궁금한 분은 직접 소설을 읽고 확인해보시라.

돈벌기는
땅 짚고 헤엄치기?

그런데 현실에서 이처럼 땅 짚고 헤엄치기 방식으로 내기에서 이길 방법이 있을까? 속성으로 보면 도박과 크게 다를 것 없는 주식시장을 예로 들어보자. 어느 기업의 내부사정을 잘 아는 사람이 그 정보를 이용하여 주식을 사고판다면 그는 그 회사 주식의 가격을 자기 뜻대로 변화시키거나 가격 변화를 정확히 예상할 수 있으므로 손실을 피하고 언제나 이익을 거둘 수 있을 것이다. 기업의 미공개 정보를 이용한 이와 같은 주식 거래를 '내부자거래'라고 부르는데, 이는 금융시장의 질서를 무너뜨리는 행위이므로 발각되면 당연히 형사처벌을 받게 되어 있다. 가까운 사례로 2014년 카카오와의 합병 계획을 미리 알게 된 다음커뮤니케이션의 일부 임직원들이 합병 직전에 다음 주식을 사들인 뒤 되팔아 수천만 원의 부당이득을 챙긴 사실이 드러나 벌금형을 받은 경우도 있었다.

1990년대 미국 버지니아 주에서 실제 있었던 로또복권 사례를 잠시 살펴보자. 그 복권은 44개 숫자 가운데에서 6개를 선택하는 방식이었으므로 1달러짜리 복권을 한 장 샀을 때 1등에 당첨될 확률은 706만 분의 1 정도다. 즉 700만 달러 정도를 들여서 가능한 모든 숫자 조합의 복권을 죄다 산다면 확실하게 1등에 당첨될 수 있다. 그런데 1992년 2월, 앞서 몇 주 동안 1등 당첨자가 나오지 않는 바람에 당첨금이 누적되어 1등 당첨금이 2,700만 달러를 넘는 일이 발생했다. 700만 달러를 들여 거의 네 배에 해당하는 2,700만 달러를 벌 수 있는 희한한 기회가 생긴 것이다.

그러자 멀리 떨어진 오스트레일리아를 비롯해 여러 나라 사람들이 '국제 로또펀드'를 만들어 총 2,500여 명으로부터 700만 달러를 모금한 다

3-2 미국의 대표적 로또인 파워볼은 2016년 1월 13일 15억 달러(원화로 약 1조 8,188억 원)로 세계 최고 당첨금 기록을 세웠다.

음 부지런히 버지니아 주의 복권 가게들을 누비며 닥치는 대로 복권을 사 모으기 시작했다. 그런데 그들이 아무리 노력해도 700만 장을 다 사지는 못했고 500만 장 정도를 살 수 있었다고 한다. 구하지 못한 나머지 200만 장 때문에 로또펀드에 돈을 낸 사람들은 긴장 속에서 추첨 결과를 기다렸을 것이다. 결과는? 다행히 그들이 모은 500만 장 안에 1등 번호가 들어 있었으므로 상금을 받아 나누어 가질 수 있었다.

앞에서는 로또복권을 사는 입장에서 살펴보았는데, 복권을 발행하는 사업이야말로 위험부담 없이 큰돈을 모을 수 있는 특별한 사업이다. 잘 팔리기만 한다면 복권사업은 매주 황금알을 쑥쑥 낳아주는 거위의 역할을 충실히 수행한다. 나중에 살펴보겠지만 우리나라 로또복권만 하더라도 매년 1조 수천억 원 규모의 엄청난 이익을 내고 있는데, 그 이유는 사람들이 낸 복권값의 절반만 상금으로 나눠주고 그 나머지 절반은 발행하는 쪽에서 모두 차지하기 때문이다. 따라서 아무나 복권을 발행해서 쉽게 돈을 벌 수 있게 해서는 안 되기 때문에 거의 모든 나라에서 복권사업이 정부 독점으로 이루어지는 것이다. [3-2]

확률과 통계학을 활용하면 도박도 과학이 될까?

확률의 역사를 연구하는 사람들은 보통 1654년을 연구의 시작점으로 보고 있다. 이유는 그해에 프랑스의 파스칼(Blaise Pascal, 1623~1662)과 페르마(Pierre de Fermat, 1601~1665)가 편지를 주고받으면서 몇몇 도박 문제를 논의하고 풀이도 제시했기 때문이다.[3-3, 3-4] 그들이 연구한 문제 중 하나는 '분배 문제(division problem)' 또는 '점수 문제(problem of points)'라고 불리는 것인데, 실제 도박에서 나올 법한 현실적인 문제였다. 반세기쯤 지나 베르누이(Jacob Bernoulli, 1654~1705)의 책에 실린 표현으로 이 문제를 잠시 살펴보자.

3-3 파스칼의 초상화. 작자 미상. 17세기.

3-4 페르마의 초상화.

"세 번을 먼저 이겨야 판돈을 차지하기로 나와 상대방이 약속했다고 해보자. 또 이미 내가 두 번, 그리고 상대방이 한 번 이겼다고 하자. 그런데 우리가 더 이상 게임을 계속하지 않고 판돈을 공정하게 나누고 싶어한다면 내가 받아야 할 돈이 얼마인지 알고 싶다."[2]

여기서 다루는 도박게임은 한 번 만에 승부가 가려지는 게임이 아니고 적어도 세 번, 많으면 다섯 번 게임을 거듭해야 승부가 가려지는 도박이다. 물론 중간에 중단할 상황이 생기면 어떻게 할지 약속을 해두었다면 별문제 없을 것이다. 그런데 그런 약속도 없이 게임을 하던 도중 승부가 가려지기도 전에 게임을 중단해야만 할 상황이 되면 어떻게 해야 할까? 이전까지 많은 사람들이 내가 두 번, 상대방이 한 번 이겼으므로 판돈은 2대 1로 나누는 것이 옳다고 생각했다. 즉 지금까지 세 차례의 게임 결과 만을 가지고 돈을 나누어야 한다는 생각으로서, 15세기 후반의 저명한 수학자 파치올리(Luca Bartolomeo de Pacioli, 1447~1517) 역시 이 문제를 그 렇게 풀었다.

  그런데 파스칼과 페르마의 견해는 이와 달랐다. 그들은 실제로는 할 수 없었던 게임을 계속했다고 가정할 때 나올 수 있는 모든 결과들을 따져서 돈을 나눠야 한다고 생각했다. 이런 생각에 따르면 나는 이미 두 번 이겼으므로 한 번만 더 이기면 판돈을 다 차지할 수 있다. 반면에 상대방은 내가 한 번 더 이기기 전에 먼저 두 차례 더 이겨야만 돈을 다 가질 수 있다. 이미 게임을 세 번 했으므로 승부는 네 번째 게임에서 결정될 수도 있고 다섯 번째 게임에서 끝날 수도 있다. 그 가운데 내가 돈을 차지하는 경우는 네 번째 게임에서 내가 이기거나(확률은 $\frac{1}{2}$) 네 번째 게임에서는 지고 다섯 번째 게임에서 이기는 경우(확률은 $\frac{1}{4}$)이다. 즉 내가 판돈을 차지할 확률은 $\frac{3}{4}$이다. 상대방은 네 번째와 다섯 번째 게임에서 거푸 이겨야만 판돈을 차지할 수 있으므로 그 확률은 $\frac{1}{4}$이 된다. 따라서 판돈을 나누는 비율은 2대 1이 아니고 3대 1이어야 한다.

로또,
유일한 탈출구인가
어리석은 게임인가
확률과 기댓값으로 바라본 복권

사람들은 왜 로또를 살까?

　　　　　　멋진 꿈을 꾼 날, 로또복권을 샀다. 45개 숫자 중에서 6개를 고르고 기다리노라면 일주일이 평소보다 빨리 간다. 기대는 대개 실망으로 귀결되지만 그래도 복권을 사는 사람은 계속 늘고 있다고 한다. 그런데 확률과 통계학을 공부하면 로또복권 당첨 확률을 높일 수 있을까?

　　우리나라 로또복권의 경우 1등에 당첨될 확률은 대략 800만분의 1 정

3-5 나눔로또 로고.

도다.[3-5] 그 주에 800만 가지가 넘는 숫자 조합을 모두 골라서 구입하거나(수십억 원이 든다!) 수십만 년간 매주 복권을 한 장씩 사면 1등을 기대할 만하다는 말이다. 이처럼 당첨 확률이 낮은데도 세계 거의 모든 나라에서 복권사업이 번창하는 이유는 역시 많은 사람들이 1등 당첨을 꿈꾸며 복권을 사기 때문이다. 가령 우리나라에서만 하더라도 매주 팔리는 복권 수가 5천만 장을 넘는다고 한다(그래서 1등 당첨자가 여럿 나오는 것이다). 사지 않는 사람도 많지만 구입하는 사람은 보통 한 번에 여러 장씩 사기 때문에 팔리는 복권 수가 남한 전체 인구보다 많은 것이다.

복권을 왜 살까? 복권을 사는 사람 수만큼 복권을 사는 이유도 다양하겠지만 가장 큰 이유는 비록 개인이 당첨될 확률은 낮지만 그럼에도 결국 누군가는 당첨된다는 사실 때문일 것이다. 즉 그 누군가가 '나'일 수도 있다는 기대 때문이다. 개개인에게는 극히 일어나기 어려운 사건이라 하더라도 사람 수가 많아지면 그중 누군가에게는 일어나기 마련이라는 것, 우리가 기억할 것은 확률이 0인 사건과 확률이 아주 작은 사건은 전혀 다르다는 사실이다. 앞에서 살펴본 바와 같이 미국 버지니아 주 로또복권의 경우처럼 누적 당첨금 2,700만 달러를 노리고 조직된 국제 로또펀드가 성공했던 사례를 보더라도 그렇다.

이처럼 일어날 수 있는 개별 결과의 확률이 아무리 작더라도 그것이 나올 수 있는 모든 결과의 목록에 들어 있는 것이라면 언젠가는 반드시 일어난다. 아무리 확률이 작아도 수백만 장 복권 중에는 1등 당첨 복권이 있으므로, 막대한 자금력을 동원하여 복권을 모두 사버리면 반드시 1등에 당첨될 수밖에 없는 일이다. 복권 상금이 누적되어 복권 구입 총액을 초과하는 경우는 특별한 기회가 될 수도 있다.

복권에 관심이 많은 사람들 중에는 1등 당첨 복권을 판매한 가게에서 복권을 사거나 당첨 번호들의 패턴을 찾아내면 당첨 확률을 높일 수 있다고 믿는 이들이 있다.[3-6] 만일 로또 추첨에서 자주 선택되는 번호가 있다면 사람들은 그 특별한 번호들을 찾는 데 몰두하는 한편, 복권 사업에 어떤 음모 또는 조작이 있거나 번호 추첨 시스템에 문제가 있을지 모른다는 의혹을 품기도 할 것이다.

3-6 1등 당첨 로또를 4차례 판매한 사실을 홍보하는 어느 복권판매점.

우리나라에서는 그런 사례가 없지만 불가리아·이스라엘·미국 등에서 동일한 번호가 다른 주의 추첨에서 거듭 1등 번호가 되었던 실제 사례가 있고, 심지어는 2주 연속해서 같은 번호가 1등이 된 경우까지 있다. 음모나 조작이 있었던 걸까? 아니면 신의 손길이 닿았던 걸까? 불확실성이 지배하는 확률과 통계학의 세계에서 상식적이면서도 중요한 법칙 중 하나는 "시행을 거듭하다 보면 일어나기 어려운 사건도 곧잘 일어난다"는 것이다.

로또 방식의 복권만 하더라도 세계 여러 곳에서 팔리고 있다. 어떤 나라에서는 주 2회 추첨하는 경우도 있다고 하니, 세계 여러 나라의 로또 복권을 모두 살펴본다면 이전에 1등 당첨됐던 번호가 다시 1등 번호가 되는 일도 충분히 있을 법하다.

로또의 기댓값
: 복권의 공정가격은?

한국의 로또복권은 한 장에 1,000원을 내고 살 수 있다. 복권을 도박과 비교하기 위해 먼저 두 사람이 각각 A원씩 판돈을 걸고 동전 던지기의 결과를 맞히는 게임을 생각해보자. 이 도박은 A원씩 내고 게임에 참가하여 이긴 사람이 2A를 얻고(A를 벌고, +A) 진 사람은 0원을 얻는(A를 잃는, -A) 제로섬 게임이다. 게임을 하는 사람들은 그 게임이 어느 한쪽에 치우치지 않고 공평할 때 판돈, 즉 A라는 도박 참가비를 내고 게임에 참가할 것이다. 이때 참가비 A는 당연히 게임의 결과로 받게 될 돈의 기댓값($(2A) \times \frac{1}{2} + (0) \times \frac{1}{2} = A$)과 같다.

그런데 복권은 이와 달라서, 복권을 사는 사람들은 미리 복권 값(즉 게임 참가비)을 내지만 복권을 발행하는 쪽은 추첨이 끝나고 나서야 상금을 내놓는다. 복권 역시 도박처럼 제로섬 게임이 되려면 사업비를 제외하고 복권 판매액과 당첨금이 같아야 하는데 보통 그렇지 않다. 물론 복권에 대해서도 기댓값을 구할 수는 있다. 그러나 매주 추첨하는 로또복권의 경우 1등 당첨자가 여러 사람 나올 수도 있고 아예 당첨자가 없어서 상금이 다음 주로 넘어가는 경우도 있기 때문에 당첨금에 확률을 곱해서 일률적으로 복권 한 장의 기댓값을 구하기란 어렵다. 그래도 복권 통계를 이용해서 팔린 복권들의 기댓값을 계산해볼 수는 있다.

로또복권 한 장의 가격이 1,000원이니 판매액은 팔린 복권 매수의 1,000배일 것이다. 다음 표에 나와 있는 우리나라 로또복권 사업실적을 보면 매년 당첨금과 판매액의 비가 0.5로 일정하다. 이로부터 우리는 복권 판매액의 절반만 복권을 산 사람들에게 돌아간다는 사실, 즉 1,000원을 내고 복권 한 장을 산다고 할 때 당첨금의 기댓값이 500원임을 알 수 있다. 도박으로 치면 전혀 공정한 게임이 아닌 것이다. 우리가 낸 복권값 1,000원 중에서 복권을 산 사람이 돌려받는 몫이 절반이라면 나머지 500원은 누가 가질까? 복권을 사는 사람들은 무조건 손해 보는 게임을 하고 있는 셈이고, (복권이 잘 팔리는 한) 복권을 발행하는 측은 가만히 앉아서 돈을 쓸어 담는 게임을 하고 있는 셈이다. 물론 매년 복권 판매액과 복권을 판매해서 얻는 수익금이 쑥쑥 증가하는 것을 보면 확률이나 기댓값 따위는 복권을 사는 사람들한테 아무 문제가 안 된다는 말이겠다.

연도	판매액	당첨금	사업비	수익금	당첨금/판매액
2009	2,357,172	1,178,587	190,174	988,411	0.50000
2010	2,431,550	1,215,776	193,880	1,021,894	0.50000
2011	2,778,311	1,389,156	212,851	1,176,304	0.50000
2012	2,839,873	1,419,937	214,564	1,205,372	0.50000
2013	2,989,625	1,494,813	226,073	1,268,739	0.50000
2014	3,048,909	1,524,455	224,972	1,299,482	0.50000
2015	3,257,092	1,628,546	241,311	1,387,235	0.50000
2016	3,885,524	1,977,295	312,450	1,595,779	0.50000

한국의 로또복권 사업실적(단위 : 백만 원, 출처 : 복권위원회).

그렇다면 복권은 누가 처음 만들어 팔았을까? 일찍이 중국에서는 만리장성을 쌓는 데 필요한 재원을 확보하기 위해서, 고대 로마에서도 도시 시설을 보수하는 비용을 마련하기 위해 국가가 복권을 발행했다. 16세기에는 네덜란드·이탈리아·영국을 비롯해 유럽 각국에서 전쟁 자금, 공공사업 자금 등을 마련하기 위해 복권을 판매했다. 미국에서도 독립전쟁에 필요한 자금을 마련하기 위해 복권을 팔았으며, 심지어 하버드 대학을 비롯한 대학들 역시 학교를 운영할 자금을 마련하기 위해 복권을 발행했다.

한편, 서구에서 복권은 종교계를 비롯한 여러 세력으로부터 "불공정하고 사기성이 짙다"는 비판을 받았다. 이러한 도덕적인 이유로 복권을 폐지하려는 노력도 이어졌지만 각국 정부가 발행하는 복권은 사라지지 않았고, 오늘날까지도 정부가 도박을 조장한다는 비판을 받으면서도 꿋꿋이 이어지고 있다. 한국의 로또복권은 '복권 및 복권기금법'에 따라 설치된 '복권위원회'에서 관리한다. 복권위원회는 정부의 기획재정부 산하 기관으로서 기획재정부 제2차관이 위원장을 맡고 있으며, "복권의 발행·관리·판매, 복권수익금의 배분·사용 등에 관한 업무를 수행"한다.

우리는 가끔 어렵게 살던 사람이 우연히 복권에 당첨되어 전혀 다른 삶을 살게 되었다는 소식을 듣는다. 경제 상황이 악화될수록 복권이 잘 팔린다고들 하는데, 사회적 약자를 보호할 사회안전망이 제대로 갖추어지지 않은 사회에서 불황이 지속될 경우 곤경에서 벗어날 수 있는 유일한 탈출구로 복권에 희망을 거는 사람이 생기는 것도 무리는 아니다.

앞서 언급한 복권위원회의 자료에 따르면, 2016년 로또복권은 42억 400만 장이 팔렸고 판매액은 3조 8,855억 원에 달했다. 판매액 중에서 1조 9,773억 원 정도를 당첨금으로 지급했고, 나머지에서 각종 사업비를 뺀 수익은 1조 5,958억 원에 달했다고 한다. 정부 입장에서 볼 때 복권은 시민들로부터 '별다른 저항 없이 세금을 걷는 좋은 방법(a painless form of taxation)'이다. 또 특히 하층계급 사람들에게 "부자가 되는 일은 누구에게나 가능하다"는 환상을 심어줌으로써 사회·경제적 문제에 관심을 갖지 못하게 하고 불평등을 당연하게 받아들이도록 유도하는 역할을 하기도 한다.

확률, 불확실한 세상에서
합리적인 결정의 길잡이가 되다
우연과 과학

포르투나와 사피엔시아
: 친구인가, 적인가

그림 (3-7)은 16세기 초에 제작된 목판화다. 그림에는 두 여신이 등장하는데 왼쪽에 앉은 여신은 행운과 불운을 관장하는 포르투나이고, 오른쪽에 앉은 여신은 과학의 여신 사피엔시아다. 이 그림에서 우리가 주목할 것은 다음 세 가지다.

두 여신이 각각 어디에 앉아 있는가?

3-7 카롤루스 보빌루스의 『지혜에 대하여(Liber de sapiente)』(1510)에 삽입된 〈포르투나와 비르투〉라는 제목의 목판화다.

두 여신이 각각 무엇을 들고 있는가?
두 여신의 관계는 어떠한가?

먼저 두 여신이 앉아 있는 자리를 비교해보자. 오른쪽의 사피엔시아는 네모난 의자에 앉아 있는 반면 왼쪽의 포르투나는 둥근 공 위에 앉아 있다. 과학의 토대는 흔들리지 않고 안정적이지만, 행운·불운은 불안정하고 어디로 움직일지 예측할 수 없다는 뜻이겠다.

두 여신이 손에 들고 있는 것들도 마찬가지 뜻을 담고 있다. 사피엔시아는 거울을 들고 있는데, 거울에는 천문학을 상징하는 해와 별이 그려져 있다. 사피엔시아는 앞에 앉은 포르투나에게는 눈길도 주지 않고 자신의 모습에 도취해 있다. 즉 근대과학의 자신만만한 모습을 나타낸 것이다. 반면 포르투나는 수레바퀴를 들고 있는데 거기에는 왕을 비롯해서 몇몇 사람들이 대롱대롱 매달려 있다. 포르투나는 눈을 가리고 있으므로 그녀가 운명의 수레바퀴를 어떻게 돌려 인간들의 운명을 어떻게 바꾸어놓을지는 아무도 모른다.

이처럼 서로 외면하고 있던 두 여신의 관계는 근대과학이 발달하면서 서서히 바뀌게 된다. 이 목판화가 제작되고 약 140년이 지난 후 파스칼을 비롯한 수학자들이 마침내 도박 문제를 과학적으로 연구하면서 확률 연구가 본격적으로 시작된다. 세계나 자연현상뿐 아니라 변덕스러운 신이 좌우하던 우연까지도 과학 연구의 대상으로 삼았다는 점에서 이 시기는 과연 이성의 시대라고 할 만하다. 이후 18, 19세기를 지나면서 우연은 더 이상 마음대로 날뛸 수 없도록 과학에 의해 설명되고 길들여지기에 이른다. 이에 따라 인간은 더 이상 운명의 수레바퀴에 매달린 신세가 아니라 이성을 동원해서 자연을 과학적이고 합리적으로 파악하고 세계를 지배할 뿐 아니라 자신의 운명까지도 스스로 만들어갈 수 있다는 자신감을 갖게 되었다.

이렇게 보면 16세기에 서로를 쳐다보지도 않았던 두 여신 가운데 사피엔시아가 포르투나에게 승리를 거둔 것처럼 보인다. 예컨대 19세기 초 "우주에서 가장 거대한 것의 운동부터 가장 가벼운 원자의 운동까지 하나의 식으로 설명할 수 있을 것"이라는 라플라스(Pierre Simon Laplace, 1749~1827)의 선언은 과학적(인과론적) 결정론의 입장을 잘 표현한 것이었다. 이에 따르면 우연이란 그 자체로 존재하지 않는 것으로서, 인간의 무지로 인해 아직 파악하지 못한 것을 일컬을 따름이었다.

그런데 19세기 후반이 되자 분위기가 크게 바뀌게 된다. 대표적인 사례로 물리학에서 우연의 존재를 (임시방편으로서가 아니라) 그 자체로 인정하려는 움직임이 나타나게 된 것을 들 수 있다. 즉 확률과 통계학의 역사는 포르투나가 사피엔시아에 의해 길들여지는 과정이었던 한편, 사피엔시아가 지닌 확실성이라는 토대를 포르투나가 허물어버리는 역사이기도 했던 셈이다. 여지껏 포르투나가 돌리는 운명의 수레바퀴에서 사람들을 해방시키는 것이 과학의 중요한 역할이었으며, 그러기 위해서는 '우연'을 '원인'으로 대체해야 했다. 반면 포르투나는 확실성 대신 확률과 통계학의 제국을 만들어냄으로써 과학의 모습을 바꾸어놓았다.

확률은 역시 알쏭달쏭
: 확률의 종류

17세기 이후 확률에 관한 연구가 진행된 시기에 확률에 대한 세 가지 사고방식이 등장했는데 간단히 다음과 같이 정리해 볼 수 있다.

① 도박에서 쓰이는 물리적인 도구에 바탕을 둔 것으로 동전이나 주사위를 던져서 나오는 결과들처럼 나올 확률이 같은 사건들을 일컬을 때의 확률
② 출생·사망·결혼 데이터로부터 보험이나 연금을 계산할 때 이용된 빈도에 바탕을 둔 확률
③ 재판에서 증거의 신빙성을 일컬을 때 나오는 믿음의 정도로서의 확률

처음 두 가지는 객관적인 확률, 마지막 것은 주관적인 확률이라 부를 수 있을 터이다. 이 두 확률은 19세기 초까지는 베르누이나 라플라스 같은 대가들의 연구에서도 하나의 이름으로 별다른 갈등 없이 공존할 수 있었다. 확률은 그렇게 17세기 중반부터 시작되어 19세기 전반기의 라플라스를 거쳐 푸아송(Siméon Denis Poisson, 1781~1840)에 이르기까지 약 2세기에 걸쳐 널리 알려졌다. 과학사·통계학사의 연구자들은 이 시기의 확률을 '고전적 확률(classical probability)'이라고 일컫기도 한다.

얼핏 생각하기에 확률이란 예측할 수 없는 무작위적인 사건을 다루기 때문에 결정론적 사고와는 서로 대립되어 보인다. 결정론적 사고란 모든 일에는 그 일이 일어날 수밖에 없게 만든 조건('가설'이라고 불러도 되고,

당시 사람들이 좋아했던 표현인 '원인'이라고 불리도 된다)들이 미리 존재하기 마련이라는 생각이다. 하지만 라플라스가 확률에 대한 책을 다음과 같은 유명한 문장으로 시작한 데서 알 수 있듯, 고전적 확률의 시기에 그 둘은 매우 가까운 관계였다.[3-8]

3-8 라플라스 초상화, Sophie Feytaud, 1841.

> 모든 사건들은, 설사 그것이 너무 하찮아서 자연의 거대한 법칙을 따르지 않는 것처럼 보일지라도, 태양의 운동이 필연적으로 그 법칙을 따르듯 자연 법칙의 한 결과일 따름이다. (……)
> 우리는 우주의 현재 상태가 그 이전 상태의 결과인 한편 그 미래 상태의 원인이라고 생각해야 한다. 자연을 움직이게 하는 모든 힘과 자연을 구성하는 각각의 상황을 꿰뚫어 파악할 수 있는 지성적인 존재 ─ 그러한 데이터를 분석해낼 만큼 충분히 엄청난 지성을 가진 존재 ─ 가 있다고 하자. 그러면 그는 우주의 가장 거대한 것에서부터 가장 보잘것없는 것에 이르기까지 모든 것의 운동을 하나의 식으로 나타낼 수 있을 것이다. 모호한 것은 아무것도 없어지고 과거와 마찬가지로 미래도 바로 눈앞에 볼 수 있게 될 것이다.[3]

확률의 바탕을 마련하고 오차 이론을 크게 발전시킨 사람들은 하나의 으뜸가는 법칙만 얻는다면 털끝만큼의 오차도 없이 모든 것을 설명해낼 수 있다고 믿었는데, 이는 그들에게 확률과 결정론적 세계관이 전혀 대립되는 관계가 아니었음을 보여준다. 결국 당시 사람들에게 '우연'이란 실재하는 것이 아니라 단지 자연의 인과법칙에 대한 인간의 무지를 달리 부르는 말에 지나지 않았다. 따라서 '확률' 또한 그 자체로 실재하는 우연을 표현하기 위한 것이 아니라 확정적이지 않은 상황에서 '합리적인 판단의 한 모형(a model of rationality under uncertainty)', 달리 말해서 인간이 이룩한 과학적 지식의 한계를 나타내기 위한 것이었다. 결과적으로 확률은 당시 사람들에게 결정론을 위한 도구 역할을 했던 것이다.

라플라스에 앞서 18세기 중반 독일의 쥐스밀히(Johann Süßmilch, 1707~1767)는 성직자답게 출생률·혼인율·사망률이 해마다 일정한 것은 우연에 의해서는 절대 있을 수 없는 일이므로 그 모든 것이 신의 뜻에 의한 것이라고 주장하기도 했는데, 이런 주장 역시 결정론의 한 전형이었다. 당시 사람들이 생각한 우연이란, 언젠가 세계에 대해 완전한 지식을 갖게 된다면 사라져버릴 것에 지나지 않았다.

하지만 개념적으로 단일성을 유지하던 확률은 점차 객관적 확률과 주관적 확률로, 이론과 응용으로 분리되었다. 그 결과 고전적 확률이라는 개념은 19세기 초를 넘어서면서 더 이상 지탱할 수 없게 되었다. 프랑스혁명과 나폴레옹을 지나 19세기 중엽이 되면 확률 전문가들의 관심은 분별력 있는 공정한 사람의 상식을 수학적으로 나타내는 데서 떠나, 사회의 여러 측면이 갖는 통계적인 규칙성의 설명으로 옮아가게 된다. 그에 따라 기댓값이 아닌 분포가 더욱 중요한 요소로 등장하게 되었다.

파스칼의 내기, 상트페테르부르크의 역설
: 비합리적인 기댓값

'파스칼의 도박' 또는 '파스칼의 내기'라고 불리는

일종의 논증법은 파스칼의 『팡세 (Pensées)』[3-9]에서 신의 존재를 증명하는 부분에 나온다. 파스칼의 주장은 대략 다음과 같다.

신의 존재는 이성으로는 알 수 없으므로 우리는 동전을 굴리는 도박을 할 수밖에 없다. 그런데 신이 존재할 것이라는 쪽에 걸었다가 정말 신이 존재한다면 무한한 상을 받을 수 있고 설사 존재하지 않는다 할지라도 잃을 것은 아무것도 없다. 따라서 이 도박에서 우리는 망설임 없이 신이 존재한다는 쪽에 걸어야 한다.⁴

3-9 파스칼의 『팡세』 표지와 내용 일부분.

　일종의 기댓값을 계산해서 이해득실을 따져보고 신의 존재를 믿을지 말지 결정하자는 것으로, 종교적 신앙의 문제였던 신의 존재 여부까지도 수학적인 계산을 근거로 판단할 수 있다는 것이다. 개인의 인생만 하더라도 불확실한 상황에서 여러 개의 길 가운데 하나를 선택하는 과정의 연속이라고 할 수 있다. 합리성이란 무엇인지, 합리적인 의사결정이란 무엇을 근거로 어떤 절차를 따르는 것인지 등에 관한 연구가 특히 활발한 분야가 경영학일 것이다. 역사 연구자들은 파스칼의 내기를 의사결정의 최초 사례라고 보기도 한다. 파스칼의 시대는 그야말로 확률과 기댓값이 삶의 합리적 지침 역할을 할 수 있다고 생각한 시대였던 것이다.
　그런데 수학적인 확률이 늘 좋은 결과만 낳았던 것은 아니다. 18세기 초에 등장해 확률 연구자들을 당황하게 만든 유명한 문제 중 하나가 바로 '상트페테르부르크의 역설(St. Petersburg's paradox)'이다. 이 문제 역시 다음과 같은 도박 문제다.

> 도박장에서 동전 던지기 게임을 한다고 하자. 처음 던져서 앞면이 나오면 도박장 주인에게서 1원을 받고 두 번째 던졌을 때 비로소 앞면이 나오면 2원, 세 번째 던져서 처음 앞면이 나오면 4원, 네 번째에 처음 앞면이 나오면 8원, 이런 식으로 계속 상금이 늘어난다. 이 게임에 참가하려면 처음에 도박장 주인에게 게임 참가비를 얼마나 내야 할까?

합리적인 사람이라면 물론 기댓값을 계산해서 그 액수만큼 비용을 내고 게임에 참가하는 것이 맞다. 자, 기댓값을 계산해보자. 동전을 한 번 던질 때 앞면 또는 뒷면이 나올 확률이 $\frac{1}{2}$씩이므로 다음 계산과 같다.

$$1 \times \frac{1}{2} + 2 \times \frac{1}{2^2} + 2^2 \times \frac{1}{2^3} + 2^3 \times \frac{1}{2^4} + \cdots = \infty$$

놀랍게도 기댓값은 무한대이다! 그런데 현실적으로 보면 아무도 큰돈을 내고 이 게임을 시작하려 하지 않을 것이다. 그 이유는 다음 표를 통해 쉽게 확인할 수 있다.

동전던지기 횟수	1	2	3	4	5
게임이 끝날 확률	$\frac{1}{2}$	$\frac{1}{4}$	$\frac{1}{8}$	$\frac{1}{16}$	$\frac{1}{32}$
누적 확률	$\frac{1}{2}$	$\frac{3}{4}$	$\frac{7}{8}$	$\frac{15}{16}$	$\frac{31}{32}$

앞면이 나오면 바로 게임이 끝난다. 따라서 다섯 번 안에 게임이 끝날 확률이 $\frac{31}{32}$, 즉 97%에 달한다. 그런데 다섯 번째에 앞면이 나왔을 때 얻을 수 있는 상금은 겨우 16원이다. 아마 이 게임을 위해 100원은커녕 50원을 낼 사람도 없을 것이다.

이 경우 기댓값은 전혀 '합리적'이지 못하다. 이런 상트페테르부르크의 역설에 대해 이미 18세기부터 다양한 설명과 해결책이 나왔는데, 그 중 하나가 오늘날 경제학 교과서에서 자주 만날 수 있는 개념인 '효용(utility)'이다.

자동차를 몰고 갈까, 염소를 몰고 갈까?
몬티 홀 문제

몬티 홀 문제(Monty Hall problem)는 미국의 TV 게임 쇼 〈Let's Make a Deal〉에서 유래한 퍼즐로서, 퍼즐 이름은 진행자 몬티 홀의 이름에서 따온 것이다. 퍼즐의 내용은 다음과 같다.

무대 위에 닫힌 문이 3개 있다. 게임 진행자가 알려준 정보에 따르면 하나의 문 뒤에는 비싼 자동차가 있고, 나머지 문 뒤에는 염소가 한 마리씩 있다. 어느 문 뒤에 차가 있는지 미리 알고 있는 게임 진행자는 나에게 3개의 문 가운데 하나를 고르라고 한 다음(선택만 할 뿐 그 문을 열어볼 수는 없다), 내가 고르지 않은 나머지 2개의 문 가운데 하나를 열어 뒤에 무엇이 있는지 보여준다. 이때 진행자는 반드시 염소가 들어 있는 문만 보여준다(만일 나머지 2개의 문 뒤에 모두 염소가 있다면 둘 중에서 하나를 임의로 고른다). 그런 다음 진행자는 나에게 "이제 남은 2개의 문 가운데 한 군데에는 차가 있고, 나머지 한 군데에는 염소가 있다. 당신은 처음 선택한 문을 계속 고수하겠는가, 아니면 마

3-10 염소가 들어 있는 문 하나를 확인한 후, 나머지 두 개의 문 뒤에 비싼 차가 있을 확률은? 출처 : 위키피디아.

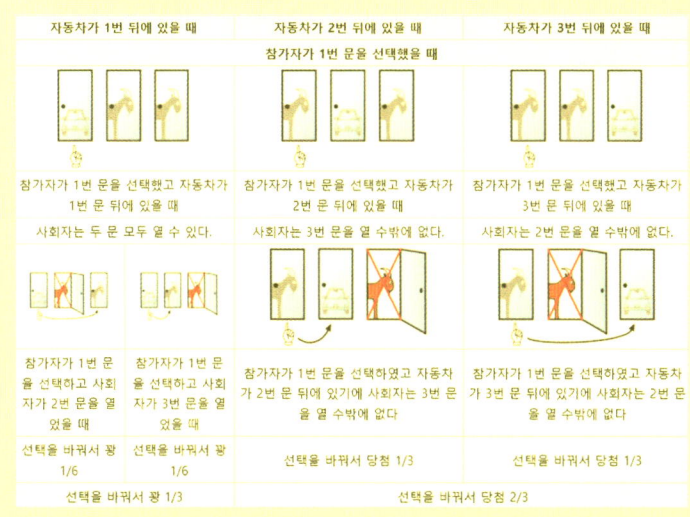

3-11 몬티 홀 문제. 출처 : 위키피디아.

음을 바꾸어 다른 문을 선택하겠는가?"라고 묻는다.

이 순간 나는 과연 어떤 선택을 해야 염소를 끌고 가는 대신 멋진 차를 몰고 집으로 돌아갈 수 있을까?(3-10)

이 문제만을 주제로 책을 쓴 미국의 어느 수학자는 "몬티 홀 문제는 수학에서 가장 논쟁적인 난제"라고 주장했다.[5] 이 문제가 어렵다는 것은 문제를 해결하는 데 고도의 수학이 필요해서가 아니다. 우리는 합리적으로 생각해서 판단한다고 믿지만 알고 보면 그 판단이 그다지 합리적이지 못할 수도 있기 때문이다.

진행자가 나에게 선택할 기회를 한 번 더 주었을 때 내 앞에 있는 것은 똑같이 생긴 문 2개이므로 차를 얻을 확률도 절반일 것이며 따라서 내가 처음 선택한 문을 고수하든 마음을 바꾸어 다른 문을 선택하든 차를 얻을 확률은 동일해 보인다. 실제로 사람들을 대상으로 이 실험을 해보면 이 두 번째 단계에서 선택을 바꾸는 사람과 바꾸지 않는 사람이 거의 절반씩이 되거나, 확률이 같다면 굳이 처음 선택을 바꾸지 않으려는 사람이 더 많다.[3-11]

이 문제에서 정답을 이해하는 방법 중 하나는 100개의 문 가운데 99개 뒤에는 염소가 있고 한 군데에만 차가 있는 경우를 생각해보는 것이다. 우리가 100개 문 가운데 하나를 고르면 진행자는 염소가 있는 문 98개를 열어 보여준다. 닫힌 문이 2개만 남았을 때 우리는 처음의 선택을 유지할지 바꿀지 결정해야 한다.

여기서 100명이 게임에 참가해 1번부터 100번까지의 문을 하나씩 선택했다고 생각해보자. 차는 100번 문 뒤에 있다. 즉 1번부터 99번 문을 선택한 99명은 처음에 잘못된 선택을 했고, 100번을 선택한 단 1명만 올바른 선택을 한 것이다. 염소가 들어 있는 98개 문이 열린 후 100명 각자가 어떤 선택을 하는 것이 유리할까? 모두가 처음의 선택을 고수해야 할까?

한편, 이 문제는 정답을 찾는 것 못지않게 왜 많은 사람들이 차를 받을 확률이 반반이라고 생각한 뒤 처음의 선택을 바꾸지 않겠다고 결정하는지 그 심리적 배경을 알아보는 것도 흥미롭다. 어떤 마음에서 그럴까?

다음과 같은 상황을 상상해보자. 차는 문 1 뒤에 있다. 나는 처음에 문 3을 고른다. 그러자 진행자가 문 2를 열어 염소를 보여준다. 이때 내가 처음의 선택을 바꾸지 않고 문 3을 고수한 결과 차를 얻지 못하게 되었다면 무척 아쉬울 것이다. 그런데 처음에 내가 차가 숨어 있는 문 1을 골랐다가 진행자가 문 2를 열어 염소를 보여주자 1을 버리고 3으로 선택을 바꾸었다고 해보자. 나는 차 대신 염소를 끌고 집으로 터덜터덜 돌아가야 한다. 이 경우 우리가 느끼는 후회나 아쉬움이 앞의 경우에 느끼는 아쉬움과 마찬가지일까?

처음부터 잘못 선택하고 그 선택을 고수해서 차를 얻지 못했을 때 느끼는 아쉬움과, 처음에 옳은 선택을 했다가 그 선택을 바꾸는 바람에 차를 놓쳤을 때 느끼는 아쉬움 중 어느 쪽이 더 클까? 인생살이에서 어떤 선택을 앞에 두었을 때 그 선택이 성공적일 경우에 대한 기대감 못지않게 그것이 실패로 귀결되었을 때의 아쉬움과 실망, 자책을 두려워하는 마음도 결정에 중요한 역할을 한다. 성공할 확률과 실패할 확률이 반반으로 보인다면, 적지 않은 사람들이 그 선택이 잘못된 것으로 밝혀졌을 때의 쓰라림을 더 피하고 싶어하는지도 모른다.

우리 반에 나랑
생일이 같은 친구가 있을까?
생일 문제와 확률

별자리를 볼까, 사주를 볼까?

사람들은 오랫동안 세상에 태어나서 살다 죽는 것은 모두 하늘의 뜻이라고 여겼다. 그러므로 동서양을 막론하고 사람의 성격이나 운명은 태어날 때부터 정해진다는 생각이 널리 퍼져 있었다. 심지어 태어난 날의 요일에 따라 많은 것이 달라진다는 속설도 있다. 외국 노래 중에 "수요일의 아이는 슬픈 아이이고, 금요일의 아이는 사랑받는 아이"라는 가사로 된 것도 있지 않은가(몬로(Matt Monro)가 부른

〈Wednesday's child〉.

 태어난 시점에 따라 서양에서는 열둘 혹은 열세 가지 별자리가 정해지고, 동양에서는 '사주팔자'가 정해진다. 동양에서는 태어난 해도 중요시해서 12간지에 따라 쥐띠부터 돼지띠까지 띠가 정해지므로 사람을 만났을 때 나이를 묻는 대신 띠를 물어보는 경우도 많다. "무슨 띠 여자와 무슨 띠 남자가 만나 결혼하면 사이좋게 잘 산다더라"는 속설에서 보듯 사람의 성격이나 기질, 또 사람들 사이의 관계가 사주에 따라, 띠에 따라 정해진다고도 한다. 그런데 혹시 그런 생각이 얼마나 근거가 있을지 알아보고 싶다면 어떻게 해야 할까? 어려울 것 없다. 멀리 갈 것 없이 나와 같은 날에 태어난 사람을 찾아보면 되겠다.

 학생 n명이 강의실에서 '우연과 확률'이라는 수업을 듣고 있다고 가정해보자. 그리고 오늘이 9월 12일이라고 하자. 그 수업을 듣는 학생 가운데 조윤이라는 학생이 있는데 바로 오늘이 그녀의 생일이다. 9월 12일이 생일인 사람은 처녀자리에 속하며, 꼼꼼하고 세심하고 현실적인 성격이라고 한다. 생일날 학교에 나와서 확률 강의를 듣던 윤이는 문득 자기와 비슷한 처지의 학생이 또 있을지도 모른다는 생각을 하다가 토론시간에 이런 질문을 던졌다. "혹시 여기 모인 학생들 가운데 나처럼 오늘 생일을 맞아 이 강의를 듣고 있는 사람이 또 있을까요?"

 돌이켜보니 윤이가 20여 년 동안 만난 친구들 중 생일이 9월 12일이었던 경우는 하나도 없었으므로 바로 오늘 생일을 맞은 다른 누군가와 지금 이 시간 같은 강의실에서 같은 수업을 듣는 일은 일어나기 힘들 것 같다. 그래서 윤이는 질문을 바꾸어보았다. "혹시 여기 모인 학생들 가운데 서로 생일이 같은 사람이 한 쌍이라도 있을까요?" 강의실에 있는 사람들이 많으면 많을수록 그럴 확률은 당연히 커진다. 2월 29일을 제외하고 1년이 365일로 이루어진다고 할 때, 만일 강의실 안에 366명이 있다면 그들 중 생일이 겹치는 사람들이 반드시 있을 것이므로 그 확률은 100%이다. 그런 경우는 너무 뻔해서 재미없으므로 윤이는 질문을 이렇게 바꾸어보았다. "학생들 가운데 서로 생일이 같은 사람들이 한 쌍이라도 있을 확률이 절반을 넘으려면 강의실 안에 몇 명이 있어야 할까요?"

바로 이 생일 문제(the Birthday Problem)가 확률 교과서에 빠짐없이 실릴 정도로 대단히 유명한 문제라는 것을 윤이가 알았을까? 윤이는 여태껏 수학이나 확률 통계 과목을 좋아해본 적이 없었지만, 그래도 "생일이 같은 쌍이 하나도 없는 경우, 즉 모든 학생의 생일이 서로 다른 경우"를 생각하면 그 문제를 풀 수 있겠다고 생각했다. 그 정도 아이디어로 접근할 수 있는 문제라면 답을 구하는 것도 어렵지 않을 것 같았다.

이런 쉬운 문제가 유명해진 이유는 무엇일까? 이 문제에 윤이의 접근법보다 더 복잡한 생각을 해야만 해결할 수 있는 함정이 숨어 있기 때문일까? 그렇지 않다. 윤이의 생각은 아주 올바른 길로 향하고 있다. 결론부터 말하자면 '생일 문제'가 여러 교과서에 실리는 이유는 윤이의 접근법으로 구한 사람 수가 우리가 예상한 값보다 너무 적기 때문이다.

앞에서 생일이 같은 쌍이 반드시 있으려면 강의실에 366명이 필요하다고 했다. 따라서 생일이 같은 쌍이 있을 확률이 절반쯤 되려면 사람 수도 366명의 절반, 즉 183명은 필요할 것이다. 그런데 정답은? 183명의 $\frac{1}{8}$에 지나지 않는 겨우 23명이다! 어렵지 않으니 간단히 이유를 알아보자.

n명의 생일은 총 $(365)^n$가지가 있을 수 있다. 그중 n명의 생일이 전부 다를 경우는 $365 \times 364 \times 363 \times \cdots \times (365-(n+1))$가지이므로 그

들의 생일이 전부 다를 확률은 $Pn = \frac{365 \times 364 \times 363 \times \cdots \times (365-n+1)}{(365)^n} = 1 \times (1-\frac{1}{365}) \times (1-\frac{2}{365}) \times \cdots \times (1-\frac{n-1}{365})$이다. 따라서 n명 가운데 생일이 같은 사람들이 적어도 한 쌍 있을 확률은 $1-Pn$이며 $(1-Pn) \geq \frac{1}{2}$을 만족시키는 n 가운데 제일 작은 값은 23임을 알 수 있다.

대학에서 어지간한 강의는 23명보다 더 많은 학생들이 듣는다. 즉 지금 대학 강의실 가운데 절반 정도에서 적어도 한 쌍은 생일이 같은 학생들이 함께 강의를 듣고 있다는 말이다. 그런데 우리가 23명이라는 답을 보고 이상하다고 여기는 이유는 무엇일까? 이유 중 하나는 "적어도 한 쌍은 생일이 같은 학생들이 있는 경우"와 "윤이(어느 특정인)와 생일이 같은 학생이 있는 경우"를 혼동하는 데 있을지도 모른다. 만일 우리가 풀어야 할 문제가 "윤이와 생일이 같은 학생이 있을 확률이 절반을 넘으려면 강의실 안에 학생이 얼마나 있어야 할까?"라면 답은 23명보다 훨씬 커진다.

문제를 조금 바꾸어서, 세 사람의 생일이 같을 확률이 절반을 넘으려면 몇 명이 필요할까? 답은 88명이다. 187명이 있다면 네 사람의 생일이 같을 확률이 절반을 넘는다. 문제가 비슷해 보여도 답은 매우 다르다. 확률 문제 중에는 생일 문제 말고도 우리의 직관이나 상식적인 판단과 잘 들어맞지 않는 것들이 많다.

**봄에 태어난 아이가
운동을 더 잘할까?**

생일 문제는 오스트리아 출신 수학자인 미제스

(Richard von Mises, 1883~1953)가 1939년에 처음 소개한 이후 대단히 유명해져서 오늘날 거의 모든 확률 교과서에 실리고 있을 뿐더러 문제를 조금씩 바꾼 생일 문제도 다양하게 등장하고 있다. 그중 하나만 소개해보자. 앞에서 우리는 23명만 모이면 그중에 생일이 같은 쌍이 있을 확률이 절반을 넘어선다고 했다. 그런데 그 결론은 365일 하루하루가 사람들의 생일이 될 확률이 모두 같다는 조건에 바탕을 둔 것이다. 과연 사람들의 생일 데이터를 가지고 빈도 분포를 그려본다면 그 분포는 오르락내리락 굴곡이 없는 평평한 모양일까? 만일 어떤 집단에 속한 사람들의 생일이 특정한 달 또는 특정 계절에 치우쳐 있다면 그 확률은 어떻게 될까?

캐나다의 어느 통계학자가 이런 질문에 답하기 위해 여러 데이터를 분석한 일이 있다. 그가 1969년부터 1999년까지 캐나다에서 남자아이들이 태어난 시기를 비교해보았더니 별다른 치우침은 보이지 않았다고 한다. 즉 당시 캐나다에서 남자아이들은 시기별로 골고루 태어났다고 할 수 있다. 그런데 북아메리카에서 인기 높은 프로 아이스하키 리그인 'National Hockey League(NHL)'의 선수들을 대상으로 조사했더니, 그 결과는 아주 달랐다. 선수들의 생일을 1월부터 6월까지, 그리고 7월부터 12월까지 앞뒤로 둘로 나누어 살펴보았더니 1980년대부터 2000년대까지 활동한 선수들의 생일이 1년의 전반부에 뚜렷이 몰려 있었다. 그의 데이터에 따르면 전체 선수 가운데 1월부터 6월 사이에 태어난 선수들의 비율이 55.7%에서 61.8%에 달한다.

왜 이런 일이 생겼을까? 어릴 때의 선수 선발과정에 그 이유가 있었다. 직업적인 아이스하키 선수가 되려면 아주 어릴 때부터 선발과정을 거쳐 집중적인 훈련을 받아야 하는데, 이 선발과정이 태어난 연도를 기준으로 이루어지므로 같은 해에 태어났더라도 일찍 태어난 아이들이 조금 더 성장했으므로 뽑히는 데 더 유리하다는 것이다. 이런 현상은 아이스하키에서만 나타나는 것이 아니라 어릴 때 출생연도를 기준으로 선발 과정을 거치는 종목에서는 공통적으로 나타나는 현상이다 보니 스포츠 과학 분야에서는 '상대적 연령 효과(relative age effect)'라는 이름까지 붙어 있다고 한다.

그렇다면 아이스하키 선수들 가운데 생일이 같은 쌍이 있을 확률은 다른 집단에서의 확률과 다를까? 생일의 분포가 365일 모두 균등한 모양인 집단에 비해 아이스하키 선수 집단처럼 그 분포가 균등하지 못한 집단에서는 생일이 같은 쌍이 있을 확률이 더 높아진다. 따라서 아이스하키 선수 집단에서 생일이 같은 쌍이 있을 확률이 절반을 넘기 위해서 필요한 선수의 수는 23명보다 더 적다.[6]

확률이 충분히 낮은 사건은 일어나지 않을까?

보렐의 법칙

**지진은
밤 8시 30분을 기다린다
: 우연의 일치**

한반도의 동남쪽에 사는 사람들은 2016년 9월 12일 (생일 문제에서 다룬 윤이의 생일이다) 월요일 밤에 이어 그다음 주 월요일 밤에도 지진을 경험했다. 2016년 9월 20일자 신문기사를 보자.[7]

7월 5일(화) 울산 지진 … 오후 8시 33분

9월 12일(월) 경주 지진(본진) … 오후 8시 32분

> 9월 19일(월) 경주 지진(여진) … 오후 8시 33분
>
> 최근 발생한 큰 규모의 지진이 오후 8시 30분께 발생하면서 그 이유에 대한 궁금증을 유발하고 있다. 결론부터 말하자면 전문가들은 기가 막힌 우연의 일치라고 분석한다.(밑줄은 인용자)

어떻게 보면 우리는 우연 속에서 살고 있다. 우연은 뜻밖의 행운을 안겨주기도 하고, 삶을 불행 속에 빠뜨리기도 한다. 우연에 따라 생기는 일이므로 정확히 예상할 수는 없지만, 그래도 우리는 어떤 일은 확률이 높다 생각하고 어떤 일은 확률이 작아서 일어나기 어렵다고 생각한다. 우리가 하는 많은 행동이나 계획에는 그런 판단들이 숨어 있을 것이다. 예컨대 일기예보에서 알려주는 비 올 확률이 얼마쯤이면 외출할 때 우산을 가져가는가? 70%? 50%? 30%? 비 올 확률이 높다고 하면 우산을 들고 갈지 말지 고민할 필요도 없다. 하지만 만약 그 확률이 절반 미만이라면 잠시 고민하게 될 테고, 확률이 10%라면 아마 마음 놓고 우산 없이 집을 나설 것이다. 확률이 낮은 사건은 일어나지 않을 것이라고 믿고 살아도 별문제 없었기 때문이다.

가만히 살펴보면 우리의 일상 행동이나 의사결정 중에 확률을 근거로 하는 것들이 꽤 많다. 이와 같은 우리의 '상식'을 뒷받침해주는 법칙이 있으니, '보렐의 법칙(Borel's law)'이 그것이다.

보렐(Émile Borel, 1871~1956)은 20세기 전반기에 활동한 프랑스의 대표적인 수학자다.[3-12] 특

3-12 보렐, 1929.

• Chapter 3 확률과 통계, 우연을 과학으로 길들이다

히 확률이론 분야에서 두드러진 업적을 남겼으므로 오늘날 교과서에서 그의 이름이 붙은 중요한 개념과 정리들을 쉽게 만날 수 있다. 보렐은 수준 높은 학술적인 연구만 한 것이 아니라 일반인들에게 확률을 쉽게 설명하는 책도 썼는데, 오늘날 '보렐의 법칙'이라 불리는 것도 그 책에 실려 있다. 이 법칙이 말하는 것은 "확률이 충분히 낮은 사건은 일어나지 않는다"는 것이다.

그렇다면 보렐은 확률이 어느 정도 되어야 충분히 낮다고 간주했을까? 알고 보면 그가 '충분히 낮은 확률(sufficiently small probability)'이라고 부른 기준은 하나가 아니고 네 가지였다. 그가 제시한 낮은 확률의 네 가지 기준은 다음과 같다. 인간의 척도에 따른 기준, 지구적 척도에 따른 기준, 우주적 척도에 따른 기준, 초우주적 척도에 따른 기준.

이 기준들은 뒤로 갈수록 점점 규모가 커지는데, 그 각각에 대해 보렐이 제시한 값은 10^6, 10^{15}, 10^{50}, 10^{10^9} (마지막 값은 10의 10억 제곱)이었다. 보렐은 유명한 수학자였지만 그가 이런 기준들을 수학적인 증명이나 엄밀한 유도 과정을 거쳐 얻은 것은 아니다. 예컨대 보렐이 인간적 척도로 정한 10^6, 즉 백만은 그가 활동하던 20세기 초 당시 파리의 인구 규모였다. 즉 파리 시민 100만 명 중 한 명꼴로 일어나는 사건은 인간적인 척도로 보았을 때 불가능한 사건으로 봐도 되겠다는 것이다. 학술적인 연구서가 아닌 일반인들에게 확률 개념을 전달하기 위해 쓴 책에서 보렐은 확률이 낮은 사건은 현실적으로 일어나지 않을 것이라 치고 살아도 되는 사건이라고 말했던 셈이다.

타자기로 『햄릿』을 치는 원숭이

보렐은 또한 '충분히 작은 확률'에 대해 생각해볼 수 있는 흥미로운 문제를 제기한 바 있다 : "원숭이가 타자기 앞에 앉아 아무렇게나 글자를 쳐나간다고 할 때 언젠가는 우연히 셰익스피어의 작품을 그대로 만들어낼 수 있을까?" 이 질문은 오늘날 '무한 원숭이의 정리(the infinite monkey theorem)'라고 알려져 있다. 그렇다면 헛소리처럼 들리는 이 질문에 대한 답은? 만들어낼 수 있다! 그것도 '거의 확실히' 언젠가는 원숭이가 셰익스피어의 작품을 만들어낼 것이다.

대체 이게 무슨 소린가? 말할 필요도 없이 세상 모든 원숭이가 평생 동안, 아니 우주가 생긴 이래로 계속 타자기만 두드린다고 하더라도 뭔가 의미 있는 결과를 만들어낼 확률은 거의 0일 것이다. 실제로 영국 한 대학에서는 동물원 원숭이들한테 타자기를 주고 원숭이들이 무엇을 하는지 며칠간 관찰한 적이 있다.[3-13] 결과는 어땠을까? 아무 의미 없는 글자를 몇 장 쳐내는 원숭이도 있었지만, 돌을 들어 타자기를 부순 경우도 있고 심지어 타자기에 오줌을 싼 녀석까지 있었다.[8]

3-13 〈타이핑하는 원숭이〉, New York Zoological Society, 1907, Early Office Museum.

그렇다면 "거의 확실히(almost surely) 언젠가는 원숭이가 셰익스피어의 작품을 만들어낸다"는 말은 무슨 뜻일까? 거기에 답하려면 확률이론에 대한 제법 깊은 공부가 필요하므로 여기서는 수학적인 증명이나 무한이란 우리의 일상적인 언어 사용과는 많이 다르다는 것만 확인하고 넘어가자.

흥미롭게도 확률과는 거리가 멀어 보이는 분야에서 보렐의 법칙을 만나는 경우가 있다. 그간 기독교 안팎에서 다양한 방식으로 과학과 종교를 연결하려는 시도들이 있었는데, 19세기에 등장한 '자연신학(natural theology)'이 대표적인 사례이다. 좀 더 가깝게는 '창조과학' 운동이 있었다. 그보다 더욱 최근에 등장한 '지적 설계(intelligent design)' 역시 그러한 흐름에 속한다고 볼 수 있다. 지적 설계를 주장하는 사람들이 문제로 삼는 것은 "이 세상이 과연 아무런 목적이나 이유 없이 저절로, 그냥 우연히 생겼을까?"라는 질문이다. 이 질문에 대해 그들이 다양한 과학적 성과를 동원하여 내놓은 답에 따르면, 우주는 어떤 거대한 능력을 지닌 지적인 존재의 설계가 없었다면 존재할 수 없다. 그들은 이런 주장을 뒷받침해주는 과학적인 근거의 하나로 확률과 통계학을 이용하기도 했는데, 그들이 적극적으로 이용하는 근거가 바로 '보렐의 법칙'이다.

우주만물이 얼마나 복잡하게 이루어져 있는지 살펴보면 이런 우주가 순전히 우연에 의해 탄생했을 확률은 너무나 작고, 보렐의 법칙에 따르면 그처럼 확률이 작은 사건은 일어나기가 불가능하므로 궁극적으로 이 세계는 어떤 지적인 설계자의 손길을 빌려 생긴 것이라고 볼 수밖에 없다. 즉 지적 설계란 맹목적 믿음이나 종교적 독단에 의한 것이 아니라 저명한 확률, 통계학자가 수학적으로 증명한 엄밀하고 과학적인 법칙을 바탕으로 한다는 주장이다.

앞에서 원숭이들이 타자기로 햄릿을 만들어낼 수 있을까라는 터무니없는 질문에 대한 일견 '과학적인' 답이 '그렇다'였음을 상기해보라. 지적 설계라는 주장과 원숭이가 타자기로 햄릿을 쳐낼 수 있다는 주장 중에 어느 쪽이 더 그럴듯해 보이는가? 과연 확률이 극히 작다고 해서 얼른 '보이지 않는 초월적인 존재'를 호출해도 괜찮은 것일까?

사느냐, 죽느냐,
그 확률이 문제로다!
보험과 확률

러시안 룰렛, 사랑도 죽음도 모두 확률 게임?

넌 이미 마지막 남은 순간까지

내게 맡기게 될 거야 넌

달콤한 너의 러시안 룰렛

(……)

넌 이미 마침내 빼낼 수도 없게 박혀

• Chapter 3 확률과 통계, 우연을 과학으로 길들이다

네 심장 더 깊은 곳
달콤한 너의 러시안 룰렛

걸그룹 '레드벨벳'이 2016년 가을에 발표한 노래 〈러시안 룰렛〉의 가사 중 일부이다. '러시안 룰렛'은 리볼버 권총을 가지고 하는 대단히 위험한 게임의 이름인데, 리볼버 권총이란 실린더에 총알을 여러 개 넣고 실린더를 회전시키며 발사할 수 있는 권총을 말한다. 러시안 룰렛 게임을 하는 사람은 권총에 총알을 단 한 발만 넣고 실린더를 돌린 다음 자신의 머리에 총을 대고 방아쇠를 당긴다. 말 그대로 목숨을 건 게임인데, 일설에 따르면 러시아군 장교들이 병영생활의 지루함을 잊기 위해 생각해낸 게임이라서 그런 이름이 붙었다고 한다.

만일 여섯 발이 들어가는 권총으로 이 게임을 한다면 방아쇠를 당겼을 때 총알이 발사될 확률은 $\frac{1}{6}$일 것이다. 확률만 따진다면 이 게임은 주사위를 굴려서 6이 나오면 돈을 따는 게임과 꼭 같다. 하지만 주사위 게임이야 돈을 따든 잃든 계속할 수 있지만 러시안 룰렛의 경우에는 자칫하면 목숨을 잃어 다시는 게임을 할 수 없게 되어버린다.

이처럼 러시안 룰렛은 극도의 긴장감을 불러오는 매우 극적인 게임인지라 영화에도 종종 등장한다. 베트남전쟁을 배경으로 한 영화 〈디어 헌터(Deer Hunter)〉에서도 북베트남 군인들이 포로로 잡은 미군에게 이 게임을 시키고 도박을 하는 장면을 볼 수 있다. [3-14] 또한 영국 소설가 그레이엄 그린은 자서전에서 자신이 젊은 시절 지루하고 우울한 생활을 하던 중 형의 권총을 가지고 러시안 룰렛을 한 적이 있었다고 밝혔다.[9] 그는 여섯 발이 들어가는 권총을 가지고 모두 여섯 차례 방아쇠를 당겼지만 한 번도 총알이 발사되지 않아 살아남았다고 한다. 그렇게 살아남을

3-14 러시안 룰렛이 등장하는 영화 〈디어 헌터〉의 한 장면.

확률은 $(\frac{5}{6})^6=0.33$ 정도인데 목숨이 걸린 문제에서 이 정도 확률이 높아 보인다고 말할 사람은 드물 것이다.

노래 〈러시안 룰렛〉은 어떤 일이 생길지 모르는 불확실성 속에서 우연히 닥치는 사랑, 치명적인 사랑, 삶과 죽음이 엇갈릴 수 있는 사랑을 노래한 듯싶다. 그런데 과연 삶이냐, 죽음이냐의 경계에도 우연이라는 것이 작용할까? 그림 [3-15]는 19세기에 활동한 프랑스 화가 도레(Gustave

3-15 구스타브 도레의 판화. 영국의 낭만주의 시인 콜리지 (Coleridge, 1772~1834)의 시집 『늙은 선원의 노래』에 실린 삽화.

Doré, 1832~1883)의 판화인데, 배를 탄 선원이 죽음(또는 죽음의 신)을 앞에 두고 주사위를 던지는 모습이 보인다. 어쩌면 옛날 선원들에게 항해란 곧 죽음의 신과 주사위 도박을 하는 것과 비슷했을지도 모른다.

목숨을 건 게임이든 위험한 항해이든, 사람들은 아주 오랫동안 삶과 죽음은 신의 뜻에 따른다고 여겼다. 하지만 오늘날 생명을 다루는 일은 의학의 영역이 되었다. 의학에서는 많은 경우 삶과 죽음이 확률의 문제가 된다. 어떤 질병에 대한 치료법이 효과를 나타낼지 여부도 그러하고, 질병의 원인을 찾는 문제에서도 그러하며, 전염병의 확산 여부도 마찬가지이다. 총알 여섯 발이 들어가는 권총을 사용한 러시안 룰렛 게임에서 총알이 발사될 확률은 $\frac{1}{6}$로 확실하게 계산할 수 있다. 경우의 수가 여섯 개이기 때문이다. 하지만 어떤 사람이 담배를 매일 한 갑 피운다고 할 때 그가 폐암에 걸릴 확률은 그렇게 구할 수 없다. 이 경우에는 데이터 분석을 위한 통계학적 방법뿐만 아니라 인과관계라는 몹시 까다로운 철학적인 문제가 함께 등장한다. 우리는 의학과 확률, 통계학의 관계를 다루는 다음 장에서 인과관계라는 주제에 대해 더 살펴볼 것이다.

개인은 사라지고 집단만 남는다
: 마이크로몰트와 보험

일상생활을 하던 중 어떤 요인으로 인한 사망 위험지수를 100만분의 1 단위로(사망 사건은 드물게 일어나기 때문에 숫자가 크다) 나타낸 것을 '마이크로몰트(micromort)'라고 한다. 가령 수술하기 전에 하는 마취로 인해 10만 명 중 1명꼴로 사망한다면 마취의 위험지수는 10마이크로몰트가 된다. 연구자들에 따르면 나라마다 차이가 있기는 하지만 평범한 사람이 하루에 외적인 요인으로 사망할 위험지수가 100만 명당 1명 정도, 즉 1마이크로몰트에 해당한다고 한다.

우연의 일치일까? 1970년대에 미국의 경영학자 하워드(Ronald A. Howard)가 제안한 마이크로몰트 단위는 20세기 초 보렐이 인간적 척도에서 충분히 낮은 확률이라고 부른 것과 같다. 위키피디아의 자료에 따르면 마라톤의 위험지수는 7마이크로몰트, 스카이다이빙의 위험지수는 8마이크로몰트라고 한다. 한편 이와 비슷한 단위로 바로 사망과 연결될 정도의 위험은 아니지만 음주·흡연·식습관 등의 요인이 인간 수명을 얼마만큼 줄이는가를 나타내는 '마이크로라이프(microlife)'라는 단위도 있다.

이처럼 우리는 항상 다양한 위험 속에서 살아간다. 누구나 각종 자연재해나 뜻밖의 교통사고로 인해 생명이나 재산 피해를 입을 수도 있고 심각한 질병에 걸릴 수도 있다. 보험은 수학자들이 확률을 연구하기 이전부터 있었다. 특히 배를 이용한 무역이 중요한 부의 원천이 되면서 보험은 점점 더 중요해졌다.

지구에는 70억 명이 넘는 사람들이 살고 있다지만 우리는 제각각 독특한 몸과 마음을 가진 세상에 둘도 없는 유일한 존재라고 생각한다. 그리고 좋은 일들뿐만 아니라 질병이나 사고나 사망 등의 불행한 일을 겪을 위험요소들을 각자 다르게 지니고 있다고 생각한다. 어느 날 우리가 그런 위험에 대비하기 위해 보험회사를 찾아가서 보험에 가입하려고 한다고 치자. 보험회사 역시 우리가 자신에게 그러하듯 고객을 각자 고유한 인간으로 여길까? 당연히 아니다.

'생존보험(endowment insurance)' 또는 '생명보험(사망보험, life insurance)'을 예로 들어보자. 생존보험은 내가 보험에 가입한 뒤 어느 시점까지 살아 있으면 약속한 보험금을 지급하는 보험이다. 그 이전에 죽으면 보험금을 못 받는다. 연금과 마찬가지로 노후생활 대비용 보험이라고 보면 되겠다. 반면 생명보험은 약속한 기한 내에 또는 언제든 내가 사망하면 남은 가족에게 보험금을 지급하는 보험이다. 보험금을 타기 위해 가족을 살해한다는 설정을 드라마나 영화에서 가끔 볼 수 있는데 이때의 보험이 사망보험이다.

이런 보험의 가입 절차를 한번 살펴보자. 먼저 우리가 기억할 것은 내가 보험에 가입하고 싶다고 해서 나의 희망을 항상 보험회사가 받아주지는 않는다는 것이다. 보험회사는 병원의 건강진단 결과나 진료기록 등을 통해 나의 건강상태부터 확인할 것이다. 그 과정에서 별문제를 찾지 못했다면 다음 단계로 나의 나이·직업 등 여러 가지 조건에 따라 그 회사가 갖고 있는 생명표(life table)에서 내가 속한 집단을 찾을 것이다. 그러한 과정을 통해 보험회사는 내가 앞으로 생존해 있을 기간의 확률분포를 알 수 있을 것이고, 내가 내야 할 보험료를 정하게 될 것이다. 즉 보험회사가 볼 때 나는 세상에서 유일한 개인이 아니라 집단에 속한 아주 많은 사람과 동일한 사람일 뿐이다. 이때 나는 순전히 통계로만 파악된다. 보험회사는 개인으로서의 내가 언제 죽든 아무 관심이 없다. 그들이 관심을 갖는 것은 내가 속한 집단에서 언제 얼마만큼의 사람들이 죽는가이다.

앞서 말한 "일어날 확률이 아주 작은 사건은 일어나지 않는다고 보아도 될까?"라는 문제를 다시 생각해보자. 보렐의 법칙에 따르면 그런 사건은 안 일어난다고 봐도 문제없다. 보렐은 또한 '아주 작은 확률'의 기준도 네 가지 제시했는데, 그중에서 그나마 가장 큰 확률은 100만분의 1이었다. "100만 건 중 하나꼴로 드물게 일어나는 사건은 일어나지 않는다"라고 간주하고 살아도 된다는 뜻이다(사실 확률은 낮지만 결과는 무시할 수 없는 여러 가지 위험을 그렇게 무시하고 살아야 오늘날 우리의 일상생활이 가능해진다고도 할 수 있다).

그런데 만일 그런 희귀한 일이 지금 눈앞에서 벌어졌다면? 우리는 사실상 일어나지 않아야 할 일이 생겼으므로, 그 일이 어떤 특별한 이유 때문에 생겼다고 여긴다. 간단한 계산을 해보자. 하루 동안 일어날 확률이 100만분의 1밖에 되지 않는 사건이 있다고 하자. 한 사람에게 그 사건이 일어날 확률은 100만분의 1, 즉 10^{-6}이므로 그 사람에게 사건이 일어나지 않을 확률은 당연히 $1-10^{-6}$으로 거의 1이다.

그런데 한 개인이 아니라 350만 부산 사람들 누구에게도 하루 동안 그 일이 일어나지 않을 확률은 얼마일까? $(1-10^{-6})^{3500000} = 0.03$으로 아까와 달리 상당히 작은 값이다. 즉 100일 가운데 97일, 따라서 사실상 거의 매일 그 사건은 부산 사람 누구에겐가 일어난다. 개인에게는 희한한 일이더라도 부산이라는 도시 전체로 보면 도리어 일어나지 않고 하루가 지나가는 게 이상할 정도로 흔한 일이란 말이다. 그 사건이 사람이 크게 다치는 교통사고와 같은 불행한 일이라면, 확률이 아주 낮기 때문에 나에게는 일어나지 않을 것이라 여기고 살던 개인으로서는 실제 그 일이 자신에게 닥쳤을 때 하필 그런 드문 일이 왜 나에게 일어났을까 궁금해하며 특별한 원인을 따져보려고 할 것이다. 하지만 그런 일은 매일 누군가에게 일어나는 일로서 전체 집단을 단위로 보면 전혀 특별한 일이 아니다.

이처럼 개인보다는 집단을 기준으로 한다는 점이 보험의 가장 중요한 원칙인데, 이를 확률적으로 표현한 것이 '큰 수의 법칙(law of large number)'이다. 보험회사에서는 우리가 자동차보험에 가입할 때 제공하는 여러 가지 정보들을 가지고 보험료를 매기는데, 이때 보험회사가 이용하는 것이 바로 과거의 데이터를 보니 사람 수가 많으면 일정한 조건의 사람들의 사고확률이 매년 거의 일정하더라는 사실이다. 이를 확률이론에서는 큰 수의 법칙이라고 부른다.

통계적인 사고방식, 즉 확률이나 통계를 어떻게 생각할 것인가라는 문제는 이 책에서 가장 핵심적인 주제이다. 우리는 이제 확률과 통계는 개인이 아니라 집단에 대한 것임을 알게 되었다. 90%의 사람들에게 좋은 치료효과가 있는 약이라고 해서 반드시 나에게도 좋은 약일 수는 없다. 앞에서 우리가 보았던 16세기의 목판화에서 눈을 가리고 있던 포르투나 여신은 지금도 여전히 눈을 가린 채 마음대로 운명의 수레바퀴를 돌리고 있다. 인간이 확률과 통계학을 통해 우연을 길들였다고 하지만 겨우 집단 차원에서의 확률과 규칙성을 알게 되었을 뿐이다. 결국 개인의 운명을 점치는 것은 아직도 역시 점쟁이의 몫이다.

주관적 확률도
과학이 될 수 있을까?
베이즈 추론

질병검사
: 모든 사람을 검사할까,
증상이 있는 사람만 검사할까?

어느 지역의 인구가 1만 명인데 그 중에 어떤 질병에 걸린 것으로 의심할 만한 증상을 보이는 사람이 1천 명이고, 증상이 없는 사람이 9천 명이다. 1만 명을 모두 검사해보았더니 그 질병에 걸린 사람이 500명이었다. 그런데 병이 있는 500명 가운데 400명은 증상이 있는 사람이고, 100명은 증상이 없었다. 증상 유무에 대한 정보는 질병 환자를 찾아내는 데 얼마나 도움이 될까?

질병	증상		합계
	있음	없음	
걸림	400	100	500
안 걸림	600	8,900	9,500
합계	1,000	9,000	10,000

전체 1만 명 가운데 증상도 있고 병에도 걸린 사람은 400명이므로 이 지역 주민 가운데 한 사람을 임의로 골랐을 때 그가 증상이 있는 동시에 병에도 걸린 사람일 확률은 $\frac{400}{10000}$ = 4%가 된다. 또 주민 중에서 임의로 고른 사람이 병에 걸린 사람일 확률은 환자 수를 전체 주민 수로 나눈 값이므로 $\frac{500}{10000}$ = 5%이다. 또한 그가 병에 걸리지 않은 사람일 확률은 95%가 된다. 증상 유무의 확률을 똑같이 구하면 증상이 있을 확률은 10%, 증상이 없을 확률은 90%이다. 그런데 병에 걸렸을 주변확률 5%는 증상이 있으면서 동시에 병에 걸렸을 결합확률 4%와 증상이 없으면서 동시에 병에 걸렸을 결합확률 $\frac{100}{10000}$ = 1%를 더한 값과 같다.

이번에는 전체 주민이 아니라 병에 걸린 사람 500명 중에서 한 명을 임의로 골랐다고 해보자. 그가 증상이 있는 사람일 확률은 500명 중에서 400명, 즉 80%이다. 이처럼 전체 집단이 아니라 전체의 어떤 부분을 기준으로 구한 확률을 '조건부확률(conditional probability)'이라고 한다.

이 예를 가지고 '오즈(odds)'에 대해서도 함께 알아보자. 전체 인구 1만 명 중에서 한 사람을 골랐을 때 그가 병에 걸렸을 확률과 걸리지 않았을 확률의 비를 구해보면 5:95 또는 분수로 표현하면 $\frac{5}{95}$이다. 이 값을 '오즈'라고 부른다. 오즈는 두 가지 결과만 나오는 사건에서 두 결과가 나올 확률의 비에 해당하므로 1보다 클 수도 있고, 작을 수도 있다.

따라서 오즈는 반드시 0과 1 사이의 값을 가져야 하는 확률과는 다른

것이다. 증상이 있는 사람들만 대상으로 '조건부 오즈(conditional odds)'
를 구한다면 그 값은 4 : 6 또는 $\frac{4}{6}$가 되어 전체 집단에서의 오즈보다 훨
씬 큰 값이다. 또 증상이 없는 사람에 대한 조건부 오즈를 구하면 1 : 89
또는 $\frac{1}{89}$로서 전체 집단에서의 오즈보다 작은 값이다. 즉 증상이 없는 사
람들 중에서 병에 걸린 사람들의 오즈는 증상이 있는 사람들의 오즈보
다 훨씬 낮다. 병에 걸린 사람을 찾아내려면 증상이 있는 사람들 중에서
찾는 것이 훨씬 찾을 가능성이 높다. 즉 조건부 오즈를 비교해보면 증상
여부가 질병 환자를 찾아내는 데 상당한 도움이 됨을 알 수 있다.

결과로부터 원인을 추론하기
: 베이즈 정리

오늘날 토머스 베이즈(Thomas Bayes, 1701~1761)라
는 이름은 확률과 통계학 연구자들뿐 아니라 과학철학자들에게도 매우
익숙한 이름이 되었다.[3-16] 그가 유명해진 것은 1763년에 나온 짧은 글
한편 때문인데, 이 글이 출판되었을 때는 이미 베이즈가 세상을 떠난 지
몇 년 지난 뒤였다. 따라서 우리는 그가 죽은
뒤 그의 친구가 다듬고 내용을 덧붙여서 발
표한 그 글을 베이즈가 왜 썼는지, 그 원고에
서 친구가 쓴 부분이 어느 정도인지도 정확
히 알 수 없다. 그런데도 베이즈가 유명해진
이유는 그의 이름을 따서 '베이즈 정리'라 부
르는 확률 계산법이 복잡하거나 수학적으로
난해한 탓 때문만은 아니다.

3-16 1936년 책에 등장한 베이즈의 초상화.

어떤 사람이 병에 걸렸을 사건을 A라고 부르고 증상이 있을 사건을 B라 하고, 증상이 없을 사건을 B^C라고 하자. 또한 결합확률을 $P(A \cap B)$, 주변확률을 $P(A)$, $P(B)$, $P(A^C)$, $P(B^C)$라고 하고, 조건부확률을 $P(B|A)$, $P(A|B)$라고 나타내보자.

$$P(B|A) = \frac{P(A \cap B)}{P(A)}, \ P(A \cap B) = P(B|A) \cdot P(A)$$

$$P(A|B) = \frac{P(A \cap B)}{P(B)}, \ P(A \cap B) = P(A|B) \cdot P(B)$$

$$P(A|B) = \frac{P(B|A) \cdot P(A)}{P(B)}$$

$$P(B) = P(A \cap B) + P(A^C \cap B)$$

$$= P(B|A) \cdot P(A) + P(B|A^C) \cdot P(A^C)$$

알고 보면 베이즈 정리란 조건부확률을 단순하게 응용한 것에 지나지 않는다. 그런데 왜 그렇게 중요한 정리로 대접받는 것일까? 오랫동안 베이즈 정리를 이용한 확률 계산법은 '역확률(inverse probability)'이라고 불렸다. 확률을 계산하는 순서가 거꾸로 되어 있다는 말이다. 여기서 말하는 순서란 원인과 결과의 순서로서 원인은 시간상 결과보다 앞선다. 질병과 증상의 관계를 다시 생각해보면 질병 유무가 원인에 해당하고 드러나는 증상이 결과에 해당한다. 질병이 먼저 존재해야 증상이 나타나는 것이다.

"주사위 두 개가 있다. 두 개를 동시에 던졌을 때 눈의 합이 6이 될 확률이 얼마이겠는가?"라는 문제가 있다면 주사위 두 개를 던지는 것이 원인이고, 두 눈의 합이 6이 되는 것이 결과이다. 또한 이 경우 두 주사위 모두 각 면이 같은 확률로 나온다는 것이 원인의 핵심을 이룬다. 그런데 도박장에서 주사위로 도박을 시작하기 전에 과연 그 주사위가 공정한 주사위인지 알아보려고 주사위를 던져서 조사해보기로 했다고 하자. 이제 원인과 결과의 관계는 앞의 경우와 반대가 되었다. 여기서 원인은 데이터를 가지고 확인해보아야 할 가설이다. 주어진 원인으로부터 어떤 결과의 확률을 구하는 것이 아니라 원인이 아직 가설인 상태에서 주사위를 던져서 결과를 얻은 다음 그 데이터로부터 그 원인(가설)을 거꾸로 추론해야 한다.

앞의 식 $P(A|B) = P(A) \cdot P(B|A)/P(B)$에서 A는 어떤 사람이 질병에 걸린 경우를 나타내고, B는 결과인 증상이 드러나는 것을 나타내므로 $P(A|B)$는 어떤 사람에게 증상이 드러났다는 데이터를 보았을 때 그 사람이 정말 질병에 걸렸을 확률을 나타낸다. 그런데 질병에 걸렸을 확률은 데이터가 아직 없을 때에는 $P(A)$였지만 데이터 B를 보고 나서는 $P(A|B)$로 바뀐다. 다른 표현을 빌리자면 질병에 걸렸을 확률이 데이터로 인해 '업데이트'된다. 이때 증상에 대한 데이터를 수집하기 이전 단계에서 구한 질병의 확률 $P(A)$를 '사전확률(prior probability)'이라 부르고, 데이터 수집 후 업데이트된 질병의 확률 $P(A|B)$를 '사후확률(posterior probability)'이라고 부른다.

거의 모든 통계조사나 실험에서 우리는 가설 수준의 원인에 대해 더 알아보기 위해 데이터를 수집한다. 어떤 사람이 질병에 걸렸을 것이라는 가설과 안 걸렸을 것이라는 가설 둘 중에서 어느 가설이 더 진실에 가까운지 알기 위해 우리는 그에게서 증상이 나타나는지 여부를 관찰하고 그 데이터를 이용할 수 있다. 한 가지 증상이 아니라 추가로 알아볼 수 있는 증상이 또 있다면 베이즈 정리를 거듭 이용해서 사후확률을 더 업데이트할 수도 있을 것이다.

즉 데이터에 들어 있는 정보를 이용해서 우리가 알고 싶은 원인에 대해 추론해보려고 할 때 원인의 확률과 데이터를 서로 연결시켜주는 정리가 바로 베이즈 정리이다. 그러므로 베이즈 정리는 단순한 수식으로 표현되는 조건부확률의 성질 하나를 나타내는 것이 아니라 경험적 데이터로부터 원인(가설)의 진위를 알아볼 때 이용되는 매우 중요한 정리이다. 그런데 수식으로 표현하면 아주 간단하지만 베이즈 정리를 현실적으로 이용하기가 항상 그처럼 간단한 것은 아니다.

먼저 사전확률 $P(A)$를 어떻게 알 수 있는가라는 문제부터 생각해보자. 위에서 우리는 어떤 사람이 질병에 걸렸을 확률 $P(A)$를 그 지역에 사는 모든 사람 중에서 질병에 걸린 사람의 비율로 구했었다. 그런데 우리가 알아보려고 하는 가설의 사전확률을 구하는 데 이용할 그런 정보를 얻을 수 있는 경우는 드물 것이다. 어떤 범죄가 발생했을 때 범인을 찾을 수 있는 유력한 증거가 없다고 하자. 그 단계에서 만일 경찰이 어떤 사람을 범인으로 의심한다면 그 사람이 범인일 확률은 매우 낮은 값일 것이다. 그리고 그저 막연한 경험이나 심증에 근거를 둔 그런 확률은 경찰관의 주관에 따라 달라질 수밖에 없을 것이다.

베이즈 정리를 활용할 때 생길 수 있는 두 번째 문제점은 아래 식에서 데이터의 확률에 해당하는 $P(B)$를 알기 어렵다는 점이다.

$$P(A|B) = \frac{P(A) \cdot P(B|A)}{P(B)}$$

위의 예에서 우리는 증상이 나타날 확률 $P(B)$를 전체 사람들 중에서 증상이 있는 사람의 비로 구했는데, 대부분의 경우 현실적으로 이 값은 알기 어렵다. 앞에서 우리는 $P(B)$를 다음과 같이 표현했었다.

$$P(B) = P(A \cap B) + P(A^c \cap B)$$
$$= P(B \mid A) \cdot P(A) + P(B \mid A^c) \cdot P(A^c)$$

이 식을 이용하려면 결합확률들, 또는 조건부확률들과 가설들의 사전확률들을 알아야 하는데, 현실 문제에서는 쉽지 않은 일이다. 가설이 두 가지가 아니라 여러 개라면 이 확률들을 알기란 더욱 어려워진다.

베이즈 정리를 이용한 추론에 반대하는 사람들 중에는 주관적 판단에 바탕을 둔 사전확률이 과학적이지 못하다고 비판하면서 사전확률을 이용하지 않고 오직 데이터만 가지고 추론을 해야 한다고 주장하는 사람들도 많다. 언뜻 보면 이 주장이 더 객관적이고 과학적으로 보이지만 우리의 일상적인 의사결정 과정만 보더라도 이미 우리는 과거의 경험이나 지식에 바탕을 둔 사전확률을 상당히 자주 이용하고 있다. 과학 연구나 산업 분야에서도 베이즈 추론을 이용한 성공사례 역시 대단히 많다.[10]

TIP

튜링, 베이즈 정리를 써서 독일군의 암호를 해독하다

제2차 세계대전을 전후한 시기에 영국에서 활동한 튜링(Alan Turing, 1912~1954)은 과학자 중에서도 대표적인 전설 속의 인물이다. 튜링은 컴퓨터나 인공지능에 대한 책에서 오늘날과 같은 정보화 시대의 문을 연 선구자로서 자주 소개되며, 컴퓨터과학 분야에서 뛰어난 업적을 남긴 사람한테 주는 '튜링 상'에서도 그 이름을 볼 수 있다. 전쟁 당시에 영국은 튜링의 주도로 독일군의 암호를 해독할 수 있었는데, 그 덕분에 유럽에서 전쟁이 2년 이상 빨리 끝날 수 있었고, 수천만 명의 목숨을 구한 것으로 평가된다.

전쟁의 흐름을 바꾸어놓은 그러한 성과에도 불구하고 영국에서 튜링은 행복하지 못했다. 1950년대 초반 그는 당시 영국에서 범죄 중 하나로 간주되던 동성애 혐의로 재판을 받고 여성 호르몬을 계속 주입하는 화학적 거세까지 받았다. 그는 41세라는 이른 나이에 자살로 의심되는 죽음(별로 근거 없는 "독이 든 사과를 베어 먹고 죽었다"는 이야기까지 있었다)을 맞는다. 당시 영국 정부가 튜링에게 가했던 가혹한 행위에 대해서는 2009년에 고든 브라운 영국 수상이, 그리고 2013년에는 엘리자베스 여왕이 사과한 바 있다. 뿐만 아니라 오늘날 아이폰 전화기에 붙어 있는 애플 로고 그림이 튜링의 불행한 죽음을 기념하기 위한 것이라는 속설이 떠돌기도 했으며, 그를 주인공으로 한 영화 〈이미테이션 게임〉이 나오기도 했다.

튜링은 1939년 제2차 세계대전이 시작되기 얼마 전부터 영국 정부의 암호 해독 기관에서 일하기 시작했다. 흔히 '정부산하 코드와 암호 학교(Goverement Code and Cypher School, GC&CS)'라고 불리던 이 기관에는 수학자와 정보 업무 담당 군인들을 비롯한 많은 사람들이 속해 있었는데, 그들은 런던 근교에 있는 대저택 블레츨리(Bletchley Park)에 모여 여러 나라에서 주고받는 암호를 푸는 비밀 작업을 수행했다. 그들 중에는 일본

3-17 제2차 세계대전 중 독일군이 제작하여 사용한 단일 치환 암호 제작 기계인 에니그마.

군의 암호를 해독하는 일을 담당한 팀도 있었고, '에니그마(Enigma)'라고 부르는 전자기계장치를 이용하여 만드는 독일군의 암호를 푸는 일을 하는 팀도 있었다.[3-17]

특히 영국의 입장에서는 독일의 잠수함으로 인해 막심한 피해를 입고 있었기 때문에 독일 해군의 암호를 푸는 일이 매우 중요했다. 그런데 독일 해군은 암호 메시지에 있는 알파벳 문자 하나하나를 문자마다 각각의 방식으로 다른 문자로 바꾸어서 보냈기 때문에 경우의 수가 거의 천문학적으로 많아져서 그 암호를 해독하기란 사실 불가능해 보였다. 튜링은 그 어려운 암호 해독 작업을 거의 혼자서 해냈는데 그의 방법은 본질적으로 베이즈 정리를 이용한 것이었다.

통계학,
의학과 손잡고 생명을 구하다

───── '인명은 재천'이라는 옛말에서 볼 수 있듯이 사람들은 살아가다가 병이 들고 죽는 것은 인간의 힘으로는 어쩔 수 없는 것으로서 하늘의 뜻에 따라 결정된다고 생각했다. 하지만 지난 몇 세기 동안 의학은 빠른 속도로 많은 질병을 정복하고 사람들의 삶을 개선시키고 수명을 크게 늘리는 성과를 거두었다. 이처럼 의학이 과학으로 성장하는 과정에서 화학이나 생물학 등의 자연과학 분야들과 더불어 확률과 통계학도 상당히 중요한 역할을 하였다.

예컨대 19세기 초반까지도 유럽에서는 환자의 몸에서 다량의 피를 뽑는 사혈법이 여러 질병의 치료법으로 널리 이용되었다고 한다. 그러다가 사혈법이 환자를 치료하기보다는 도리어 목숨을 위협한다는 사실이 밝혀진 것은 데이터와 통계학적 비교방법 덕분이었다. 또한 19세기 중반과 후반, 병원의 위생 상태를 개선하고 전염병의 원인을 찾는 데에서도 통계는 큰 역할을 하였다.

20세기에 접어든 이후에도 새로운 약의 효과를 확인하고 치료법들을 비교하기 위해서는 통계학자들이 만든 실험계획 방법이 필요했다. 지난 몇 세기 동안 통계학과 의학은 서로 영향을 주고받으면서 함께 발달해왔는데, 의학은 최근 빅데이터와 인공지능을 가장 활발하게 활용하는 분야 가운데 하나다.

과학과 아트 사이에 선 의학
의학과 통계학

질병 분류는
통계학의 한 영역

13세기에 세워졌고 15세기 초부터 정신질환자들을 수용하기 시작했던 영국 런던의 병원 베들렘(Bethlem)은 한동안 오늘날로 치면 동물원 비슷한 역할을 했었다. 정신질환이 있는 환자들은 이 병원에서 길들일 수 없는 야생동물 취급을 받으면서 쇠사슬에 묶여 구타당했으며 물고문까지 받았다.[4-1] 흥미진진한 구경거리가 적던 시대였던 만큼 이미 16세기 말부터 많은 사람들이 그런 모습을 구경하러 병원으로 몰려들었고, 병원 측에서는 입장료를 받고 구경꾼들을 받아들였다.

질병을 치료하려는 인간의 노력은 수천 년 전부터 있었지만 의학의 발달은 상당히 더딘 편이었고 의사들의 사회적 지위 역시 그리 높지 않았다. 의학의 수준이 그렇다 보니 영국의 베들렘 병원뿐 아니라 많은

4-1 윌리엄 호가스의 8부작 〈레이크의 인생변전〉(1733)의 마지막 그림으로 베들렘 정신병원을 묘사하고 있다. 환자들은 머릿니 예방을 위해 삭발을 당한 채 쇠고랑으로 바닥에 묶여 있다.

병원들이 병을 치료하는 곳이라기보다는 수용소나 다름없는 역할을 하는 경우도 많았다. 하지만 오늘날 우리는 의학은 객관적이고 엄밀한 과학의 한 분야이고, 의사라는 직업은 가장 뛰어난 사람들이 담당하는 전문직이며, 의료서비스는 사람이 마땅히 누려야 할 기본적인 인권이라고 생각한다.

이러한 의학의 발달은 근대 이후에 진행된 여러 자연과학 분야들의 발달과 나란히 진행되었다. 그리고 그 과정에서 근대 이후의 의학은 확률, 통계학, 그리고 데이터와 밀접한 관계를 갖게 되었다. 권위 있는 통계학 학술지 중에 *Statistics in Medicine*, *Statistical Methods in Medical Research* 등 의학과 관련된 학술지가 여럿 들어 있는 데서도 통계학과 의학의 관계를 짐작할 수 있다.

여기서 오늘날 정신질환을 진단할 때 가장 널리 사용되고 있는 편람을 잠깐 살펴보자. 보통 'DSM'이라 불리며 미국 정신과의사협회에서 만드는 이 편람은 1952년에 처음 발행된 이후 2013년에 다섯 번째 개정

• Chapter 4 통계학, 의학과 손잡고 생명을 구하다

4-2 미국 정신과의사협회에서 만드는 정신질환 편람 DSM-5.

4-3 한국질병분류번호를 적게 되어 있는 진단서 양식.

판인 DSM-5가 나왔다. 그림 (4-2)에서 보듯 DSM이란 '정신질환 진단 및 통계 편람'을 뜻하며 이름의 가운데에 나오는 S가 바로 통계를 뜻하는 'Statistical'이다.

그뿐만이 아니다. DSM이 정신질환만을 다룬다면 모든 질병을 망라한 ICD라는 것도 있다. ICD는 사람의 질병과 사망 원인에 관한 국제적인 표준 분류, 즉 'The International Statistical Classification of Diseases and Related Health Problems(International Classification of Diseases)'를 일컫는 것으로 우리말로는 보통 '국제질병사인분류' 또는 '국제질병분류'라고 불린다. 이 분류는 현재 세계보건기구(WHO)에서 만드는데 세계 각국에서는 이 분류법을 기준으로 각국 나름의 질병분류체계를 만든다.[4-3] ICD는 개정을 거듭하여 지난 1990년에 열 번째 개정판인 ICD-10이 나왔고 2017년에는 ICD-11이 나올 예정이다. 병원, 의원의 진료 기록인 진단서에서 질병분류를 적는 자리를 쉽게 찾아볼 수 있으므로 알고 보면 이러한 질병분류는 우리의 일상 가까이에 있다.

그런데 의학에서 기초적인 역할을 하는 ICD의 역사를 거슬러 올라가 보면 뜻밖에도 의학이나 보건단체가 아닌 통계단체를 만나게 된다. 세계보건기구가 생기기 한참 전인 1893년에 국제적인 질병분류 기준을 처음 만든 곳이 바로 '국제통계기구(International Statistical Institute, ISI)'이기 때문이다.

의학, 보편적인 과학인가, 특별한 '아트'인가

우리는 흔히 '의술을 베푼다, 의술을 익힌다, 의술이 발달했다' 등등의 표현을 쓴다. '의술'은 영어 표현으로 'art of medicine'이라고 할 수 있을 텐데, 물론 이때 나오는 'art'라는 단어가 미술·음악 같은 예술을 뜻하지는 않을 것이다. 아마 여기서의 'art'는 자연과학이 사물을 다룰 때처럼 표준화할 수는 없는 사람들 고유의 안목, 경험, 숙련 등등을 뜻할 텐데 이를 우리말로 제대로 옮기기란 쉽지 않아 보인다. 한편 우리는 'medical science, science of medicine'과 같은 영어 표현들도 흔히 만난다. 의학이란 곧 과학이라는 말인데 물리학을 두고 'art of physics'라는 표현을 쓰지 않는 것만 보더라도 의학은 여러 자연과학 분야와 꽤 달라 보인다.

당연히 의학은 생물학·화학·물리학 등의 자연과학과 밀접한 관계가 있고 수학이나 통계학적 이론과 방법도 적극 활용하기 때문에 엄연히 객관성과 정확성을 자랑하는 과학이라고 할 수 있다. 한편 같은 질병이라 할지라도 학자나 의사에 따라 진단과 치료법이 달라질 수 있고 그 치료 결과도 큰 차이가 날 수 있다. 뿐만 아니라 의학은 "과연 인간이란 무엇인가? 죽음이란 무엇인가?"와 같은 묵직한 인문학적 질문과 언제나 맞닿아 있다. 이런 측면에서 보면 의학은 다른 자연과학과 뚜렷이 구별되는 나름의 특성을 갖고 있다.

의학의 역사를 잠시 살펴보면 "과연 의학이 과학인가, 아니면 아트인가?"라는 질문은 꽤 오래된 문제임을 알 수 있다. 멀리 갈 것 없이 근대 이후만 보더라도 이 질문은 시대에 따라 맥락을 달리하면서 계속 등장했었다. 예컨대 20세기 후반에 등장한 '근거기반의학(근거중심의학, Evidence-Based Medicine)'은 의학이 갖는 아트의 성격보다는 과학으로서의 성격을 더 강조하는 입장이겠다. 물론 한쪽만 택하는 대신 의학은 '과학에 근거한 아트(an art based on science)'라는 절충적인 입장도 종종 볼 수 있다.

이러한 주장들의 내부를 조금 더 살펴보면 역시 데이터와 통계학적 방법을 만나게 된다. 우리는 점점 과학기술의 역할이 커지는 시대를 살고 있다. 정보과학과 산업 덕분에 질병을 찾고 치료할 목적으로 빅데이터와 인공지능이 널리 쓰이는 시대에 아직도 의학이 과학인가 아트인가라는 질문을 한다는 것은 구태의연해 보인다. 지금까지 의사를 비롯한 의료분야의 일자리는 대표적인 전문직으로 꼽혀왔는데, 그 이유는 당연히 의학이 과학이기 때문일 것이다.

그런데 앞으로도 계속 그럴까? 부정적인 견해도 있다. 최근의 시대변화에 따라 일자리가 사라지거나 줄어들 대표적인 분야 중 하나로 의료분야가 거론되고 있다. 그런 예측에 따라 의사라는 직업이 지금처럼 고소득 전문직이 아닌 시대가 온다면 그 이유는 의학이 인간의 실수로부터 영향을 덜 받는, 어떤 의미에서 점점 '더욱 과학적인' 분야가 되기 때문일 것이다. 물론 그 과정에서 데이터와 통계학의 역할 역시 더욱 커질 것이다. 이처럼 머지않아 질병을 예측하고 진단하고 치료하는 과정에 인간이 개입할 여지가 점점 줄어들게 된다면 'art of medicine'이라는 표현도 영영 사라지게 되는 것일까?

그런데 한편으로 우리는 '의료인문학(인문의학, medical humanities)'에 대한 논의들, 그리고 의과대학 교육과정에서 인문학적 내용을 강화해야 한다는 주장들도 종종 만나게 된다.[1] 그렇다면 지금도 여전히 의학은 아트의 성격을 뚜렷이 지니고 있고, 의학이 지닌 그러한 특성은 빅데이터와 인공지능의 시대에 더욱 중요해질지도 모를 일이다.

먼저 통계 데이터를 이용해서 사혈법의 위험을 밝혀낸 19세기 프랑스 의학자의 사례를 가지고 의학의 독특한 면모, 그리고 데이터나 통계학과 의학의 관계를 살펴보자.

통계학과 의학,
역사 속에서 함께 발전하다
의학과 통계학의 역사

19세기 의학의
실체를 통계가 밝히다

과거에는 의학에서 데이터의 역할이 어떠했는지 알아보기 위해 우선 19세기 프랑스를 중심으로 진행된 의학의 기본적인 성격을 둘러싼 논쟁의 역사부터 잠시 살펴보자. 18세기에서 19세기로 넘어가는 시기에 프랑스는 여러 가지 면에서 세계의 중심이었다. 프랑스대혁명과 나폴레옹으로 대표되는 정치적인 측면에서도 그러했지만 과학 연구 분야에서도 프랑스는 가장 앞서 있었다. 또한 당시는 라플라스, 푸아송 등의 프랑스 수학자들이 확률이론을 크게 발달시키고 과학과 사회 여러 곳에 응용하기 시작한 시기이기도 했다. 의학을 보다 과학적인 분야로 만들어보려 했던 사람들 중에는 수량화된 통계 데이터와 확률을 활용하려는 이들도 있었다. 의학과의 만남을 살펴보면 수학자들의 이론적인 연구에서 출발한 확률과 통계학이 수학 바깥으로 나가서 영역을 넓히기 위해 넘어야 했던 장벽들도 확인해볼 수 있다.

19세기 전반기 프랑스가 여러 과학 분야에서 앞섰다고는 했지만 당시 유럽의 의학 수준이란 사실 그리 대단한 것이 아니었다. 사혈법(방혈법, bloodletting), 즉 병을 치료하기 위해 환자의 몸에서 다량의 피를 흘려보내는 치료법이 19세기가 시작되고 나서도 널리 쓰이고 있었다.[4-4] 질병의 원인을 몸에 있는 체액의 문제에서 찾는 사고방식이 오랫동안 지배해온 서양의학에서는 이미 기원전부터 몸에서 나쁜 액체를 빼내는 치료법이 여러 질병의 치료법으로 널리 쓰였다.

미국의 초대 대통령이었던 조지 워싱턴이 1799년 12월 고열과 더불어 목이 부어 음식을 삼키기 어려운 증상을 보였을 때 의사들이 썼던 치료법 역시 피를 빼내는 것이었다. 치료 과정에서 여러 차례에 걸쳐 다량의 피를 흘린 다음 사망했기 때문에 이후 사람들은 워싱턴이 과다출혈로 사망한 것으로 추정하곤 한다.[2]

4-4 1860년대 사혈 장면.

4-5 〈루이 초상화〉, 작가미상, 19세기 초.

특히 19세기 초 프랑스에서는 거머리를 이용하여 피를 뽑는 치료법(한 번에 50마리 정도가 필요했다고 한다)이 널리 시행되었고 그 덕분에 프랑스는 다량의 거머리를 외국에서 수입해야 했다.[3] 그러다가 겨우 1830년대에 들어서야 질병 치료법으로서의 사혈법이 치료효과보다는 과다출혈로 인한 심각한 부작용을 낳기 쉽다는 사실이 밝혀지기 시작했다.

그러한 성과는 당시의 의학자 중에서 통계 데이터를 활용하는 데 가장 적극적이었던 루이(Pierre-Charles-Alexandre Louis, 1787~1872) 덕분이었다.[4-5] 오늘날 각종 통계수치의 도움을 받고 사는 현대인이 생각하기에는 매우 뜻밖이겠지만 루이가 한 일의 핵심은 사혈법으로 치료받은 환자들과 그렇지 않은 환자들의 사망률을 비교하는 것이었다. 단순 통계수치를 비교하는 것만으로도 사혈법의 위험은 충분히 드러났고, 19세기 서양의학은 오랜 관습적인 치료법을 버리고 과학에 성큼 다가설 수 있었다.

그런데 우리가 주목할 것은 왜 의학에서 통계 데이터를 활용하여 치료법의 효과를 알아보는 것이 그렇게 늦었는가라는 문제이다. 이미 보험회사 등에서는 다양한 데이터를 가지고 사람들의 사망률이나 각종 사고율을 비교하고 있었기 때문이다. 그만큼 의학이라는 분야가 특별했다는 말인데 무엇이 그렇게 달랐을까?

사람들은 서로 얼마나 비슷하고 얼마나 다를까?

영국의 통계학자인 센(Stephen Senn)은 2003년에 대단히 매력적인 책을 한 권 냈는데, 의학·약학 통계전문가답게 책제목을 『Dicing with Death』, 즉 '저승사자와 함께하는 주사위놀이' 또는 '죽음을 건 주사위놀이'라고 붙였다. 그 책에서 센은 이런 말을 한 바 있다. "세상 모든 사람들은 두 가지 종류이다. 나누는 사람과 합치는 사람 (splitters and poolers). …… 대체적으로 볼 때 의사들은 나누는 사람들이고 통계학자들은 합치는 사람들이다." 나누는 사람들은 환자들이 서로 모두 다르다고 생각하므로 모든 환자에게 보편적으로 적용할 치료법은 있을 수 없다고 본다. 한편 합치는 사람은 환자들은 본질적으로 비슷한데도 부수적이고 우연한 요소들이 많다 보니 사람들이 달라 보일 뿐이라고 생각한다.

루이와 사혈법의 사례는 데이터만 충실히 모아도 굉장히 중요한 사실을 드러내고 의학과 사람들에게 큰 도움을 줄 수 있다는 점을 알려준다. 그런데 확률의 역사에서 루이가 사혈법의 문제점을 드러낸 1830년대는 프랑스의 대학자 라플라스가 사망한 직후에 해당한다. 라플라스는 19세기 확률의 역사에서 가장 큰 비중을 차지하는 사람이었을 뿐 아니라 프랑스와 유럽 과학계에서도 매우 중요한 인물이었다. 따라서 우리는 당시 의학 분야에서도 단순한 통계수치의 비교를 넘어 확률이론을 활용한 통계학적 추론도 등장하여 의학을 더욱 과학적인 학문으로 만드는 데 기여했을 것으로 기대해볼 만하다.

그러나 결과는 그렇지 않았다. 19세기 전반기에 살았던 사람들이 볼 때, 루이가 했던 것처럼 통계수치를 가지고 비교하는 것과 그런 데이터

4-6 소르본 대학 생리학 교실의 베르나르(오른쪽에서 세 번째). 레르미트의 그림, 1889, 파리 국립의학아카데미.

> **베르나르**
> (Claude Bernard, 1813~1878)
> 프랑스의 생리학자로 현대 실험생리학의 창시자. 특히 간과 췌장의 소화작용, 간의 당원생성 기능 등에 관한 연구 업적과 생체 내부환경 항상성 개념으로 유명하다.

에 대해 라플라스의 확률이론을 적용하여 분석하고 추론하는 것은 다른 문제였다. 당시 사람들이 확률이론을 의학에 적용하는 것에 반대한 이유는 의학에서 집단과 인간의 개별성의 관계란 어떠한 것인가라는 문제 때문이었다. 당시에 수학자를 포함한 많은 사람들은 서로 다른 많은 사람들로부터 다양한 데이터를 수집하더라도 특정한 개인의 질병이나 치료효과에 대해서는 아무런 이야기도 할 수 없다고 생각했다.

의학에 확률을 이용할 수 있다는 견해를 강력하게 반박했던 의학자 중에서 가장 대표적인 사람은 베르나르(Claude Bernard)였다.[4-6] 베르나르는 『실험의학입문』(1865)이라는 책을 써서 과학적인 근거에 바탕을 두지 않은 '경험적인 의학(empiric medicine)'을 비판했다. 그는 마치 물리학자가 무생물인 사물에 대해 물리법칙을 찾듯이 생물체에 대해서도 실험을 통해 생리학적 과정을 밝혀야 하고 의학은 그 결과에 바탕을 두어야 한다고 생각했다.[5]

따라서 그가 볼 때 의학에서 확률과 통계를 이용하려는 움직임이야말로 비과학적인 경험적 의학의 대표적인 본보기였다. 그는 확률과 통계의 목적이 엄밀한 과학적 법칙, 즉 확실하고 결정론적인 인과관계를 얻는 것이 아니라 단순하게 숫자를 헤아려서 피상적인 관계만 알아낼 뿐이라고 생각했다. 따라서 그는 서로 다른 특성을 가진 개인의 질병을 치료하는 데에는 설사 그 데이터가 아무리 많은 사람으로부터 얻은 것이라 할지라도 별 도움이 될 수 없다고 생각했다. 대신 그는 모든 사람이 공유하고 있는 질병의 과학적인 원리를 실험을 통해 찾아야 한다고 주장했다.

사람들로 이루어진 어떤 집단이 있을 때 그 집단에 속하는 사람들이 서로 비슷하다면 내부적으로 동질적인 집단으로 생각할 수 있겠지만 그렇지 않을 때에는 집단을 여럿으로 나누어야 한다. 그렇게 가다 보면 한 사람씩 각 개인까지 나눌 수 있고 이럴 때에 집단에서 얻은 데이터나 통계학은 별로 쓸모가 없어진다. 의학뿐 아니라 사회조사의 경우에도 바로 이런 문제가 항상 생겼다. 그리고 이런 문제는 확률이론의 적용범위를 자연과학에서 사회과학이나 의학으로 확장시키려 했던 19세기 사람들이 부딪혀야 했던 중요한 난관이었다.

20세기 의학과 통계학, 서로 주고받으며 성장하다

19세기의 마지막 몇 십 년 동안 의학은 빠르게 발달하기 시작했는데 먼저 코흐와 파스퇴르가 질병을 일으키는 병균들을 찾아내면서 병원균 이론(germ theory)이 자리 잡게 되었고 세균학, 면역학이 발달하게 되었다. 또한 플로렌스 나이팅게일을 비롯한 활동가들 덕분에 공중위생과 병원위생 분야에서도 큰 진전이 있었다. 한편 통계학은 그 무렵 하나의 학문분야로 성장하기 위한 토대를 마

4-7 피어슨. ⓒ Elliott & Fry(1890)

련하게 된다. 19세기 말 이후부터 20세기 전반기까지 활동한 영국의 골턴(F. Galton, 1822~1911), 피어슨(K. Pearson, 1857~1936), 피셔(R. A. Fisher, 1890~1962)와 같은 거인들 덕분에 20세기 통계학은 이론과 방법을 갖춘 과학으로서 대학에도 학과로 자리 잡기 시작했다.[4-7]

그렇게 시작된 20세기는 비슷한 시기에 급속히 성장한 의학과 통계학이 서로 상승작용을 일으키는 시기였다. 특히 실험 대상을 임의로 배정하는 실험(randomized experiment)의 설계, 회귀와 상관, 검증방법 등은 20세기 의학에 큰 영향을 미쳤다. 20세기 전반기 영국에서 활동한 대표적인 의학통계학자들(Pearl, Greenwood, A. B. Hill 등)은 모두 당시 세계 유일의 통계학 교수였던 칼 피어슨에게서 통계학을 배운 사람들이었다. 특히 힐은 피셔가 『실험계획법』(1935)에서 소개한 임의화(randomization) 방법을 적극 받아들여 결핵 치료법의 효과를 입증하는 실험설계에 활용했다.

그렇다고 해서 통계학이 의학 연구를 돕는 일방적인 관계로만 역사가 진행된 것은 전혀 아니었다. 20세기 통계학 역시 의학으로부터 많은 영향을 받은 것은 물론이다. 의학통계의 중요성은 20세기 초부터 미국의 여러 대학에서 통계학과보다 먼저 보건대학이나 의과대학과 연계된 학과들(Department of Vital Statistics, Department of Biostatistics)이 생긴 것에서도 엿볼 수 있다.

그렇다면 19세기에 제기되었던 개인과 집단 사이의 문제는 모두 해결된 것일까? 그렇지 않다. 많은 질병의 원인이 밝혀지면서 모든 사람에게 적용할 수 있는 보편적인 의학이 크게 발달했지만 다른 한편으로는 유전 정보를 비롯한 다양한 빅데이터를 활용하는 개인맞춤형 의료서비스에 대한 논의도 점점 활발해지고 있다. 어떻게 보면 세상 모든 사람들은 각자 고유한 존재라던 19세기 의학자들의 생각이 21세기에 비로소 현실화되는 것일지도 모른다.

정보의 홍수 속에서 과학적 근거를 찾아라
: 근거중심의학과 통계학

과학으로서의 의학을 강조하는 움직임 가운데 1990년대 이후부터 널리 알려진 것으로 '근거중심의학(evidence based medicine)'을 들 수 있다. 영문 약자로 흔히 'EBM'이라고 줄여서도 나타내는 근거중심의학은 우리말로는 '근거기반의학', '증거기반의학' 등으로도 번역된다. 또한 이보다 조금 더 폭넓은 의미로 쓰이는 '근거중심 보건의료(evidence based health care)'라는 표현도 종종 볼 수 있다.

근거중심의학에서 강조하는 것은 의료진의 경험이나 의견보다는 객관적이고 일반화할 수 있는 과학적인 근거의 역할이다. 사실 20세기의 마지막인 1990년대에 이르러서까지도 과학적인 방법을 강조하는 것은 새삼스러워 보이는데, 당시에 근거중심의학이 등장한 배경은 정보가 너무 많아졌기 때문이라고 할 수 있다. 의학 연구와 정보통신의 발달에 따라 연구보고서나 논문 등이 짧은 기간에 다량으로 쏟아져 나오는데 의료진들이 그 모든 자료를 다 살펴보고 적절한 최신 정보를 찾아 환자 치료에 신속하게 적용하기란 사실상 불가능했다.

이러한 정보의 홍수 속에서 가장 적절한 정보를 가려내어 질병의 예방과 진단, 치료를 위한 의사결정과 연구 활동 등에 활용하기 위해 근거중심의료가 등장했다. 이를 위해서는 수많은 근거(증거)들을 모두 동등하게 인정하는 대신 근거별로 계층적인 순위를 매길 필요가 생겼는데, 근

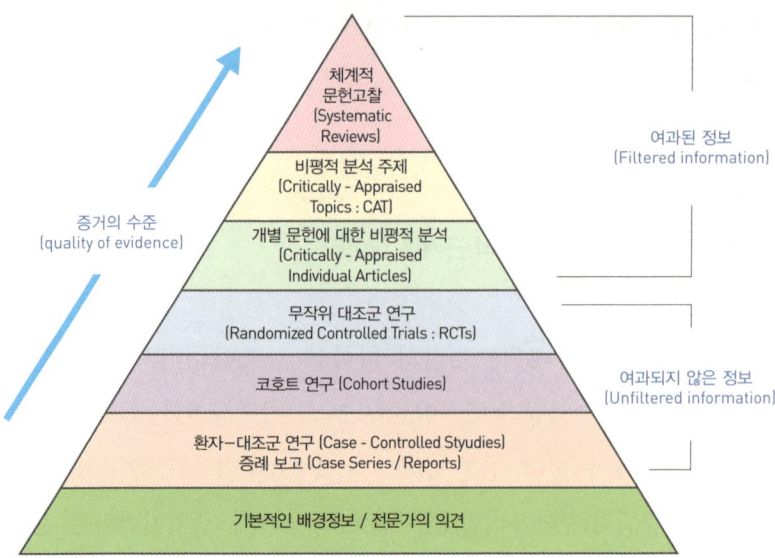

4-8 근거중심의학에서 증거의 위계. 출처 : http://navercast.naver.com/contents.nhn?rid=148&contents_id=9507.

거들의 위계(hierarchy of evidences)를 나타내는 데에는 흔히 '근거중심의학 피라미드'가 이용된다. 그림 (4-8)의 피라미드는 모두 일곱 개의 층으로 이루어져 있는데, 이를 더 단순화시켜서 메타분석과 무작위 대조군 연구, 이 두 가지를 근거중심의료를 대표하는 연구방법으로 부르기도 한다.

 이 피라미드에서는 위에 있는 것일수록 더 객관적이고 과학적인 근거가 되는데 그림을 보면 배경정보나 전문가의 의견은 가장 낮은 순위를 차지하는 반면, '체계적 문헌고찰'로 얻은 근거는 가장 높은 자리에 있다. 이 피라미드에서 위쪽에 있는 세 가지 근거는 연구보고서나 논문 등의 문헌자료를 광범위하게 살펴서 얻는 것들로서 이런 연구방법을 보통 '메타분석(meta analysis)'이라고 한다. 그 아래에 있는 환자-대조군 연구, 코호트 연구, 무작위 대조군 연구에서 얻는 근거들은 문헌 대신 환자들을 대상으로 얻는 데이터와 그 데이터를 분석한 결과가 바탕이 된다. 이런 연구방법들은 연구자가 마음대로 결정하기보다는 불가피한 여러 연구 조건에 따라 결정되기 마련이다. 가령 무작위 대조군 연구가 피라미드의 위쪽에 있는 좋은 연구방법이라고 해서 흡연이 폐암에 미치는 영향을 알아보는 연구를 위해 어떤 집단에게 평생 담배를 피우게 만들 수는 없는 일일 테고, 핵발전소가 건강에 미치는 영향을 알아보기 위해 사람들을 억지로 핵발전소 주변에 살도록 강제할 수도 없는 일이기 때문이다.

피라미드에 있는 위계의 의미는 현실적인 조건으로 인해 엄밀한 임상시험을 할 수 없는 경우라면 그 연구에서 얻은 데이터와 연구결과를 해석할 때에 지나친 확대해석을 지양하고 그러한 한계 내에서 해석해야 한다는 것이다. 그런데 알고 보면 관찰이나 임상시험을 통해 데이터를 얻어 분석하는 방법이나 문헌들을 이용한 메타분석이나 모두 통계학과 밀접한 관계를 갖는 연구방법들이다. 심지어 피라미드의 맨 아래에 있는 전문가의 의견이나 기본적인 배경정보처럼 수량적인 통계 데이터로 나타낼 수 없어 보이는 것들조차 통계학과 무관한 것들이 아니다. 베이즈 통계학(Bayesian statistics)이 바로 그런 정보들을 이용할 때 가장 널리 쓰이는 방법이기 때문이다.

통계로
콜레라와 두창을 차단하다
통계와 감염병

제너의
두창 백신

　　　　　　의학 분야에서 지난 수천 년 동안 이루어진 혁신적인 성취 가운데 열 개를 골라 책으로 묶은 어느 저자는 다음 세 가지 조건을 모두 만족시켜야 의학에서 위대한 혁신이라고 불릴 자격이 있다고 주장했다.[6] 첫째, 수많은 생명을 구하고 건강을 향상시켰으며 고통을 경감시킨 것. 둘째, 의술을 변화시킨 것. 셋째, 세계에 대한 관점을 변화시킨 것. 그가 10가지 혁신적인 발견으로 꼽은 것들 중에서 2가지를 골라

의학의 역사에서 통계학의 역할을 살펴보자. 먼저 두창(천연두) 백신의 발견과 확률의 관계를 살펴보고 콜레라의 원인을 중심으로 한 1850년대 공중위생의 역사를 살펴보기로 하자.

흔히 '마마'라고도 불리는 두창은 바이러스에 의한 급성 전염병으로서 발열 후 발진이 시작되어 구진·소포·농포의 단계를 거쳐 말라붙으면서 눈에 띄는 흉터를 남기는 특징을 보인다. 두창은 세계보

4-9 천연두 감염자. ⓒ George Henry Fox(1886)

건기구(WHO)에서 인류 역사상 가장 많은 사망자를 낸 최악의 질병으로 인정하는 병이었다.[4-9]

이러한 무서운 병을 막을 수 있는 백신을 만든 사람은 영국의 제너(Edward Jenner, 1749~1823)이다. 그는 젖소를 돌보다가 우두에 걸렸던 사람은 두창에 걸리지 않는다는 사실과 이들이 두창에 우연히 또는 고의로 접촉해도 감염되지 않는다는 사실을 발견하고, 1796년 우두 바이러스를 한 소년에게 접종한 끝에 두창 백신 개발에 성공한 것이다. 이후 제너의 종두법은 종교적·정치적 이유 등으로 여러 가지 난관에 부딪치기도 했지만,[4-10] 많은

4-10 제너의 우두 백신을 맞으면 소 괴물이 된다고 비판하는 1800년대 초창기 신문삽화.

• Chapter 4 통계학, 의학과 손잡고 생명을 구하다

실험을 거치며 그 가치가 빠르게 증명되면서 전 세계적으로 확산되었다. 선사시대부터 시작된 두창은 1980년 세계보건기구가 지구상에서 완전히 퇴치되었다고 발표하면서 역사에서 자취를 감추었다.

물론 제너가 그런 시도를 할 수 있었던 것은 이전에 이미 다양한 접종이 이루어졌고 그 효과도 어느 정도 알려져 있었기 때문이었다. 특히 우두 접종과 비슷한 것으로서 '인두 접종(variolation, smallpox inoculation)'이라 불리는 접종 방법은 제너 이전에도 이미 널리 알려져 있었다. 이 방법은 두창 환자에게서 얻은 바이러스를 사람의 피부 아래에 직접 주입하는 것으로서 영국을 중심으로 유럽 여러 나라에서 18세기 초부터 두창 예방법으로 사용했었다. 그런데 이 방법은 두창을 막아주는 효과가 있기는 했지만 종종 접종받은 사람이 정말 두창에 걸려 목숨을 잃는 불상사를 일으키기도 했다.

오늘날 우리는 피하 접종의 경우 몸속에 항체가 생길 시간을 벌 수 있으므로 사망률이 낮아졌을 것임을 알고 있지만 그런 원리가 밝혀지려면 19세기가 끝날 무렵까지 기다려야 했다. 그런데 당시로서는 접종의 과학적 원리는 차치하고 정확한 통계 데이터가 없었기 때문에 접종의 효과조차 제대로 파악할 수가 없었다. 지금 남아 있는 데이터들도 서로 크게 다른데, 어떤 주장에 따르면 두창에 걸린 사람들의 사망률은 3명 중 1명꼴이었던 반면, 인두 접종으로 인한 사망률은 50명 중 1명꼴이었다고 한다.

한편, 18세기 중엽에 나온 통계에서는 유럽 여러 나라에서 접종받은 2만 4,167명 가운데 19명이 사망했으므로 사망률이 1,200분의 1이라는 주장도 있었고, 1721년 미국 보스턴의 경우 인두 접종을 받은 사람들의 사망률은 2%, 자연적으로 두창에 걸린 사람의 사망률은 14%였다고도 한다.* 물론 그런 통계에는 접종받은 사람의 연령이나 성별과 같은 중요한 정보도 전혀 들어 있지 않았다. 즉 18세기 당시로서는 접종이라는 처치와 두창 예방이라는 결과에 대해서는 아무런 과학적인 증명도 설명도 할 수 없는 상태였다. 사실상 거의 근거 없는 억측 수준이었던 것이다.

문제는 아직 병에 걸리지도 않은 사람이 사망 위험을 감수하고 접종을 받아 두창을 예방할 것인가, 아니면 접종을 받지 않은 채 두창이 찾아오지 않기를 기도하며 살 것인가, 두 가지 길 중 하나를 선택하는 것이었다. 백신을 맞고 죽을 수도 있고 그냥 있다 죽을 수도 있다는 것, 바로 그것이 문제였다. 두 가지 길 모두가 위험을 안고 있었는데, 과연 어떤 방식으로 그 위험들을 비교하여 선택해야 할까? 우리는 데이터만 제대로 확보된다면 사망률을 계산해서 사망률이 낮은 쪽을 선택하면 될 것이라고 생각한다. 그런데 접종을 받든 안 받든 두창에 걸려 사망하거나 얼굴에 흉한 흔적이 남을 가능성이 있었기 때문에 잘못되면 돌이킬 수 없는 결과가 나올 수도 있다는 것이 문제였다.

이런 중요한 판단을 할 때 수치로 된 확률을 적용해서 의사결정을 해도 되는 것일까? 결국 사망률 같은 확률은 집단에 대한 것인데 당장 아이에게 접종을 맞힐지 말지 결정해야 하는 부모 입장에서는 집단의 사망률은 아무런 참고 자료가 안 될 수도 있었다. 바로 이러한 부작용 때문에 18세기에 확률을 연구하던 사람들이 인두 접종법에 관심을 갖게 되었다.

4-11 베르누이의 초상화. 18세기.

> **베르누이**
> (Daniel Bernoulli, 1700~1782)
> 네덜란드 태생의 스위스 수학자. 수학뿐만 아니라 의학, 생리학, 역학, 물리학, 천문학, 해양학 등도 연구했으며, 1738년 『유동체 역학』이라는 책을 출판해서 액체의 운동에 관한 유명한 베르누이 방정식을 발표했다.

두창 접종 문제에 대해 처음으로 확률을 이용한 수학적인 방법으로 접근한 사람은 스위스의 수학자인 베르누이였다.[4-11] 그는 1760년에 발표한 연구에서 접종을 받지 않은 사람은 접종을 받은 사람보다 두창으로 인한 사망률이 13배나 높아진다고 주장했다. 따라서 그는 접종을 받으면 기대수명도 길어진다고 주장했다. 그런데 이처럼 수치를 비교해서 접종의 효과를 강조한 베르누이의 주장을 반박하는 사람들도 있었는데, 당대의 이름난 프랑스 과학자 달랑베르(Jean D'Alembert)가 대표적이었다.[4-12] 달랑베르의 비판은 우선 베르누이의 계산이 제대로 된 데이터로부터 나온 것이 아니라는 것이었다. 베르누이의 계산을 위해서는 연령별로 두창에 걸리는 사람들의 비율과 두창으로 인한 사망률, 접종으로 인한 사망률 데이터 등이 필요했지만 당시로서는 그런 데이터를 얻기가 어려웠던 것이다.

4-12 〈달랑베르의 초상화〉, 모리스 캉탱 드 라 투르, 1753.

또한 두 사람이 접종을 두고 서로 대립했던 이유 중에는 평균수명 자체에 대한 생각의 차이도 들어 있었다. 베르누이는 비록 확률은 낮더라도 접종 때문에 생길 수 있는 심각한 부작용에도 불구하고 사회 전체로 보았을 때 정부에서 모든 사람이 접종을 받도록 정책을 세워 실행하면 건강하게 더 오래 사는 사람들이 많아지므로 전체 사회에 이득이 된다고 생각했다.

그런데 달랑베르의 생각은 달랐다. 그는 부모가 자녀에게 접종을 받게 할 것인가 말 것인가를 결정할 때 많은 사람의 평균수명을 근거로 판단을 내리지는 않는다고 지적했다. 달랑베르는 모두가 접종을 받은 결과 전체 사회에 이득이 생긴다 한들 지금 건강한 내 아이가 접종을 받고 죽어버리면 아무 소용이 없을 것이라고 보았다. 부모 입장에서는 접종으로 인해 자신의 자녀가 사망할 가능성이 있다면 그런 눈앞의 위험을 감수하고 먼 미래의 긴 수명을 위해 접종을 받기로 선택하

> **달랑베르**
> (Jean-Baptiste d'Alembert, 1717~1783)
> 디드로와 함께 『백과전서』의 공동편집자로 활동한 프랑스의 수학자·물리학자·철학자·음악학자. 대학에서 신학·철학·법학·예술 등을 공부한 다음 수학과 유체역학을 연구하여 1741년에 프랑스 과학아카데미의 회원이 되었으며, 자신의 운동이론을 담은 『역학편(Traité de dynamique)』(1743)을 비롯하여 수학, 물리학, 음악에 대한 글을 남겼다.

기는 어렵다는 말이었다. 따라서 그는 정부에서 모든 사람이 접종을 받도록 강제해서는 안 된다고 주장했다. 즉 베르누이가 사회 전체의 이익을 우선시했다면 달랑베르는 위험한 결정을 할 때 개인의 심리를 더 중요하게 생각했던 셈이었다.

나이팅게일의 장미, 야전병원에서 꽃피다

1990년대 후반에 나와서 세계적인 베스트셀러가 되었던 책 『총, 균, 쇠』를 보면 아메리카 대륙에 건너간 유럽인들이 두창에 걸린 환자가 덮던 담요를 원주민들에게 줘서 병을 퍼뜨려 원주민들을 죽인 이야기가 나온다.⁹ 오늘날의 표현을 빌리자면 유럽인 침략자들이 감염병을 겪어보지 못한 원주민들을 상대로 일종의 생화학무기 테러

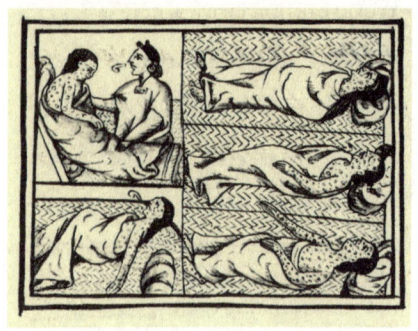
4-13 『피렌체 사본』(1540~1585) 제12권에 실린 두창 그림. 에스파냐의 멕시코 정복 이후 나후아족 사람들에게 천연두가 발병한 것을 묘사하고 있다.

를 저지른 셈이다.[4-13] 2016년 말에서 2017년 초, 한국에서는 수천만 마리의 닭과 오리들이 죽음을 당했다. 우리가 보통 AI라고 부르는 고병원성 조류인플루엔자 때문이었다. 감염병은 오랫동안 무서운 재앙이었지만 그 원인도 대처법도 알지 못했기 때문에 대개는 인간의 죄를 다스리려는 신의 벌로 여겼었다.

먼저 19세기 영국의 위생개혁운동과 콜레라의 원인을 찾으려는 노력을 통해 정확한 인과관계라는 것이 얼마나 찾아내기 어려운 것인지 살펴보자. 의학의 역사를 연구하는 사람들의 말에 따르면 19세기만 하더라도 서양의학의 수준이 높지 않아서 "왜 질병이 생기는가?"라는 질문을 두고 두 가지 입장이 대립하던 시기가 오래 지속되었다고 한다. 이른바 감염설(感染說, contagionism)과 장기설(瘴氣說, miasmatism)이 그것인데, 감염설을 주장한 쪽에서는 감염병과 같은 질병을 일으키는 어떤 인자가 있어서 그 인자를 가진 사람과의 접촉을 통해 병이 퍼진다고 주장한 반면, 장기설을 옹호하는 쪽에서는 질병은 오염된 생활환경 때문에 생긴다고 주장했다.

물론 이러한 대립의 배경에는 18세기 후반부터 시작된 산업혁명으로 인한 급속한 사회 변화라는 요인이 자리 잡고 있었다. 산업혁명의 과정에서 농토가 모직산업을 위한 목양지로 바뀌면서 삶의 터전을 송두리째 빼앗긴 농민들은 공장이 있는 도시로 몰려들어 노동자와 빈민이 될 수밖에 없었다. 그런데 도시에는 주택이나 상하수도 설비를 비롯한 시설이 제대로 마련되어 있지 않았으므로 도시 노동자와 빈민들의 생활환경은 극도로 열악할 수밖에 없었던 것이다.[4-14] 이에 따라 장기설은 19세기가 저물 무렵까지 질병을 설명하는 유력한 이론으로 떠오르게 되었고, 많은 사회개혁 운동가들이 그

4-14 1870년대 영국 런던의 빈민가를 표현한 구스타브 도레의 판화.

이론에 따라 주거공간의 환경을 개선한다든가 상하수도 시설을 마련한다든가 공장의 작업환경을 개선하기 위해 노력했다. 급속한 변화 속에서 이처럼 사회개혁의 길을 모색하던 사람들이 이론이 아니라 실제 사회의 현실을 파악하기 위해 찾았던 (아마도 거의) 유일한 방법이 바로 통계였을 것이다.

유럽과 미국 각국에서는 1800년을 전후한 시기에 정기적인 센서스를 실시하기 시작했는데 그러한 조사 외에 영국을 비롯한 나라들에서 사회통계가 발달하게 된 데에는 장기설에 바탕을 둔 19세기 위생개혁운동(Sanitary Reform Movement)이 대단히 중요한 역할을 했다. 예컨대 우리가 '백의의 천사'라고 알고 있는 나이팅게일(Florence Nightingale, 1820~1910)도 장기설을 적극 옹호한 사람이었다. 그녀는 원래 군 병원의 참상을 보고 의료개혁운동에 뛰어든 인물인 만큼 감염설보다는 장기설을 적극 옹호하는 입장일 수밖에 없었다. 그녀는 특히 통계 데이터를 적극 활용한 사람으로 유명한데 그녀가 그린 '나이팅게일의 장미' 또는 '닭의 벼슬

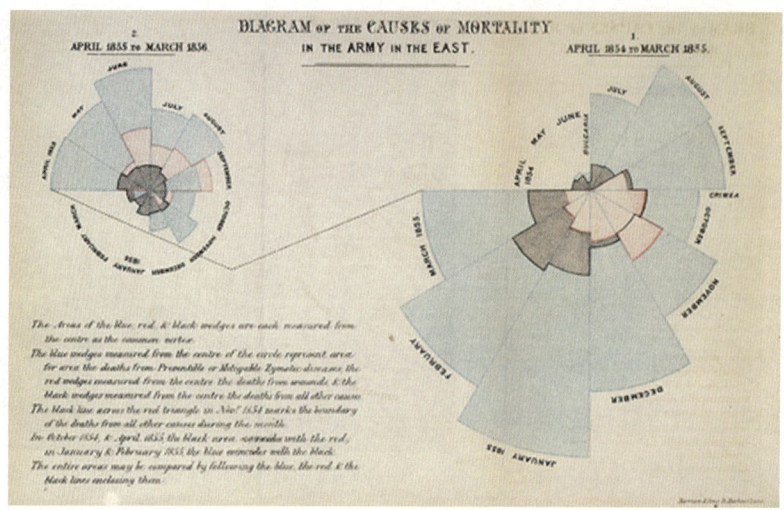

4-15 나이팅게일이 작성한 크림전쟁 사망자 원인통계 다이어그램 〈나이팅게일의 장미〉. 각각 빨간색은 전투로 인한 사망자, 파란색은 전염병, 흑색은 기타원인으로 분류되어 전쟁터에서 발생되는 사망자의 통계를 보여준다.

(cox comb)'이라고 불리는 그림 (4-15)는 지금까지도 통계그래픽 교과서에 실리고 있다.

 이 그림은 군대 야전병원에서 사망한 군인들의 수를 나타내는데 파이 조각처럼 보이는 것은 월별 사망자 수를 나타내며 파이 조각 내부에 다른 색깔로 표시된 부분들은 사망원인에 따라 구분한 사망자 수를 나타낸다. 그림을 보면 야전병원의 위생 상태를 개선한 결과 오른쪽에서 왼쪽으로 사망자 수가 줄어든 것을 잘 알 수 있다. 그녀는 당대 통계전문가들과 교류하면서 통계 데이터를 적극 활용했다. 왕실과 의회를 설득해 간호학교를 세우는 경비를 마련하는 등 그녀의 활동은 눈부실 만큼 대단히 성공적인 것이었고, 그 덕분에 간호사라는 직업이 뚜렷한 지위를 얻게 되었으며 군대와 민간 병원의 위생 상태도 크게 개선되었다.[4-16]

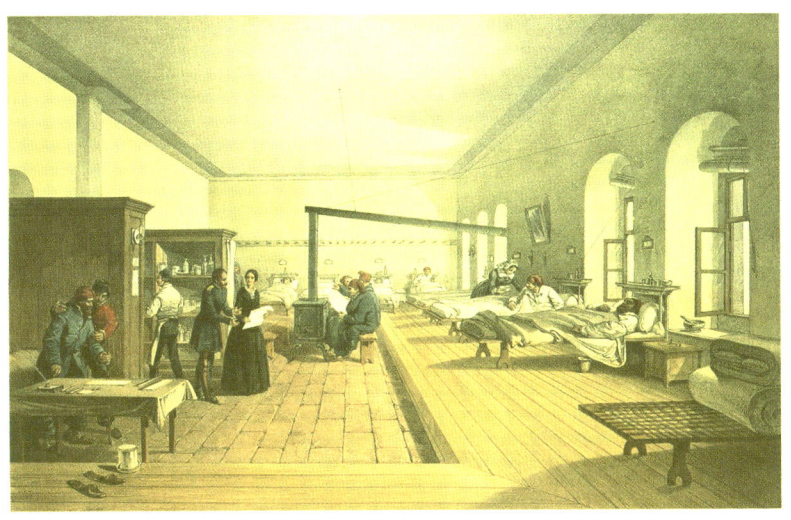

4-16 나이팅게일이 일한 세쿠타리 병원. 나이팅게일과 38명의 성공회 수녀들의 헌신으로 환경이 개선되었다.
ⓒ William Simpson

통계를 통해 콜레라의 원인을 찾다

감염병 이야기가 나온 김에 역학의 창시자라고 불리는 인물 존 스노(John Snow, 1813~1858)에 대해 살펴보자. 그는 19세기 중엽에 활동한 영국의 의사였는데 그가 살았던 시대, 특히 1830년대라는 시대는 유럽이 콜레라라는 새로운 감염병을 겪은 시대로도 기록된다. 유사

4-17 콜레라의 습격. Néeis méicale illustré, recueil de satires (1841)에 실린 프랑스 화가 도미에의 삽화.

이래 세계 어디서든 감염병이 휩쓸고 지나가면 그로 인한 희생자의 규모는 대단한 것이었다. 페스트, 디프테리아 등 역사에 기록된 숱한 감염병 중에서 19세기 중엽 이후 유럽에 가장 큰 피해를 남긴 것은 콜레라였다.[4-17]

인도의 갠지스 강 유역에서 시작되어 1830년경 처음 유럽에 상륙한 이 감염병은 환자 가운데 20~50%를 병에 걸린 지 단 하루 만에 사망하게 만드는 가공할 만한 위력의 병이었다. 그런데 당시만 하더라도 유럽 의학은 보잘것없는 수준에 머물러 있었기 때문에 의사들이 받는 신뢰나 그들이 가진 권위 역시 오늘날과 전혀 다른 것이었다. 어느 정도였느냐 하면 거의 모든 의사들은 눈에 보이지도 않는 세균이 치명적인 병을 일으킨다는 생각을 터무니없는 견해로 치부했으며, 질병이 전염될 수 있다는 주장 역시 인정하기 꺼려했다. 따라서 새로운 감염병이 유럽을 휩쓰는데도 그 병이 무엇 때문에 어떤 경로로 생기는지 아무도 알지 못했으므로 예방책을 세울 수도 없었고 치료책을 마련할 수도 없는 형편이었다.

그런데 한편으로 바로 그 시기는 후대에 통계학의 역사를 연구한 사람들이 "통계에 대한 열광의 시기"라고 부르게 되는 시기였던 만큼, 감염병처럼 중요한 현안에 대해 통계가 나선 것은 당연한 일이었다. 영국에는 1848~1849년에 또다시 콜레라가 찾아왔다. 그 피해 정도는 1849년 한 해 동안 영국에서 사망한 44만 853명 가운데 콜레라로 죽은 사람이 5만 3,293명으로 기록될 정도로 엄청난 것이었다. 비록 원인도 모르고 당하는 재앙이었지만 영국에서는 이때 유행한 콜레라로 인한 피해에 대해 광범위하고 체계적인 통계조사를 시행했다. 후대에 역학(epidemiology)의 역사를 연구하는 학자들은 이 조사가 감염병에 대한 통계조사로는 최초의 조사였다고 평가한다.

영국에서 그러한 작업의 중심에 있었던 사람이 바로 파(William Farr, 1807~1883)였다.[4-18] 당시 파는 호적등기소에서 일하고 있었는데 오랫동안 교회가 담당하던 출생, 혼인, 사망의 등록업무를 맡은 관공서가 바로 이곳이었다. 원래 런던에서 개업한 이름 없는 의사였던 파는 통계공무원 직을 맡아 1839년부터 무려 40년 동안 일했다. 그는 또한 직업에 따른

4-18 윌리엄 파, 1870년경.

사망률 통계를 작성하고 질병에 이름을 붙였으며 질병을 분류하는 작업에도 심혈을 기울였는데, 이러한 작업의 결과는 그가 작성한 '생명표(life table)'와 더불어 의학계뿐 아니라 보험업계에도 매우 긴요한 것이었다.

당시 많은 사람들이 그랬던 것처럼 파도 통계에 대해 대단한 열정을 가진 인물로서 감염병을 비롯한 질병으로부터 사람들을 해방시키는 역할을 통계가 할 수 있다고 믿었다. 파는 과연 어떤 조건에 있는 사람이 희생자가 되었는지 알아보기 위해 성별이나 연령 같은 희생자의 기본 인적 사항뿐 아니라 소유한 재산의 규모, 주거 조건, 심지어 요일별 사망자 수에 이르기까지 다양한 항목으로 희생자를 분류하여 통계를 작성했다. 분석 결과 그가 보기에 여러 변수 가운데 사람들이 사는 곳의 높이가 낮은 지대일수록 사망률이 높아지고 있었다. 이로부터 그는 콜레라로 인한 사망률은 사람들이 살고 있는 곳의 고도와 반비례한다고 결론 내리면서 낮은 지대에 사는 사람들은 오염된 공기를 마시게 되므로 콜레라는 공기를 통해 전염된다고 판단했다. 결국 파는 나름대로 철저히 데이터를 분석했음에도 불구하고 콜레라의 원인을 잘못 짚고 말았던 것이다.

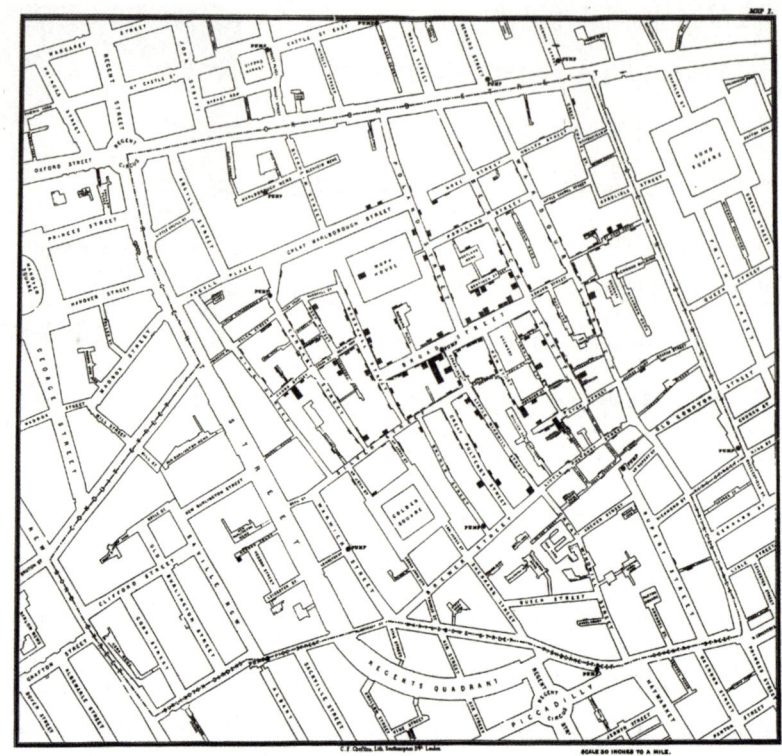

4-19 런던 브로드 스트리트 부근의 콜레라 희생자 수를 나타낸 존 스노의 지도.

　당시에 물론 콜레라의 원인을 찾으려 했던 사람이 파 혼자는 아니었다. 파가 수집, 정리한 데이터를 가지고 콜레라가 수인성 감염병임을 밝히는 데 결정적인 역할을 한 사람은 의사였던 존 스노였다. 파가 사망률과 그 원인이 될 법한 변수 사이의 관계를 수학적인 모형을 세워 설명하려 했다면, 스노는 특정한 우물 펌프를 이용하는 지역에서 집중적으로 많은 사망자가 생긴 것을 발견하고(당시 런던의 상수원은 템스 강 또는 우물이었는데 제대로 정수 시설을 갖추고 먹는 물을 공급한 경우는 거의 없었다. 게다가 템스 강은 런던의 오폐수와 분뇨가 모두 흘러드는 곳이었으니 그 오염정도는 상상 이상이었을 것이다) 결국 물이 문제임을 알아냈다. 콜레라 사망자가 발생한 위치를 점으로 표시한 스노의 런던 지도는 통계그래픽 교과서에 빠지지 않고 등장하는 고전이 되었다.[4-19]

훗날 파가 스노의 주장을 완전히 인정하는 데는 10년 정도가 더 필요했고 최종적으로 유럽과 미국에서 콜레라가 위력을 잃은 것은 1880년대에 코흐가 콜레라균을 찾아낸 이후였다. 1880년대 이후 파스퇴르, 코흐 등이 세균학을 발전시키면서 장기설 대신 감염설이 득세하게 되었고, 사회개혁 운동가들보다는 실험실의 과학자가 공중보건 분야에서 중요한 역할을 담당하게 되었다.

현대는 감염병에서 해방된 시대?

21세기, 우리는 이제 감염병 걱정을 하지 않아도 되는 것일까? 물론 아니다. 그런 생각이 착각이었음은 2015년 메르스 사태가 생생히 입증한다. 스마트폰과 인공지능의 시대에 감염병이라니! 우리는 이제 '바이러스'라고 하면 으레 컴퓨터바이러스를 먼저 생각한다. 그렇게 IT강국이라고 자랑하던 한국에서 나라 전체가 메르스 앞에서 몇 달 동안 우왕좌왕하면서 속수무책이었다. 이름이라도 다시 기억해두자, MERS(Middle East Respiratory Syndrome, 중동호흡기증후군).

어쨌든 감염병으로 많은 사람이 희생되던 시대에는 나쁜 주거와 위생 환경 속에서 열악한 영양 상태를 벗어나기 어려웠던 하층 사람들의 희생이 컸으므로 장기설이 설득력을 가질 수밖에 없었다. 하지만 오늘날은 이미 대부분의 나라에서 감염병은 주요한 사망원인이 아니다. 대신 심장병이나 암과 같은 만성질병들이 그 자리를 차지했고 그러한 병을 부르는 요소로 흡연, 식습관, 운동부족 등이 꼽힌다. 이처럼 질병의 종류도 변했고 질병의 원인도 달라졌으니, 건강이라는 문제를 사회환경 속에서 고민했던 19세기 사회개혁가들의 생각도 이젠 역사책 속에만 남게 된 것일까?

사회의학을 연구하는 학자들에 따르면 한동안 위축되었던 장기설은 20세기 말 이후 본격적으로 재조명되고 있다고 한다. 사회적 배제나 실업 등이 '건강의 사회적 결정요인(social determinants of health)'으로 중요한 연구 주제가 되면서 장기설이 다시금 크게 주목받고 있다는 것이다.

여러 사회적 요인에 따른 건강불평등을 연구하는 학자들이 내놓은 통계를 보면 못 배우고 가난한 사람들이 여러 질병에 대해 취약하다는 사실이 명확히 드러난다. 즉 19세기와 다를 바 없이 오늘날 역시 하층 사람들이 만성질병에 보다 더 쉽게 희생당하는 삶을 살고 있다는 것이다. 가령 고용불안, 저임금, 게다가 스트레스에 시달리는 비정규직 노동자들이 담배를 피워도 더 피울 테고 운동 시간도 내기 어려울 테니 건강을 지키기가 더 어려울 수밖에 없을 것이다.

이처럼 직업이나 계급, 교육정도, 그리고 사는 지역에 따라 나타나는 건강불평등 문제는 현미경 앞에 앉아 바이러스만 열심히 찾는다고 해결될 문제가 아닐 것이다. 예컨대 말라리아의 원인이 되는 것들이 모두 규명되었는데도 세계보건기구 등의 통계에 따르면 말라리아로 목숨을 잃는 사람 수가 매년 수백만 명에 달한다고 한다. 여러 예방약과 백신이 개발되어 있지만 가난한 사람들이 그 비용을 감당할 수 없다면 과연 말라리아는 정말 정복된 것이라 할 수 있을까?[10]

임상시험 결과를 믿어도 될까?
편향과 임의화 방법

피셔의 차 맛보기 실험
: 임의화와 통계학적 검증

20세기 통계학은 어디서 시작되었을까? 한 나라를 택한다면 단연 영국일 것이다. 그렇다면 영국 안에서도 장소를 한 군데만 고른다면 어디가 가장 적합할까? 만일 통계학자들에게 묻는다면 영국 런던 근교 하픈던(Harpenden)에 있는 로담스테드 농업연구소(Rothamsted Experimental Station)가 가장 많은 표를 얻을 것이다.[4-20] 1843년에 문을 연 이 연구소는 농업연구소 가운데 세계에서 가장 오래된 곳

4-20 로담스테드 농업연구소 전경. 출처 : http://www.rothamsted.ac.uk/.

중 하나라고 하는데 여기에서 1856년에 시작한 실험(Park Grass 실험)은 2만 8,000㎡의 땅에서 지금까지도 계속되고 있다고 한다. 피셔는 스물아홉 살이던 1919년에 농사실험 데이터를 분석할 통계전문가로 이곳에 채용되어 14년간 일했다. 이곳에서 이루어진 피셔의 연구가 없었다면 현대통계학의 모습은 이론과 응용 모든 면에서 크게 달라졌을 것이다. 그리고 현대 진화유전학의 모습 또한 마찬가지일 것이다.

피셔는 1935년에 『실험계획법(The Design of Experiments)』이라는 책을 발표했는데, 이 책에서 그는 로담스테드 연구소에서 있었던 작은 일화를 하나 소개한다. 나중에 흔히 '차를 맛보는 여성(A lady tasting tea)'이라고 불리게 되는 이가 이야기의 주인공인데, 그녀의 이름은 뮤리엘 브리스톨이고 조류(藻類)를 연구하는 학자였다. 어느 날 그녀는 연구소에서 일하는 사람들 몇몇이 모여 차를 마시는 자리에서 자신은 차 맛을 보면 그 차가 차를 먼저 부은 것인지 우유를 먼저 부은 것인지 알아맞힐 수 있다는 주장을 했다.

이 뜻밖의 주장을 듣고 사람들은 그녀의 주장이 과연 정말인지 알아보기 위해 차를 여러 잔 준비해서 실험을 하게 되었다. 피셔는 이 실험을 위해 모두 여덟 잔의 차를 만들었는데 그중 네 잔에는 차를 먼저 넣고 나머지 네 잔에는 우유를 먼저 넣었다. 그런 다음 차의 위치를 서로 바꾸어 임의로 섞은 다음 브리스톨로 하여금 맛보게 했다. 브리스톨에게는 차와 우유를 각각 먼저 넣은 것이 네 잔씩이라는 사실을 미리 알려주었다.

이런 작은 에피소드가 왜 유명해졌을까? 먼저 찻잔의 배치를 임의로 정했다는 점 때문이다. 그녀가 할 일은 똑같이 생긴 여덟 개의 찻잔에 든 차들을 맛보고 차를 먼저 넣은 것과 우유를 먼저 넣은 것을 올바로 구분해내는 것이었다. 이때 그녀가 여덟 잔의 차를 하나하나 모두 완벽하게 구분해낼 확률은 얼마나 될까? 답은 70분의 1이다. 그런데 만일 정말로 그녀가 한 잔도 틀리지 않고 정답을 맞춘다면 우리는 어떤 판단을 하게 될까?

① 그녀에게는 차를 감별해내는 특별한 능력이 있다.

② 차를 감별해내는 특별한 능력이 그녀에게 없는데도 아주 드물게 일어나는 일이 우연히 생겼을 뿐이다.

그녀가 한 번도 안 틀리고 완벽하게 차를 골라내는 것을 보고 나서 우리가 만약 ② 대신 ①이 옳다는 판단을 내린다고 하자. 그 이유는 무엇일까? 겨우 70번에 한 번밖에 안 나오는 결과를 보았기 때문일 것이다. 즉 그녀에게 아무런 특별한 능력도 없다고 한다면 나올 수 있는 70가지의 결과들이 모두 $\frac{1}{70}$이라는 동일한 확률을 가지므로, 완벽하게 맞히는 경우는 70가지 중 딱 하나뿐이다. 그런데 그 일이 이유 없이 우연히 일어난다면 확률이 겨우 $\frac{1}{70}$밖에 안 되는 희귀한 일이 실제로 생긴 것이다. 따라서 순전히 우연에 의해서는 그런 결과가 거의 나올 수 없다는 말이므로 그녀가 차를 감별하는 특별한 능력을 갖고 있다고 판단하자는 것이다.

바로 이러한 추론과정이 통계학적 유의성 검증(significance test)의 바탕이 되는 논리이다. 차를 맛보는 여성의 일화는 임의화의 중요성, 그리고 통계학적 검증의 논리 이 두 가지를 함께 설명할 수 있는 좋은 사례이다. 그리고 이 두 가지는 의학의 임상시험뿐 아니라 대단히 많은 분야의 연구와 데이터 분석에서 핵심적인 역할을 하게 된다.

그런데 잠깐, $\frac{1}{70}$이라는 확률은 정말 충분히 작은 값인가? 게다가 어떤 사건의 확률이 작다고 판단할 과학적인 기준 같은 것이 있는 것일까? 우리가 $\frac{1}{70}$이라는 작은 확률 때문에 그녀에게 특별한 능력이 있다고 판단했을 때 우리는 이전까지 몰랐던 진실을 데이터를 가지고 '증명'한 것인가? 또 만일 그녀가 다 맞추지 못하고 한 번을 틀렸다면 우리의 판단은 달라져야 하는 것일까? 당연히 나올 수밖에 없는 이런 질문들은 통계학적 검증에서 중요한 질문들이고 오랫동안 적지 않은 논란거리가 되었던 질문들이다.

편향, 그리고 편향을 예방하는 임의화 방법이란?

올림픽 경기 종목 가운데 양궁은 한국 선수들이 가장 좋은 성적을 내는 종목이다. 그런데 경기 중계방송을 보다 보면 선수들이 쏜 화살이 10점과 9점의 경계선 부근에 꽂히는 경우가 가끔 보인다. 이럴 때 과녁을 어떻게 확인하는 걸까? 판정결과에 따라 메달의 색깔이 바뀔 수도 있으므로 최대한 객관적으로 정밀하게 판정해야 할 것이다.

그런데 2016년 브라질에서 열린 리우올림픽보다 앞서 열린 대회까지는 확대경을 이용해 육안으로만 점수를 판단했다고 한다. 사람이 하는 일이니 주관이나 오류가 개입할 수도 있었을 것이다.[4-21] 이에 따라 리우올림픽에서는 '빌트 인 스캔 시스템'을 갖춘 새로운 과녁을 도입했다고 한다. 이 시스템은 화살이 과녁에 맞으면 두 개의 스캐너가 중심점으로부터 화살까지의 거리를 분석해 인간의 눈이 감지하지 못하는 극히 미세한 차이까지 알아낸다고 한다. 또 처리 속도도 빨라서 화살이 과녁을 맞힌 순간부터 1초 이내에 결과를 낼 수 있다고 한다.[11]

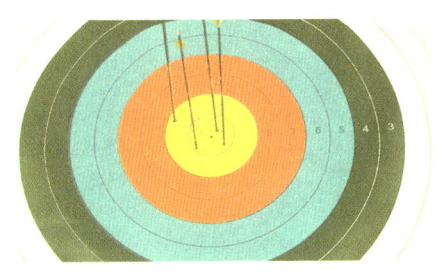
4-21 양궁 과녁. 2016년 리우올림픽.

과녁을 목표로 활을 쏘는 것은 통계학적인 조사나 실험을 통해 어떤 참값을 추정하는 것과 비슷하다. 만약 어떤 선수가 활을 쏘아 과녁에 남은 점들이 과녁의 한복판을 중심으로 흩어져 있다면 통계학에서는 이런 경우를 치우치지 않은 경우, 편향이 없는(unbiased) 경우라고 부른다. 그리고 만약 어떤 선수가 활을 쏘았더니 과녁에 남은 점들이 과녁의 한복판이 아닌 다른 곳을 중심으로 흩어져 있다면 그 중심과 과녁의 한복판 사이의 거리를 '편향(bias)'이라고 부른다.

그렇다면 편향은 왜 생기는 걸까? 실험이나 조사를 통해 데이터를 얻는 과정에서는 다양한 원인에 의해 치우친 결과가 나올 수 있다. 먼저 의학이나 사회 연구에서 많이 나타나는 '교란요인(confounder)' 때문에 생기는 편향부터 살펴보자. 얼마 전까지 대부분의 의사들은 폐경기 부근의 여성들에게 호르몬대체요법을 많이 썼다고 한다. 폐경기 여성들은 호르몬의 부족으로 인해 안면홍조·골다공증·불면증 등을 겪게 되는데, 이러한 증상을 예방하고 치료하는 데에 에스트로겐·프로게스테론 등의 성호르몬을 인공적으로 주입하는 호르몬대체치료법이 효과적이라고 알려져 있었던 것이다. 이 치료법의 효과는 많은 관찰연구와 의사들의 임상경험을 통해 밝혀진 것이었다.

그런데 관찰연구 대신 대규모 임상시험 연구를 실시한 결과 새로운 사실이 드러났다. 호르몬대체요법은 오히려 심혈관계 질환과 암에 대해 위약보다 더 나쁜 영향을 미친다는 것이었다. 그렇다면 이전까지 알려진 호르몬대체요법의 효과는 어떻게 생긴 것이었을까? 호르몬대체요법 치료를 받은 여성들은 그 치료를 받지 않은 여성들보다 식사조절과 운동을 더 잘했기 때문에 건강상태도 더 좋아졌던 것이다. 의사들이 시키지도 않았는데 환자들이 스스로 식사와 운동을 조절해서 건강이 호전되었으므로 연구자들이 원하지 않았던 편향이 생긴 것이다.

이처럼 치료법의 효과에 간섭을 일으키는 외부적인 요인들을 '교란요인'이라고 부른다. 관찰연구에서는 막을 수 없었던 교란요인의 작용을 임의화 임상시험(RCT)을 통해 막을 수 있다.[12] RCT의 'R'은 '임의화(randomization)'를, 'T'는 '시험(trial)'을 뜻하는데, 가운데에 있는 'C'는 '통제집단이 있는 실험(controlled trial)'을 뜻하기도 하고 '임상시험(clinical trial)'을 뜻하기도 한다. 따라서 'RCT'는 'randomized controlled trial'을 뜻할 때도 있고, 좀 더 넓은 의미인 'randomized clinical trial'을 뜻할 때도 있는데 두 가지를 같은 의미로 쓰는 경우도 많다. 어쨌든 두 가지 모두 의학연구에서 시험대상자를 임의로 배정한다는 것인데, 이렇게 함으로써 여러 가지 오류가 생길 가능성을 줄일 수 있다. 임의화 방법은 또한 의사가 특별히 선택된 사람에게만 치료를 해서 생기는 '선택 편향

(selection bias)'도 막을 수 있다.

한편 치료법이나 약의 효과를 알아보기 위한 임상시험에서는 환자의 희망이나 의사의 신념에 따라 결과가 달라져서 편향이 생길 수도 있는데, 이러한 편향을 줄이기 위해 환자가 어떤 집단에 속해 있는지 환자와 의사 모두 모르도록 하는 '이중눈가림법(double blinding)'을 사용한다.

20세기 의학연구의 역사에서 RCT를 처음 활용한 사람은 영국의 힐(A. B. Hill)로 알려져 있다. 그는 이 방법으로 1940년대에 결핵치료제 스트렙토마이신의 효과를 연구함으로써 임의화 임상시험 연구의 선구자가 되었다. 그런데 피셔 덕분에 '임의화'의 중요성이 알려지기 이전까지는 어떤 방식으로 시험대상자들을 집단으로 나누었을까? 새로운 치료법의 효과를 알아보는 시험을 한다면 먼저 사람들에게 번호를 붙여서 홀수번호 사람들에게는 새 치료법을 적용하고 짝수번호 사람들에게는 기존 방법을 썼다. 따라서 이런 시험에서는 연구자가 원하는 결과를 얻기 위해 대상자들을 적절한 번호에 배치할 수도 있었다.

1948년에 힐이 스트렙토마이신의 효과를 알기 위해 실시한 RCT는 "현대의학에서 프랑스대혁명과도 같다"는 평가를 받을 정도로 중요한 것이었다. 그런데 의학의 역사에서 힐이 더욱 높은 평가를 받는 이유는 그가 임의화 임상시험만으로 모든 문제를 해결할 수 있다고 믿지 않았기 때문이다. 그는 임상시험이 아닌 관찰연구를 통해서도 인과관계를 파악할 수 있는 방법을 모색했다. 1950년대에 돌(Richard Doll, 1912~2005)과 함께 대조군을 이용해서 진행한 담배와 폐암 연구가 그 대표적인 사례이다.[13]

TIP

'차를 맛보는 여성'에 담겨 있는 파스칼의 수삼각형과 경우의 수

피셔의 책에 등장하는 '차를 맛보는 여성' 문제를 조금 더 살펴보자. 차를 먼저 넣은 찻잔(T)과 우유를 먼저 넣은 찻잔(M)이 각각 4개씩 모두 8잔의 차가 섞여 있는데, 각각 조금씩 맛을 보고 그 찻잔이 T인지 M인지 가려내야 한다. 그런데 T와 M이 각각 4잔씩인 것을 알고 있기 때문에 가능한 경우의 수는 동전을 8번 던질 때 앞면이 꼭 네 번 나올 경우의 수와 마찬가지일 것이다. 이럴 때 이용할 수 있는 것이 파스칼의 수삼각형(Pascal's arithmetical triangle) 또는 그냥 파스칼의 삼각형이라고 부르는 숫자들의 배열이다. 이 삼각형을 그리기는 아주 쉽다. 1부터 시작해서 계속 줄을 바꿔가며 바로 윗줄에 있는 숫자 두 개를 합해서 적으면 된다.

```
                    1
                  1   1
                1   2   1
              1   3   3   1
            1   4   6   4   1
          1   5  10  10   5   1
        1   6  15  20  15   6   1
      1   7  21  35  35  21   7   1
    1   8  28  56  70  56  28   8   1
```

이 삼각형에서 0부터 시작하여 아래쪽으로 줄번호를 붙여서 n이라고 하자. n번째 줄에는 숫자가 $n+1$개씩 있는데 이 숫자들은 동전을 n번 던질 때 앞면이 나올 경우의 수를 나타낸다. 가령 $n=4$인 줄에 있는 숫자들은 1 4 6 4 1이다. 동전을 네 번 던질 때 앞면이 한 번도 안 나올 경우는 딱 한 번(뒤뒤뒤뒤)이고 앞면이 한 번만 나올 경우는 앞뒤뒤뒤, 뒤앞뒤뒤, 뒤뒤앞뒤, 뒤뒤뒤앞 이렇게 네 번 있다는 뜻이다.

이 삼각형에서 동전을 여덟 번 던질 때 앞면이 네 번 나올 경우는 70임을 알 수 있다. T와 M이 각각 4잔씩 찻잔이 모두 8개 있을 때 이 여덟 잔을 섞어서 나열할 수 있는 경우들을 TTTTMMMM, TTTMTMMM, …… MMMMTTTT와 같이 모두 적어보면 70가지가 나온다. 이 숫자는 조합(combination)이라고 부르며 파스칼의 수 삼각형을 이용하지 않고 다음과 같이 구할 수도 있다.

4-22 13세기 중국 남송의 수학자 양휘가 쓴 『상해구장산법(詳解九章算法)』(1261)에 나오는 수삼각형.

$$_nC_k = \binom{n}{k} = \frac{n!}{k!(n-k)!}$$

윗줄에 있는 두 수를 더해서 삼각형을 만든 과정을 이 표현을 이용해서 나타내면 다음과 같을 것이다.

$$\binom{n}{k} = \binom{n-1}{k-1} + \binom{n-1}{k}$$

파스칼의 삼각형은 파스칼 이전에도 여러 나라에서 이용한 바 있는데 중국에서는 이미 11세기에 이에 대해 알고 있었다. 그림 (4-22)는 13세기 중국의 산학 책에 나온 수삼각형이다.

통계학적 검증을 통해
신약을 개발하다
통계학과 신약

**가설검증으로
신약의 약효를 시험하다**

흔히들 "황금알을 낳는 거위"라고 일컫는 사업 중 하나가 새로운 약을 개발하는 사업이다. 우리나라에서 처음으로 개발해서 시판한 국산 신약 1호는 1999년 SK케미칼이 만든 '선플라'라는 항암제였다. SK 홈페이지에서는 국내에서 처음 신약을 개발한 의미를 이렇게 기록하고 있다.[14][4-23]

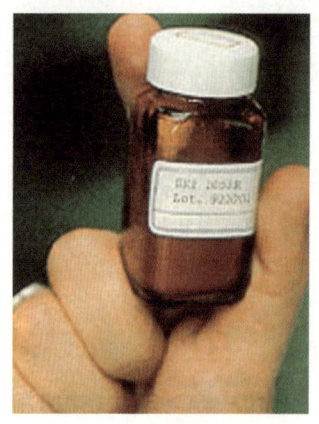

4-23 1999년 SK케미칼이 만든 '선플라'. 국산 신약 1호. 출처 : SK케미칼 홈페이지.

신약이란 이제까지 존재하지 않은 새로운 물질로 약효와 안전성이 확립된 물질을 뜻하며, 엄청난 고부가가치를 창출하는 특성 탓에 최근 많은 제약회사들이 신약개발에 힘을 쏟고 있다. 하지만 신약이 탄생하기까지는 엄청난 비용과 기간, 인내가 필수적이다. 1백여 년의 역사를 지닌 우리나라 제약산업이 그동안 단 하나의 신약도 보유할 수 없었던 이유도 바로 이러한 특성에 기인한 것이다.

세계적인 신약 하나가 거둬들이는 순이익이 국내 5대 자동차업계의 순이익과 같은 수준인 3천억 원에 이른다는 보고에서 보듯, 이제 신약개발은 정보통신산업의 뒤를 잇는 최첨단 미래 산업임이 분명하다.

SK케미칼의 자료에 따르면 그 약을 개발하는 데 9년이 걸렸다고 한다. 신약후보물질을 만든 다음 동물을 대상으로 시험을 거친 후 사람에 대해 임상시험을 하게 되는데 이 과정이 가장 오래 걸린다. 그 과정들을 다 통과하고 나서야 식품의약품안전처에서 최종 허가를 받아 시중에 판매하게 된다. 당시에 개발된 항암제 선플라는 오늘날에는 거의 쓰이지 않는 약이 되었지만 신약을 개발하고 그 약효와 부작용 등을 시험하는 과정은 국내외 할 것 없이 그때나 지금이나 거의 마찬가지 절차를 따른다.

가령 다음과 같은 시험방법을 생각해보자. 제약회사에서 어떤 질병(예를 들어 감기)을 치료하기 위한 신약을 개발했다. 과연 이 약이 치료효과가 있는지 알아보기 위해 100명의 환자를 대상으로 테스트를 해보기로 했다고 하자. 먼저 100명 가운데에서 추첨 등을 통해 임의로 50명을 골라 신약을 투약하고 나머지 50명에게는 플라시보(placebo) 효과를 노리고 가짜약(위약, 僞藥)을 주었다.[15] 물론 환자들은 자기가 먹는 약이 신약인지 가짜약인지 모른다.

투약 후 일정 시간이 지난 뒤에 살펴보았더니 신약을 먹은 사람 가운데에서는 40명이 치료되었고 가짜약을 먹은 사람 중에서는(감기는 병원이나 약국에 가지 않고 가만히 쉬어도 곧잘 낫는다) 30명이 치료되었다고 하자. 차이는 10명인데 이 차이가 과연 신약의 약효 때문에 생겼다고 할 수 있을까? 혹시 그 정도 차이는 우연히(by chance) 생길 수 있는 차이가 아닐까?

> **플라시보(placebo) 효과**
> 질병을 치료하기 위한 약의 효과를 알아보려는 임상시험에서는 종종 어떤 환자들에게는 가짜약을 주고 또 다른 환자들에게는 치료효과를 확인하고 싶은 약을 주는 방식으로 환자군-대조군 시험을 한다. 이때 가짜약을 주었는데도 환자의 증상이 호전되는 경우가 있는데 이를 플라시보 효과라고 한다.

우리는 아마 그 차이가 작으면(즉 0에 가까운 값이면) 그런 차이는 신약에 특별한 약효가 없어도 우연에 따라 생긴 것으로 볼 것이고, 반대로 그 차이가 클수록 보다 자신 있게 신약에 특별한 약효가 있다고 판단할 것이다. 특별한 약효가 없는데도 그 약을 먹고 대부분의 환자가 낫는 일은 우연하게 일어나기 힘들 것이기 때문이다. 우연이라는 가설과 특별한 약효가 있다는 가설 둘 중에서 하나를 택하는 문제에서 우리는 치료된 사람 수의 차이를 판단의 근거로 삼는 셈이다. 이때 우리는 우연이라는 조건 아래에서는 일어나기 어려울수록, 즉 우연에 의해 그 결과가 나올 확률이 작을수록 보다 자신 있게 우연 대신 그 신약이 유효하다는 가설을 받아들일 것이다.

이때 약이 효과가 없다는 가설을 '귀무가설(null hypothesis)'이라고 부르고 제약회사에서 입증하고 싶은 가설, 즉 약효가 있다는 가설을 '대립가설(alternative hypothesis)'이라고 부른다. 또 귀무가설이 옳을 때 연구결과로 얻은 값 이상으로 큰 차이가 날 확률을 'p값(p value)' 또는 '유의확률(significance probability)'이라고 부른다(유의확률은 유의수준과 다른 것이다). 연구결과로 나온 차이가 커서 p값이 뚜렷하게 작을 때 우리는 귀무가설을 버리고 의미 있는 약효가 있다는 판단을 하게 된다.

남용되는 p값을 경계하라

> **네이먼**
> **(Jerzy Neyman, 1894~1981)**
> 폴란드 태생의 통계학자로서 통계적 가설검증, 신뢰구간, 표본조사 방법 등 통계학의 여러 분야에서 중요한 업적을 남겼다. 1938년에 미국으로 건너가서 버클리 소재 캘리포니아 대학에 통계학과를 만들고 그곳을 20세기 미국 통계학의 중심지 가운데 하나로 성장시켰다.

데이터를 이용해서 가설을 검증하는, 또는 상반되는 두 가설 중에서 하나를 택하는 방법은 통계분석법들 가운데에서도 대단히 널리 쓰이는 방법 중 하나다. 그처럼 중요한 방법이기 때문일까, 통계적 검증은 꽤 오랫동안 다양한 논란을 불러일으킨 바 있다. 20세기 통계학의 역사만 보더라도 피셔, 네이먼(Jerzy Neyman), 피어슨 부자 등이 통계적 검증법을 만드는 데 큰 역할을 했는데, 그들이 검증을 서로 다른 방식으로 생각했기 때문에 자못 치열한 논쟁이 제법 오랫동안 진행되기도 했다.[4-24]

특히 피셔와 네이먼이 그 논쟁을 이끌었다. 피셔는 자신이 개발한 '유의성검증(significance test)'을, 네이먼은 '가설검증(hypothesis test)' 방법을 옹호했는데, 두 방법은 대립가설 유무, 검증결과의 해석 등에서 차이가 있었다. 피셔는 자신의 검증법이야말로 통계적 추론을 통한 귀납적인 과학 연구 방법이라고 주장했던 반면, 네이먼과 이건 피어슨은 대립가설을 설정하는 자신들의 방법이 피셔의 방법을 대폭 개선한 것일 뿐 아니라 분명한 선택을 가능하게 해준다고 주장했다.

검증법을 비롯한 통계학적 방법을 소개하는 책들이나 이용하는 사람들 중에는 이러이러한 데이터에는 이런 방법을, 저러저러한 데이터에는 저런 방법을 써야 한다고 시

4-24 네이먼.

원시원하게 알려주는 경우가 많다. 이는 마치 정해진 재료들을 정해진 순서에 따라 넣고 정해진 시간만큼 조리하면 뚝딱 음식이 나온다고 설명하는 요리책의 설명방식과 마찬가지라 하겠다. 하지만 통계적 검증을 둘러싼 논쟁에서 보듯 통계학자들의 세계는 통일된 하나의 목소리만 있는 획일적인 세계가 아니다. 우리가 앞에서 신약의 효과를 검증하는 과정에서 보았던 검증법은 양쪽의 주장을 적당히 섞은 것에 해당하는데 이는 의학이나 심리학을 비롯한 분야에서 널리 쓰이고 있는 절차이다.

그러한 검증 절차에서 대가들이 벌였던 논쟁의 흔적이 사라진 것은 그렇다 치고, 문제는 p값으로 결론을 뒷받침하는 통계적 검증법이 마치 유일한 과학의 심판관인 듯 온갖 분야에서 너무나 많이 쓰인다는 점이다. 앞에서 우리는 약효를 나타내는 차이가 p값이 작을 때 의미 있다고 판단했는데 p값이 작다는 기준으로 가장 널리 쓰이는 값이 5%이다. 말하자면 귀무가설이 참일 때 우리가 얻은 결과 이상으로 큰 차이가 날 확률이 5% 이하이면 그 귀무가설을 부정하자는 것이다. 특별한 이유가 없을 때

20번에 한 번 꼴로 나올 수 있는 결과가 나오면 극단적인 결과가 나왔다고 보고 그런 결과가 나온 배후에는 특별한 이유가 있다고 판단하자는 말이다.

그런데 왜 하필 5%일까? 이 기준 역할을 하는 값을 '유의수준(significance level)'이라고 하는데 알고 보면 검증에서 유의수준을 5%로 잡아야 할 아무런 과학적인 근거도 없다.

이처럼 5%라는 기준값이 마법의 숫자가 전혀 아닌데도 p값이 0.049인 결과를 실은 논문은 학술지에 실리고 p값이 0.051이 나온 논문은 과학적으로 의미 없다고 게재를 거절당하는 일이 종종 생겼다. 게다가 p값은 데이터 수가 커지면 종종 작은 값을 가지므로 만일 데이터에서 얻은 차이가 통계적으로 의미 있는 차이가 아니라면 데이터 수를 늘려서 p값을 작게 만들어 의미 있는 차이로 바꿀 수도 있다.

또한 p값이 귀무가설이 옳을 확률을 뜻한다고 보고는 p값이 작다는 것은 귀무가설이 옳을 확률이 작다는 말이므로 귀무가설을 버린다는 식으로 해석하는 경우도 있는데 이것은 p값을 잘못 해석한 것이다. 과학적이라는 통계학적 방법이 이처럼 의미 없는 결과를 과학적인 것으로 만드는 비과학적인 용도로 널리 쓰일 수도 있는 것이다.

이미 피셔나 네이먼 같은 학자들이 통계학적 검증법을 개발하고 얼마 되지 않아서부터 이 방법의 문제점을 지적하고 지나친 남용을 경고하는 연구들이 여럿 나왔지만 상황은 별로 개선되지 않았다. 그러자 2015년 초 미국에서 발행되는 어느 심리학 학술지(Basic and Applied Social Psychology)에서는 아예 p값이 들어 있는 논문은 싣지 않겠다는 극단적인 폭탄선언까지 발표했다. 통계적 방법을 이용할 때의 오류를 줄이기 위해서라도 기본적인 원리를 이해할 필요가 있겠다.

통계적 검증은 의학에서도 널리 이용되고 있는데 질병의 원인이나 치료법의 효과 등을 알아보려는 의학자들 역시 통계적 검증 결과의 해석에 대해 고심해왔다. 가령 "폐암환자와 환자 아닌 사람들을 비교했더니 폐암환자들 중에 흡연자가 더 많더라"는 연구결과는 흡연과 폐암 사이의 원인-결과를 드러내기보다는 둘 사이에 관계가 있다는 연관성(association)만을 보여준다. 역학을 연구하는 사람들은 "인구집단 차원의 질병 및 건강 상태의 분포와 결정요인"을 찾기 위해 데이터에 나타난 연관성이 인과관계에 의한 것이라고 판단할 기준을 찾으려 애써왔다. 그런 기준 가운데 가장 유명한 것이 바로 힐이 제안한 9가지 기준이다.

그 기준들 중에는 관계가 약해서는 안 되고 강해야 한다(strength)든가, 그 관계가 여러 다른 상황에서 일관성이 있어야 한다(consistency)든가, 원인이 결과보다 시간상 앞서야 한다(temporality)든가, 원인에 더 많이 노출되면 병도 더 잘 생겨야 한다(biological gradient)든가, 다른 과학적인 이론과 부합해야 한다(plausibility) 등의 조건이 포함된다. 인과성을 밝히는 것이 어려운 일이라는 것은 힐이 주장한 인과성의 기준이 무려 9가지나 된다는 데서부터 잘 알 수 있다.

그렇다면 힐은 통계적인 유의성 검증과 의학에서의 인과관계에 대해 어떤 생각을 갖고 있었을까? 그는 "전적으로 불필요한데도 불구하고 유의성 검증을 하는 경우가 셀 수 없이 많다. …… 우리는 '특별한 차이가 없다'는 것을 '차이점이 없다'라고 필요 이상으로 추론하게 된다. 통계적 검증은 훌륭한 일꾼이지만, 동시에 나쁜 주인이다"라고 했다.[16] 힐은 통계학적 검증을 남용하는 현실을 비판하면서 검증의 결과가 인과관계를 밝혀줄 수는 없다고 보았던 것이다.

힐이 지적한 통계적 검증의 남용은 '출판편향(publication bias)'이라고 불리는 현상을 일으키는 주범 중의 하나이기도 하다. 연구자들은 논문이 학술지에 실려야 실적을 인정받게 되는데 학술지를 편집하는 측에서는 통계적 검증을 통해 뚜렷한 효과가 있다는 결론이 담긴 논문을 선호하는 경향이 있다. 따라서 연구자들은 검증결과가 의학적 의미를 떠나 일단 통계적으로 유의미하지 않으면 그 주제를 논문으로 쓰거나 학술지에 투고하기를 망설이게 될 것이다. 그리하여 결국 출판된 연구들이 그 주제에 대한 연구 현황을 제대로 반영하지 못하는 편향이 생기게 된다. 이를 '출판편향'이라고 한다.

병원 검사는 얼마나 정확할까?
위양성과 위음성

**거짓 양성 반응과
기저율의 오류**

병원에서 어떤 병이 있는지 검사하고 나면 양성 또는 음성 판정을 내린다. 그런데 문제는 거의 모든 검사들이 완벽하지는 않다는 것이다. 예를 들어 천 명당 한 명 꼴로 걸리는 무서운 병이 있다고 해보자. 그 병에 걸렸는지 검사하는 방법이 있는데 꽤 정확한 검사라서 병이 있는 사람은 100% 양성 반응이 나온다(이 비율을 '민감도'라고 부른다). 즉 병이 있는 사람이 음성이 나올 경우(이를 잘못된 음성의 비율, 즉 '위음성율'이라고 부른다)는 없다. 검사결과 음성이면 확실히 병이 없다는 뜻이 므로 안심하면 되겠다.

그런데 양성 반응이 나온 사람이 모두 병이 있는 것은 아니라고 한다. 병이 없는 사람 가운데 95%는 음성 반응이 나오지만(이 비율을 '특이도'라고 부른다) 5%에 대해서는 양성 반응이 나온다고 한다(이를 잘못된 거짓 양성의 비율, 즉 '위양성률'이라고 부른다). 완벽한 검사라면 민감도와 특이도가 100%일 것이다. 그 정도는 아니지만 이 검사는 민감도가 100%, 특이도가 95%이므로 상당히 정확한 검사라고 하겠다.

검사결과	병에 걸림	
	예	아니오
양성	민감도(sensitivity)	위양성률
음성	위음성률	특이도(specificity)
합계	100%	100%

자, 내가 그 검사를 받았더니 양성이 나왔다고 하자. 당연히 나는 공포에 질려 떨게 될 것이다. 민감도와 특이도가 높은 정확한 검사에서 양성 반응이 나왔으므로 나는 거의 확실히 병에 걸렸을 것 같다. 그렇다면 양성 판정을 받은 내가 정말 그 치명적인 병에 걸렸을 확률은 얼마쯤 될까? 95%? 90%? 적게 잡아도 80%? 아니다. 답은 2%도 안 된다! 거짓말 같다면 주석의 설명을 읽어보면 된다.[17]

민감도가 100%, 특이도가 95%나 된다는 검사에서 양성 반응이 나왔는데 정말로 그 병에 걸렸을 확률은 겨우 2%도 안 된다니, 그렇다면 그런 검사는 사람들에게 불필요한 공포감만 주는 아무 쓸모없는 검사처럼 보인다. 정말 그럴까? 그렇지 않다. 양성 판정을 받기 전에 내가 그 병에 걸렸을 확률은 $\frac{1}{1000}$, 즉 0.1%밖에 되지 않았지만 양성 판정 이후 그 확률은 거의 2%가 되었으니 무려 스무 배나 커진 셈이다. 즉 여기서 문제는 검사의 정확도에 있기보다는 원래 그 질병의 확률 자체가 상당히 작았던 데에 있다.

아주 드문 병이고 검사의 정확도도 상당히 높기 때문에 검사결과 대부분의 사람들은 음성 판정을 받는다. 전체적으로 보았을 때 아주 일부 사람들만 양성 판정을 받는데 문제는 정확도 95%라는 것이 양성 판정을 받은 사람들이 그 병에 걸렸을 확률을 나타내는 것이 전혀 아니라는 점이다. 양성 판정을 받고 나면 전체 집단이 아니라 양성 판정을 받은 사람들 집단에 국한해서 생각해야 하는데 그 병이 희귀한 병이다 보니 그들 중에서 진짜 환자는 무척 드물 것이다. 우리는 검사의 높은 정확도만 보고 그 병 자체가 얼마나 흔한 병인지, 희귀한 병인지는 곧잘 잊어버린다. 이런 오류를 '기저율의 오류(base rate fallacy)'라고 부르는데, 우리가 곧잘 잘못을 범하는 이유를 확률을 가지고 이야기한다면 조건부확률을 가지고 제대로 추론하기가 쉽지 않기 때문이다.

심리학자들도 이런 오류에 대해 관심이 많아서 독일의 저명한 심리학자인 기거렌처(Gerd Gigerenzer)는 이 오류를 피하는 방법으로 확률 대신 빈도를 가지고 생각할 것을 추천하고 있다.[18] 같은 문제를 두 가지 방식으로 표현한 것이 아래에 있는데, 둘 중 어느 쪽이 더 답하기 쉬운가?

> 40세 여성이 유방암에 걸릴 확률은 대략 1퍼센트다. 만일 어떤 여성이 유방암에 걸렸다면, 유방촬영술에서 결과가 양성으로 나올 확률은 90퍼센트다. 만일 유방암에 걸리지 않았다면, 그래도 결과가 양성으로 나올 확률이 9퍼센트다. 그렇다면 양성 결과가 나온 여성이 실

제로 유방암에 걸린 확률은 얼마일까?

100명의 여성이 있다. 그중 1명은 유방암에 걸렸고, 유방촬영술에서 양성 결과가 나온다. 유방암에 걸리지 않은 99명의 여성 중에서 9명 역시 유방촬영술에서 양성 결과가 나온다. 즉 모두 10명이 양성 결과가 나온다. 그러면 양성 결과가 나온 여성 중 실제로 유방암에 걸린 여성은 몇 명일까?

기거렌처의 책에는 유방암 이외에도 에이즈 검사(검사에서 양성 반응이 나온 남성이 곧바로 자살한 경우도 있다고 한다. 자신의 검사결과가 위양성일 가능성을 생각해보지도 않고 말이다) 등 흥미로운 사례들이 많이 소개되어 있다.

두 가지 검사 방법을 이용하면 더 정확해지겠지?

그런데 질병을 검사하는 방법이 한 가지만 있을 이유는 없다. 이번에는 어떤 질병에 대한 검사법이 A와 B 두 가지라고 해보자. 그리고 A와 B의 민감도는 각각 80%이고, 특이도는 90%라고 하자. 그리고 현실적이진 않지만 편의상 두 검사법이 서로 독립적이라고 가정하자.[19] 한 가지 검사법만으로 검사하는 대신 두 방법을 다 이용하여 판정을 내린다면 검사가 더 정확해지지 않을까? 민감도와 특이도를 높일 수 있지 않을까? 그런데 이 경우에는 두 가지 검사결과를 보고 질병 유무를 판단하는 방법도 하나가 아닐 것이다.

먼저 두 검사법 모두 양성이 나와야지만 질병이 있다고 판정한다면 어떻게 될까? 이때의 민감도는 질병이 있는 사람들에 대해 A, B 두 검사법의 결과가 모두 양성이 나올 확률이므로 민감도는 $0.8 \times 0.8 = 0.64$가 된다. 즉 하나의 검사법만으로 판단할 때에 비해 민감도는 낮아진다. 그렇다고 해서 이 방법이 쓸모없는 것은 아니다. 민감도가 낮아진 대신 특이도는 높아진다. 두 가지 검사법 모두 양성이 나와야 질병이 있다고 판정 내린다면 그만큼 양성 판정을 받기가 어려워진 셈이므로 질병이 없는 사람이 음성 판정을 받을 기회는 늘어날 것이고 결국 특이도가 높아질 것이다.

특이도가 얼마나 높아질까? 질병이 없는 사람들 중 90%는 검사법 A를 통해 이미 음성 판정을 받았다. 문제는 검사법 A에서 병이 없는데도 거짓 양성 판정을 받은 10%이다. 이들 중에서 90%는 검사법 B를 통해 음성 판정을 받을 것이다. 따라서 병이 없는 사람 중에서 음성 판정을 받는 사람의 비율은 $0.9 + (0.1 \times 0.9) = 0.99$로 높아진다. 따라서 병이 없는데도 양성 판정을 받는 거짓 양성의 비율이 1%로 줄어드는 반면, 병이 있는데도 음성 판정을 받는 거짓 음성의 비율은 36%로 높아진다. 두 검사법 모두 양성이 나와야 병이 있다고 판정하기 때문에 그만큼 양성 판정을 받기가 어려울 것이고 병이 있는 사람을 많이 놓치게 된다.

이번에는 두 검사법 중에서 하나만 양성이 나오면 병이 있다고 판정한다고 하자. 이 경우 민감도는 $0.8 + (0.2 \times 0.8) = 0.96$이 된다. 즉 한 가지 검사법만으로 판정할 때의 민감도 0.8보다 상당히 높아진다. 따라서 병이 있는데도 찾아내지 못하는 거짓 음성의 비율도 4%로 대폭 감소한다. 반면 이 방법을 쓴다면 두 검사법 모두에서 음성이 나와야 병이 없다는 판정을 내리게 되므로 음성 판정을 받기는 어려워질 것이고, 결국 병이 없는 사람 중에 양성 판정을 받는 사람이 늘어날 것이다. 즉 특이도는 $0.9 \times 0.9 = 0.81$로서 한 가지 방법만 이용할 때의 특이도 90%보다 낮아진다.

현실사회를 읽는 힘, 통계학과 빅데이터

—— 서양에서 센서스를 비롯한 여러 가지 통계조사들이 시작된 시기는 18세기 말과 19세기 초부터였다. 당시에 통계조사가 활발해진 것은 산업혁명으로 인한 급속하고 근본적인 사회변화를 객관적으로 파악할 필요가 있었기 때문이다. 산업혁명 과정에서 맨체스터나 런던과 같은 영국의 대도시들은 주거·오염·빈곤·범죄·자살 등 각종 새로운 문제들을 가장 먼저 겪게 되었다. 19세기 사람들은 통계조사가 이러한 사회변화를 과학적으로 정확하게 파악할 수 있는 유력한 방법이라고 생각했다.

오늘날 사회현실을 파악하고 사회변화의 방향을 예측하고 그에 맞는 적절한 정책을 세우는 데 통계는 필수적인 요소가 되었다. 5장에서는 대규모 집회에 참가한 인원을 헤아리는 문제에서 시작하여 여론조사, 인구통계, 고용통계 등을 살펴볼 것이다.

집회 참석자 수는 고무줄 통계?
정치적 입장에 따라 달라지는 통계

어느 통계를 믿어야 할까?
: 촛불집회 참가 인원 통계

사람들은 축제를 함께 즐기기 위해, 또는 부당한 일에 대해 항의하고 집단의 의사를 표현하기 위해 거리에 모여 집회를 열고 행진을 한다. 2002년 한국에서 월드컵 축구 경기가 열렸을 때 붉은 옷을 입고 거리를 메운 사람들의 규모와 응원 열기는 세계를 놀라게 할 정도였다.

우리나라 역사에서 2016년 가을과 겨울은 특별한 시기로 기록될 것이

5-1 '박근혜 정권 퇴진 비상국민행동' 집회 현장. 광화문광장. 2017. 2. 25.

다. 서울 광화문을 비롯한 전국 곳곳에서 주말마다 많은 사람들이 모여 대통령의 퇴진을 요구하는 집회를 열었고 그 집회가 한국 정치사의 흐름을 크게 바꾸어놓았기 때문이다.[5-1] 집회의 영향력은 집회에 참가한 사람들의 규모에 따라 달라지는데, 처음에는 수만 명 정도가 모였다더니 곧 수십만 명이 모이고, 나중에는 몇 백만 명에 이르는 사람들이 모였다는 추정까지 나왔다. 집회 규모가 커지다 보니 언제부턴가 집회가 끝나고 나면 "과연 몇 사람이나 모였나?"라는 통계적인 문제를 두고 논란이 생기곤 했다.

집회에 모인 사람의 수가 과연 그렇게 중요할까? 대단히 중요하다. 집회에 모인 사람 수가 많을수록 그 집회에서 나온 목소리는 뚜렷한 대의명분을 얻기 때문이다. 분명한 입장을 갖고 있지 않은 사람들은 그 수를 보고 여론의 방향을 짐작하고 그에 따라 자신의 생각을 정하는 경우도 많으므로 사람 수는 차후 여론의 향방을 가르는 역할까지 한다. 또한 그 집회가 정부에 항의하는 집회라면 정부 측에서는 대규모 집회에서 나온 요구를 쉽게 무시할 수 없게 된다. 그러므로 행사를 준비하는 측에서나 행사를 막고 싶은 측에서나 모인 사람의 규모를 가지고 집회의 성공 여부를 판단하게 된다. 그런데 문제는 사람들이 입장권이나 번호표를 받고 집회에 모이는 것이 아니기 때문에 정확한 참가인원 수를 알기가 매우 어렵다는 것이다. 같은 공간에 모인 사람 수를 헤아리는 일이 무척 단순해 보이지만 사람 수가 수천 명만 되어도 정확한 수치를 얻기는 어렵다. 하물며 수만, 수십만을 넘어 백만 명이 넘게 모인 집회라면 참가자 수를 대략적으로 추정하기도 매우 어려워진다.

즉 집회 참가인원 통계에는 진실과 다른 편향이 생길 이유가 크게 두 가지 존재하는 셈이다. 하나는 현실적으로 사람 수를 집계하기가 매우 어렵다는 점이고, 다른 하나는 집계하는 측의 입장에 따라 각각 수를 부풀리거나 축소해야 할 이유가 충분하다는 점이다. 여기서는 2016년 10월 29일 1차 집회부터 다음해 1월 집회까지의 촛불집회 참가인원 통계를 중심으로 살펴보자. 이 표를 보면 경찰이 추산한 참가인원 수와 주최 측의 추산결과가 매우 다름을 확인할 수 있다. 심지어 경찰의 추산을 집회 측 추산으로 나누어보았을 때 그 값이 0.1에도 못 미치는 경우, 즉 경찰의 추산결과가 주최 측 추산인원의 10%에도 못 미치는 경우도 많다. 1차 집회부터 경찰이 집계결과를 마지막으로 발표한 1월 7일 11차 집회까지 양측이 내놓은 발표결과를 평균해보면 경찰의 추산결과는 주최 측 추산인원의 15.6%에 지나지 않는다.

자료를 보면 경찰과 주최 측 모두 국회의 탄핵 표결이 있기 직전이었던 12월 3일 집회 참가자 수가 가장 많았다는 점에 대해서는 일치한다. 하지만 11월 12일과 11월 19일의 집계결과를 보면 서로 크게 다르다. 주최 측은 양일 모두 100만 명 내외가 참가했다고 집계했지만 경찰은 19일 집회 참가자가 12일 참가자의 10%밖에 되지 않는다고 집계했다. 이처럼 양측의 집계결과가 다르게 나오자 경찰이 집회 참가인원을 의도적으로 축소해 발표한다는 비판까지 나오게 되었고, 이런 시비 끝에 결국 1월 14일 집회부터는 경찰이 인원 집계결과를 발표하지 않기로 했다.

일시	차수	경찰 측 추산	집회 측 추산	누적 연인원 (주최 측 기준)	경찰 추산/ 집회 측 추산
2016년 10월 29일	1차	12,000	30,000	30,000	0.4
11월 5일	2차	48,000	200,000	230,000	0.24
11월 12일	3차	260,000	1,000,000	1,230,000	0.26
11월 19일	4차	26,000	950,000	2,180,000	0.03
11월 26일	5차	330,000	1,900,000	4,080,000	0.17
12월 3일	6차	430,000	2,320,000	6,400,000	0.19
12월 10일	7차	120,000	1,040,000	7,440,000	0.12
12월 17일	8차	77,000	770,000	8,210,000	0.1
12월 24일	9차	53,000	700,000	8,910,000	0.08
12월 31일	10차	83,000	1,100,000	10,010,000	0.08
2017년 1월 7일	11차	38,000	600,000	10,610,000	0.06
1월 14일	12차	(비공개)	140,000	10,750,000	
1월 21일	13차	(비공개)	350,000	11,100,000	

2016. 10. 29~2017. 1. 21. 박근혜 대통령 퇴진/탄핵 요구 집회 연 참가인원. 출처 : 나무위키.

그런데 집회에 모인 사람 수를 헤아리기가 그렇게 어려운 일일까? 맞다. 정말 어렵다. 주말 저녁 서울, 부산, 대구와 같은 거대도시의 중심에 모인 사람들이 모두 집회 참가자들은 물론 아닐 것이다. 또한 집회장소 주변의 크고 작은 길을 오가는 사람들을 모두 집회에 모인 사람으로 포함시킬지 여부에 따라 결과가 많이 달라진다. 게다가 장시간 집회가 진행되는 동안 사람들이 새로 들어오기도 하고 빠져나가기도 할 것이므로 실제 참여인원은 시시각각 변할 것이다. 뿐만 아니라 한 장소에서 집회를 할 때와 길게 대열을 이루어 거리행진을 할 때의 사람 수는 서로 상당히 다를 것이다. 촛불집회처럼 집회가 낮이 아니라 어두운 밤 시간에 진행된다면 사람 수를 헤아리기가 더 어려울 것임은 물론이다.

 이런 모든 사정을 감안하더라도 경찰과 주최 측의 추산결과는 너무 큰 차이가 난다. 그렇다면 언론 보도는 어떨까? 반정부집회의 경우 어떤 언론은 주최 측의 추산을, 또 어떤 언론은 경찰의 추산값을 강조해서 보도한다. 집회 참가자 수 보도에서 각 신문, 방송의 정치적 입장이 그대로 드러나는 것이다. 이 정도면 정말 통계라는 것이 객관적 사실을 그대로 나타내기는커녕, 고무줄처럼 입맛에 맞게 멋대로 늘이고 줄일 수 있는 정치적 도구와 다름없다는 비난을 면하기 어렵겠다.

사람 수 헤아리기가 그렇게 어렵다고?
: 순간최대인원과 연인원 통계

일정한 장소에서 진행되는 집회 참가인원을 알아보는 데 쓰는 이론은 매우 간단하다. 사람들이 모이는 장소의 면적(A)과 단위 면적당 사람들의 밀도(D)의 추정값을 곱해서, 즉 $N=AD$라는 식 하나로 군중의 규모(N)를 추정할 수 있다. 이 방법은 1967년 미국에서 베트남전쟁에 반대하는 대학생들의 시위가 한창일 때 시위에 참가한 학생 수를 추산하기 위해 언론학 교수 제이콥스(Herbert Jacobs)가 만든 것이다. 제이콥스의 방법은 물리학자 엔리코 페르미(Enrico Fermi, 1901~1954)가 어림수를 구하기 위해 썼던 방법과 비슷하므로 '페르미 측정법'이라는 이름으로 오늘날에도 쓰이고 있다. 넓은 장소에 모인 사람들의 밀도가 모든 곳에서 일정하지는 않을 것이므로 전체 장소를 저밀도·중밀도·고밀도 등으로 구분해서 계산하기도 하며 우리나라의 경찰도 집회 참가자 수를 계산할 때 기본적으로 이 방법을 쓴다.

그런데 집회에 참여한 사람의 수는 시시각각 달라지기 때문에 경찰과 주최 측의 집계결과 사이에 큰 차이가 생기곤 한다. 경찰의 입장에서는 집회장소 주변의 질서유지 등을 위해 최대인원을 파악하는 것이 중요하다고 말한다. 따라서 경찰은 참가자가 가장 많은 단일 시점의 인원을 헤아린다. 반면 행사를 주최하는 측에서는 집회와 행진이 진행되는 긴 시간 동안 집회장소를 드나드는 사람을 모두 헤아려서 집회 참가인원을 최대한 늘리고 싶어한다. 즉 경찰의 추산은 순간최대인원이고, 주최 측의 발표는 연인원인 셈이다. 게다가 반정부집회라면 경찰이 집회의 의미를 축소하기 위해 고의로 인원을 축소한다는 비판을 쉽게 받게 된다. 한편 행진의 경우에는 시간과 장소에 따라 인원의 변동이 더욱 심할 것이다. 행진의 선두 쪽은 밀도가 높은 반면 꼬리 쪽은 그렇지 않을 것이다.

최근에는 휴대전화 신호를 이용하여 집회 참가자 수를 헤아리기도 한다. 조이코퍼레이션이라는 회사에서는 2016년 11월에 있었던 촛불집회에서 센서로 감지한 휴대전화의 무선신호를 이용해서 인원을 추산하기도 했다.[5-2] 이 값 역시 한순간이 아니라 오후부터 밤까지 여러 시간 동안의 인원을 모두 합산한 것이라는데, 역시 완벽한 방법은 아니라서 이동전화를 이용한 추산결과를 발표한 측에서는 오차가 추정치의 약 10%(7만여 명) 정도에 이른다고 발표했다. 이렇듯 집회 참여자 수를 두고 뜨거운 논쟁이 벌어지는 오늘날의 현실은 가히 통계전쟁이라 부를 만하다.

사실 집회에 모인 사람 수 통계가 들쭉날쭉한 것은 우리나라뿐 아니라

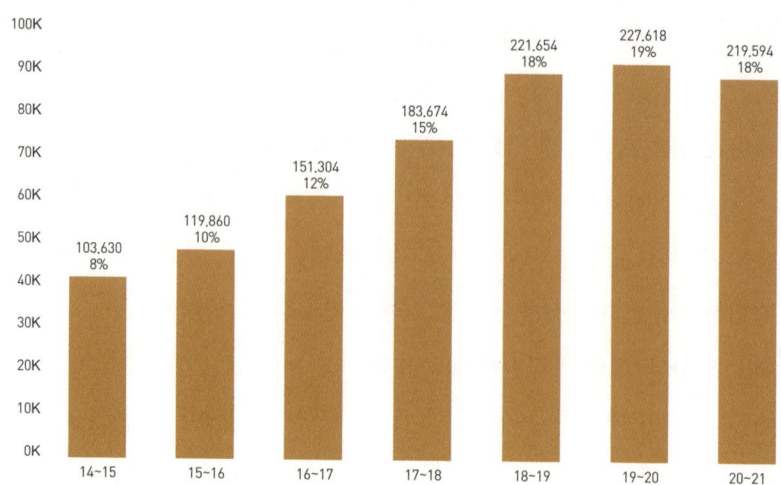

5-2 조이코퍼레이션 추산 시간대별 참가자 수. 출처 : 조이코퍼레이션.

다른 나라에서도 마찬가지다. 외국의 여러 집회에서도 경찰이 발표하는 집회 참가인원은 주최 측이 발표한 인원보다 항상 적다. 미국의 첫 흑인 대통령 오바마가 2009년 대통령에 취임할 때 모인 군중 수는 얼마나 되었을까? 미국 정부의 비공식 집계에 따르면 180만 명이 모였다고 한다. 이 값은 미국의 군사 인공위성에서 찍은 영상자료, 풍선을 띄워 얻은 사진자료 등을 가지고 얻은 값인데 정확한 값이었을까? 그렇지 않았다. 다른 전문가들이 같은 자료로 분석해서 얻은 값은 100만 명 정도로 정부의 추산과 큰 차이가 났다.[1]

그보다 앞서 1995년 가을, 미국 워싱턴에서 흑인차별 철폐와 인권향상을 주창하는 집회 '백만 명의 행진(Million Man March)'이 열렸는데, 그 행사는 '백만 명의 행진'이라는 이름 때문에 특히 참가자 수가 성패를 가를 만큼 중요했다.[5-3] 행사가 끝난 후 주최 측은 150만에서 200만 명 사이의 인원이 모였다고 발표했다. 하지만 경찰은 참가인원을 40만 명이라고 추산했고, 바로 이 발표로 인해 워싱턴 경찰 당국은 참가인원을 축소했다는 이유로 행사 주최 측으로부터 소송을 당할 위기에 처하기까지 했었다.

그런데 한 곳에 모여 집회를 여는 대신 몇 시간 동안 거리를 행진하는 방식으로

5-3 백만 명의 행진(Million Man March), 1995년 미국 워싱턴.
ⓒ Yoke Mc/Joacim Osterstam

시위가 진행된다면 그 시위에 참가한 사람 수를 헤아리기는 더욱 어렵다. 계속 장소가 바뀌기 때문에 사진자료에서 얻은 면적과 밀도로 인원 수를 추정하는 방법을 더 이상 쓸 수 없다. 이럴 때에는 시위대가 지나가는 길의 어느 한 곳을 골라 일정한 시간 동안 그곳을 지나가는 사람의 수를 헤아리는 방법을 쓸 수 있다.

이런 방법을 쓸 때 문제점은 아무리 정해진 곳에서 꼼꼼하게 헤아린다 하더라도 한 곳에서만 조사를 하기 때문에 집계에 누락되는 사람이 많이 생길 것이라는 점이다. 이를 보완하기 위해 참가자 중에서 일부 표본의 전화번호를 확보하여 조사지점을 지나갔는지 나중에 확인하는 방법을 이용하기도 한다. 물론 그 경우 시간과 비용이 많이 들고 전화 응답의 신뢰도가 문제될 수 있다. 이런 이유로 전화 확인 방법 대신 조사 장소를 한 군데가 아닌 두 군데 이상으로 늘려서 시위 참가자 수를 여러 번 헤아리는 방법도 쓴다. 물론 아직 최선의 방법은 없으므로 어느 매체의 것이든 시위 참가인원 수 발표를 꼭 그대로 믿기는 어렵다.

이라크전쟁과 어린이 사망률
통계와 정치

1990년 여름, 이라크가 쿠웨이트를 침공하자 UN안보리의 결정에 따라 미국을 중심으로 한 여러 나라들이 이라크에 대해 금융, 무역 제재를 시작했다. 그다음 해인 1991년 1월에 걸프전쟁이 벌어졌을 때에도 경제제재는 지속되었고, 그로부터 10년도 더 지난 2003년 봄 미국·영국 등이 이라크를 침공하여 후세인 정권을 붕괴시킬 때까지 제재는 계속되었다.

당시 미국을 비롯한 서방 국가들은 이라크와 외부와의 무역거래, 자본거래, 직접투자 등 모든 거래를 금지시켰고, 식량을 비롯한 생필품과 의약품에 이르는 모든 것들이 사실상 이라크 안으로 들어갈 수 없도록 막았다. 심지어 연필심에 들어 있는 흑연이 핵무기 개발 등의 군사 목적에 쓰일 수 있다는 이유로 연필까지 이라크에 들어가지 못하게 막을 정도였다. 그 결과 이라크 사람들은 10여 년 동안 극심한 생활고에 시달려야 했다. 당시 국제사회의 관심을 끌었던 문제 중 하나가 경제제재로 인한 어린이들의 피해였다. 경제제재가 한창이던 1996년 미국 국무장관 매들린 올브라이트는 방송 기자와의 인터뷰에서 다음과 같이 말했다.

기자 : 히로시마에 원자폭탄이 떨어졌을 때의 희생자보다 더 많은 50만 명의 이라크 어린이들이 경제제재로 인해 사망했다고 들었다.

올브라이트 : 경제제재를 계속하는 것은 참으로 어려운 선택이다. 하

지만 그럴만한 가치가 있다."

올브라이트는 어쨌든 미국, 영국 등이 주도한 경제제재로 인해 이라크 어린이들이 대규모로 희생되었다는 사실을 인정한 셈이었다. 사담 후세인이 아니라 무고한 어린이들이 대규모로 희생되고 있다는 점을 인정한 이상 경제제재에 대한 국제 여론이 악화될 수밖에 없었을 것이다. 사담 후세인 정권 역시 어린이들의 희생을 경제제재의 피해를 광고하는 데 적극 활용했음은 물론이다.

그로부터 십여 년이 지난 후, 걸프전쟁 당시 영국의 수상이었던 토니 블레어는 미국과 영국의 이라크 침공을 다음과 같이 정당화했다. "2000년, 2001년, 2002년 이라크에서는 다섯 살 미만 어린이의 사망률(under five mortality rate)이 1,000명당 130명 수준으로 콩고보다 더 많았다. 지금 그 수치는 40으로 떨어졌다. 우리가 사담 후세인을 제거함으로써 5만 명의 어린이를 구한 셈이다."

올브라이트의 말에 따르자면 토니 블레어가 말한 2000년대 초반 이라크의 높은 어린이 사망률은 경제제재 때문이었다. 그런데 놀랍게도 블레어는 바로 그 어린이 희생자들의 수치를 이라크 침공을 합리화하는 데 써먹었던 것이다.[2]

그런데 여기에 나온 이라크 어린이 희생자의 수는 얼마나 정확한 것이었을까? 1990년대 이라크에서는 신뢰할 만한 통계조사를 기대하기 어려웠으므로 당시 출생·사망 통계는 대개 이라크 바깥의 국제기구 등이 실시한 표본조사를 통해 추정할 수밖에 없었다. 몇몇 연구들 가운데 50만 명 사망설의 근거가 된 것은 UN 산하 식량농업기구(FAO)와 이라크 정부기관이 공동으로 1995년에 실시한 조사였다. 이 조사에서는 5세 미만 어린이 중에서 한 해에 1000명 중 198.2명이 사망하는데, 이는 경제제재 이전의 1000명당 40.6명보다 훨씬 높은 값이라고 결론 내렸다.

이 결과를 바탕으로 당시의 조사 책임자들은 경제제재가 없었을 때에 비해 이라크에서는 경제제재로 인해 56만 7천 명의 어린이들이 더 희생되었다고 주장했다. 올브라이트가 언론인터뷰에서 인정했던 수치가 바로 여기서 나온 것이었다. 그런데 1995년에 있었던 바로 그 조사의 책임자가 그다음 해에 이라크로 가서 그 전해에 조사했던 사람들 중 일부를 다시 조사해보았더니 이번에는 전혀 다른 결과가 나왔다. 사망 어린이 수가 천 명당 38명으로서 1995년 조사결과의 20%밖에 되지 않았던 것이다. 경제제재가 그대로 지속되던 상황에서 같은 연구자가 같은 사람들을 조사했는데 어째서 이렇게 다른 결과가 나온 것일까?

UN 산하 기구에서 파견한 외국인들이 이라크에 들어가서 조사작업을 하려면 많은 조사원들이 필요했다. 1995년 조사에서는 이라크 정부가 고용한 현지 조사원들이 조사를 맡았고, 1996년의 재조사에서는 언어 소통이 가능한 외부의 조사원들이 조사를 맡았다. 그런데 이라크 정부는 경제제재의 피해를 강조하기 위해 어린이 사망자 수를 부풀려야 할 필요가 있었고, 조사대상자들과 조사원들 모두 정부의 탄압이 두려워 거짓으로 사망자 수를 조작하는 경우가 많았다. 또한 UN 산하 기구의 연구자들 역시 이라크 현지인들의 곤궁한 상황을 목격하고는 경제제재의 피해를 강조해서 제재를 완화시키는 데 도움을 주고 싶어했다. 이 모든 것들이 복합적으로 작용해서 어린이 사망자 수를 크게 늘리게 되었고, 그 수치가 세계에 널리 알려지기에 이르렀던 것이다. 결국 50만 명의 어린이가 경제제재로 희생되었다는 주장 역시 사담 후세인이 대량살상무기를 갖고 있다는 주장과 마

찬가지로 근거가 희박한 것이었던 셈이다.[3]

물론 그런 사실이 밝혀진 것은 후세인이 축출된 이후 UN의 지원을 받아 이라크에서 실시된 인구통계조사 결과들이 나온 이

5-4 미국 워싱턴에서 이라크에 대한 경제제재와 이라크 침공에 항의하는 시위대의 모습. 출처 : 위키피디아.

후였다. 겨우 사망자 수를 헤아리는 지극히 단순해 보이는 통계조사도 경우에 따라 크게 왜곡될 수 있고, 그 결과를 유리하게 이용하려는 사람들의 의도들을 감추고 있다. 통계를 가지고 진실을 알아내기란 이처럼 어려운 일이다.

앞서 소개한 토니 블레어의 주장은 칠콧 조사위원회(Chilcot Inquiry)에서 나온 것인데, 이 위원회는 영국의 이라크전쟁 참전이 과연 올바른 것이었는지를 조사하기 위해 영국 정부가 만든 것으로 2009년 11월부터 2011년 2월까지 조사작업을 진행했다. 위원회에서는 이라크전쟁 당시의 수상이었던 블레어는 물론 아주 많은 관계자들을 조사하고 방대한 정부문서를 검토했으며, 그 결과를 2016년 7월에 무려 12권으로 이루어진 보고서에 담아 발표했다.

칠콧 보고서는 사담 후세인이 대량살상무기를 갖고 있다는 정보는 그릇된 것이었으며, 이라크전쟁은 불필요한 전쟁이었다고 결론을 내렸다. 또한 그 전쟁에 참전하기로 한 영국 정부의 결정 과정 역시 올바른 절차를 따르지 않았으며 전쟁 준비도 적절하지 못했다고 판단했다. 결국 대량살상무기를 빌미로 삼았던 장기간의 경제제재 역시 마찬가지 비판을 받을 수밖에 없게 되었다.[5-4]

통계학,
사람들의 생각을 헤아리다
여론조사

| 통계를 활용하면
| 과학적인 여론조사가 될까?

　　　　　　　　흘러 움직이는 것이 어디 강물뿐이겠는가, 우리가 흔히 '여론'이라고 부르는 것도 시간에 따라 쉬지 않고 바뀐다. 여론을 알아보기 위한 여론조사는 흐르는 강물을 한순간에 조금 떠서 살펴보는 것과 비슷할 터이다. 오늘날 여론조사는 정부 정책에 대한 평가나 정당·정치인에 대한 평가를 위해서도 쓰이고, 선거결과를 미리 알아보는 데에도 쓰이고, 상품과 서비스의 마케팅 전략을 세우는 데에도 쓰이며,

각종 사회적 이슈에 대한 사람들의 생각을 알아보기 위해서도 널리 쓰인다. 아무리 통계학 이론에 바탕을 둔 과학적인 방법이라지만 때론 여론조사가 마구잡이로 남용되는 것은 아닐까라는 의구심이 들 정도로 많은 조사가 진행된다. 특히 선거를 앞둔 시기가 되면 여론조사기관에서 걸려오는 전화가 워낙 많아서 사람들이 짜증을 내며 응답을 거부하는 경우도 자주 생기는데, 응답자들의 그런 반응은 낮은 응답률로 그대로 드러나게 된다. 응답을 거부하는 사람들이 많아지면 조사원들이 전화를 더 많이 걸어야 하므로 조사비용이 상승할 뿐 아니라 조사결과의 신뢰도 역시 적지 않은 영향을 받게 된다.

그런데 여론조사회사에서 전화했다고 하면 왜 많은 사람들이 바로 전화를 끊어버리는 걸까? 두 가지 경우만 살펴보자. ① 조사하는 문제에 대해 관심 또는 지식이 없는 경우, ② 그 문제에 대해 관심이나 지식이 있지만 질문에 답하는 시간이 아깝다고 생각되는 경우.

조사를 의뢰한 측에서는 조사하는 문제가 사회적으로 중요한 현안이라고 생각하겠지만 응답할 사람들의 생각은 그렇지 않을 때 ①과 같은 경우가 생긴다. 이럴 때에는 조사자가 그 주제에 대한 배경설명까지 해야 하는데, 원래 관심도 없던 사안에 대한 설명을 계속 듣고 있을 사람이 많지는 않을 것이다.

그런데 한편으로 ①과 같은 경우는 '여론'이라고 하는 것이 과연 무엇일까라는 꽤 묵직한 질문도 제기한다. 정부 당국이나 전문가들이 볼 때 사회적으로 매우 중요한 문제이고 잘 생각해서 선택을 해야 할 문제인데도 사람들은 그 문제에 대해 거의 모르고 있거나 심지어 알고 싶어하지도 않는 경우, 이럴 때 여론조사로 얻은 결과는 '여론'이라고 불리기 어렵다. 어쩌면 그런 조사에 응답하는 사람들은 어떤 주제에 대해 무지하거나 무관심하다는 인상을 주지 않으려는 기질을 많이 지닌 사람들일지도 모른다. 그럴 때 여론조사 결과는 조사하려 했던 여론과 꽤 다를 수 있겠다. 응답을 거부하지 않고 조사에 답한 사람은 어쩌면 그 문제에 대해 뚜렷한 주장을 가진 사람들일지도 모르는데 그렇다면 그 조사는 편향된 결과를 낳기 쉽다.

여론조사는 "통계학 이론을 활용한 과학적인 조사"라서 신뢰할 수 있다고들 한다. 20세기 전반기에 선거여론조사를 중심으로 여론조사가 처음 시작되었을 때만 하더라도 조사할 표본을 주먹구구식으로 선정했다가 예측에 실패하는 경우가 많았다. 이후 조사기관들이 확률과 통계학 이론을 조사에 적극 활용하기 시작하면서 이전보다 적은 표본으로 훨씬 정확한 결과를 얻을 수 있었다. 하지만 우리가 잠시 살펴보았듯이 오늘날 조사기관들이 풀어야 할 문제는 통계학이나 조사방법만으로 풀어내기는 어려운 문제들처럼 보인다.

빅데이터를 활용하면 여론조사가 더 정확해질까?

여론조사의 역사를 소개하는 자료들은 거의 빠짐없이 1936년 미국 대통령선거 당시의 여론조사를 중요하게 언급한다. 당시 당선자는 민주당 후보 루스벨트였다. 선거결과를 보면 루스벨트는 미국의 48개 주 가운데 46개 주에서 승리하여 523명의 선거인단을 확보했다. 단 2개 주에서 승리한 상대방 후보 랜던이 확보한 선거인단은 겨우 8명이었다. 이런 일방적인 선거라면 하나마나한 선거였을 것이고, 결과예측도 만장일치였을 것이다. 그런데 아니었다. 당시에 선거여론조사를 하는 곳도 많지 않았지만 그나마 그들이 내놓은 예상 당선자는 서로 일치하지 않았다. 1930년대는 통계학 이론에 바탕을 둔 여론조사가 아직 자리를 잡기 이전이었던 것이다.

무엇보다 당시의 여론조사가 역사에 남게 된 것은 어느 잡지사가 1,000만 명에게 설문지를 보내어 200만이 넘는 응답을 받아 당선자를 예측한 조사가 참담하게 실패한 반면, 조사대상자가 5만 명에 지나지 않았던(오늘날의 표본 수에 비하면 대단히 많다) 갤럽의 예측이 적중했기 때문이다. 이로 인해 조사대상자가 많다고 해서 언제나 결과가 정확해지지 않는다는 사실이 명확히 밝혀졌고, 적은 수라도 전체 유권자를 대표할 수 있는 사람들을 표본으로 잘 선택하면 훨씬 좋은 예측을 할 수 있다는 것을 모두가 알게 되었다. 이로써 대규모 조사에도 불구하고 참담하게 예측에 실패한 잡지사는 머지않아 문을 닫게 되었고, 예측에 성공한 갤럽은 이후 여론조사의 대표기업으로 성장하게 되었다.

그렇다고 갤럽에게 시련이 없었던 것은 물론 아니다. 그로부터 12년 후인 1948년 선거에서 갤럽 역시 참담한 실패를 맛보게 되었는데 이러한 시행착오를 거치면서 갤럽을 비롯한 여론조사기관들은 통계학 이론을 활용하여 표본을 선정하고 조사과정에서 생길 수 있는 여러 문제점들을 개선해서 여론조사에 대한 신뢰를 높여나갔다. 그 결과 지난 수십 년 동안 여론조사는 선거뿐 아니라 정치·사회·경제·문화 등의 분야에서 폭넓게 활용되고있다. 종종 여론조사에서 예측한 대로 선거결과가 나오자 급기야는 비용이 많이 드는 선거를 치르는 대신 여론조사만 가지고 공직자를 뽑으면 어떻겠느냐는 아이디어를 내는 사람들까지 있었다.

그런데 2000년대에 들어서고 얼마 지나지 않아 갤럽과 같은 회사가 아닌 네이트 실버(Nate Silver)라는 한 개인이 선거여론조사의 선두주자로 떠오르게 된다. 전직 야구통계전문가이기도 했던 그는 미국의 의회선거와 대통령선거 결과를 족집게처럼 예측해서 유명해졌다. 그의 명성과 권위는 『뉴욕타임스』에서 그에게 'Five Thirty Eight'이라는 고정 여론조사 코너를 내줄 정도로 높았는데, 여기서 538이라는 숫자는 미국 대통령선거의 전체 선거인단 숫자다.

네이트 실버가 대단한 성공을 거뒀다고 해서 그 자신이 새로운 조사 기술을 개발했다든가 갤럽 등에 버금가는 새로운 여론조사회사를 만든 것은 아니다. 사실 그는 조사원을 동원해서 직접 조사를 하지도 않았다. 다른 여론조사기관들이 내놓는 조사결과를 적절히 조합해서 나름의 예측을 내놓았는데, 그 예측이 오랜 역사와 경험을 지닌 여론조사기관의 예측보다 뛰어났던 것이다. 네이트 실버는 2008년, 2012년 오바마의 당선을 거의 정확하게 예측한 바 있다. 특히 2012년 선거는 갤럽에서 오바마가 낙선할 것이라고 잘못 예측한 선거였다.

그런데 네이트 실버의 예측 역시 언제나 성공적일 수는 없었다. 2016년, 그 역시 다른 조사기관들과 마찬가지로 오바마 다음으로 미국 대통령이 될 사람이 누구일 것인가를 예측해야 했는데, 결과는 실패였다.

2016년은 세계 여론조사회사들에게 어떤 해로 기억될까? 4월에 있었던 우리나라 국회의원 선거부터 보자. 그 선거에서 당선자를 낸 정당은 모두 넷이었다. 선거결과 집권여당인 새누리당, 그때까지 제1야당이었던 더불어민주당, 안철수라는 인물을 중심으로 새로 생긴 국민의당, 그리고 진보정당인 정의당이 의석을 차지했는데 각 당이 얻은 의석수는 다음과 같았다 : 더불어민주당 123석, 새누리당 122석, 국민의당 38석, 정의당 6석, 무소속 11석. 이로써 야당이 의회권력을 갖는 여소야대 상황이 만들어졌다.

그런데 이런 결과를 다들 예측했을까? 전혀 아니었다. 선거 직전까지 대부분의 전문가들과 여론조사기관들은 새누리당이 과반수인 150석을 넘는 의석을 얻어 여유 있게 승리할 것이라고 예측했었다. 대통령선거가 전국 단일 선거구인 반면 국회의원선거는 선거구 수가 250개가 넘기 때문에 오차가 생길 여지가 더 많기는 하지만 그래도 예측과 선거결과의 차이가 너무 컸다. 선거가 끝난 후 여론조사 방법에 대한 근본적인 검토가 필요한 것 아니냐는 비판과 반성의 목소리가 나올 수밖에 없었.

2016년 11월에 있었던 미국의 대통령선거 결과는 더욱 충격적이었다. 사실상 아무도 예측하지 못했던 결과가 현실로 나타났던 것이다. 트럼프 후보의 승리로 선거가 끝난 후 국내의 어느 언론은 이렇게 썼다.

> 뉴욕타임스도 틀렸고, CNN도 틀렸다. 미국 의회선거 결과를 정확하게 예측했던 네이트 실버도 이번 재앙은 피하지 못했다. 8일(현지시각) 미국에서 실시된 45대 대통령선거에서 '언더독' 도널드 트럼프 후보가 당선됐다. 적어도 지금까지 공표된 여론조사 결과만 놓고 보면 대이변이다. 데이터 저널리즘 전문 사이트 파이브서티에잇에 따르면 선거 직전 실시된 19개 여론조사 중 트럼프 승리를 점친 곳은 2개에 불과했다. 파이브서티에잇 역시 이런 조사결과를 토대로 "힐러리 클린턴이 승리할 확률이 71%"라고 예측했다. 하지만 결과는 예상과 정반대로 나왔다. 특히 플로리다를 비롯한 5대 경합주에선 모두 트럼프가 승리하는 대이변이 연출됐다.[4]

그러자 많은 사람들이 빅데이터를 이용해서 더 나은 여론조사를 할 수 있으리라는 기대를 갖게 되었다. 전화로 조사를 할 때 가장 큰 문제가 선

5-5 구글 트렌드에 나타난 미국 대통령선거 후보의 검색량(기간은 2016년 1월부터 미국 대통령선거가 끝난 2016년 11월 사이).

정된 표본에게 전화를 걸어서 여론조사기관이라고 밝히는 순간 많은 사람들이 전화를 끊어버린다는 점이다. 즉 전화 조사의 응답률이 너무 낮다는 것인데 풍부한 SNS 데이터를 이용하면 응답률을 걱정할 필요 없이 사람들의 솔직한 견해를 파악할 수 있을지도 모른다는 것이다. 과연 가능할까? 기대도 많지만 우려 역시 많다.

　전화 여론조사는 그래도 지지후보를 직접 질문해서 분명한 답을 얻는 것이지만 SNS 데이터에서는 그렇지 않다. 어떤 정치인이 SNS 데이터에 등장하는 빈도가 높아졌다고 할 때, 그 빈도 증가를 호의적인 의견으로 해석할지 부정적인 의견으로 해석할지 결정하기도 쉽지 않다. 게다가 모집단도 표본도 없으니 확률과 통계학 이론을 써서 신뢰수준이나 오차의 한계도 제시할 수 없다.

　여론조사기관들이 예측에 실패한 2016년 11월 미국 대통령선거 결과가 나온 후 전통적인 여론조사 방법이 아닌 빅데이터를 써서 트럼프의 당선을 예측하는 데 성공한 사람들이 주목받게 되었다.[5-5] 우리나라의 경영학자 우종필 교수 역시 주로 이를 이용해서 트럼프의 당선을 예측했다고 한다.[5] 그가 활용한 빅데이터는 구글이 검색어별로 검색량을 그래프로 제공하는 구글 트렌드서비스에서 얻은 것이었다. 그는 미국 대통령선거 결과뿐 아니라 영국의 EU 탈퇴 국민투표 결과, 여러 기업의 매출액 등도 구글 트렌드의 빅데이터를 분석해서 예측할 수 있었다고 한다.

케틀레,
19세기 사회를 분석하다
사회통계학

음울한 날씨 때문에 영국의 자살률이 더 높을까?
: 자살통계와 사회법칙

　　　　　　　뉴턴 물리학으로 대표되는 근대과학을 요약해서 말한다면 세상 모든 것들이 존재하는 이유와 운동하는 방식을 나타내는 간결한 법칙을 탐구하는 것이라 할 수 있을 것이다. 근대과학이 찾아낸 과학적인 법칙들은 자연의 신비를 벗겨냄으로써 인간을 해방시켜주는 한편 인간으로 하여금 도리어 자연을 지배할 수 있게 해주었다. 과학혁명을 거치면서 놀라운 성취를 거듭한 근대과학은 시간이 갈수록 점점 그 영역을 넓혀가게 되었는데, 19세기에 접어들었을 때는 자연적인 현상뿐 아니라 오늘날 '사회적'인 현상이라 부르는 것에서도 과학적인 법칙을 찾으려 시도하기에 이르렀다.

사회연구를 과학적으로 만드는 길을 통계 데이터에서 찾은 사람들도 여럿 있었는데, 19세기 사회통계학을 대표할 수 있는 사람이 바로 벨기에의 케틀레(Adolphe Quetelet)다.[5-6] 그는 사람의 수가 많아지면 개인들 사이의 차이보다는 집단 전체의 보편적인 특성이 두드러지므로 이를 이용해서 사회를 과학적으로 연구할 수 있다고 생각했다. 즉 그는 대규모 인간 집단에 대한 통계를 통해 개인적인 다양성을 넘어서는 사회의 규칙성을 찾으려 했던 것이다.

개별적인 존재들을 하나하나 살펴본 결과를 모아서 집단의 특성을 알아보는 것이 아니라 집단에 초점을 맞춘 케틀레의 이러한 생각은 19세기 중반 이후에 사회를 연구한 사람

5-6 케틀레를 모델로 한 벨기에 우표.

케틀레
(Adolphe Quetelet, 1796~1874)
벨기에의 수학자·천문학자·통계학자·사회학자. 사회현상에 통계 및 확률론을 적용시키는 업적을 남겨 '근대 통계학의 아버지'로 불린다.

뒤르켐(David Émile Durkheim, 1858~1917)
프랑스의 사회학자. 마르크스, 베버와 더불어 사회학의 토대를 닦은 사람 중의 한 사람이다. 『사회분업론』, 『자살론』, 『사회학적 방법의 규칙들』 등의 책을 썼다.

들뿐 아니라 기체 분자 운동을 연구한 물리학자들에게까지 큰 영향을 끼쳤다. 케틀레의 사고를 이어받은 연구 가운데 하나가 프랑스의 사회학자 뒤르켐(David Émile Durkheim)이 발표한 자살에 대한 연구일 것이다.

자살이라는 주제는 범죄와 함께 19세기 초부터 특히 프랑스에서 특별한 관심을 모은 주제였다. 통계에 따르면 자살률은 지역·계절·성별에

따라 매년 지극히 일정한 규칙성을 나타냈으며, 자살 방법에 있어서까지도 역시 마찬가지였다. 통계가 작성되기 이전까지만 하더라도 사람들은 영국의 음침한 날씨를 보고 그런 기후 때문에 울적해진 영국 사람들이 자살을 많이 할 것이라고 믿었다고 한다. 하지만 각국의 자살통계를 비교해보니 도리어 영국의 자살률은 다른 나라의 자살률보다 낮으며, 자살할 때 프랑스인들이 강물에 투신하는 방법을 많이 이용하는 반면 영국인들은 총을 사용하거나 목을 매는 경우가 많다는 것도 밝혀졌다.

뒤르켐으로 대표되는 19세기 후반 사회과학자들은 자신들의 연구대상은 개인들이 아니라 사회라고 주장했다. 그들이 사회를 보는 방법은 통계를 통해서였다. 그들은 통계에서 발견한 규칙성을 개인을 넘어서는 사회적인 법칙으로 해석했다. 예컨대 특정한 프랑스인 한 사람과 특정한 독일인 한 사람에 대해 각자의 '자살성향'을 측정한다거나 비교할 수는 도저히 없는 노릇일 것이다. 하지만 각국의 자살통계를 가지고 그 국가 전체의 자살률을 구할 수는 있으므로 그 값을 가지고 프랑스인 전체와 독일인 전체의 자살성향을 비교할 수는 있다는 것이다. 그리고 그 자살 통계는 마치 물리학적인 법칙처럼 정확하고 변함없이 규칙적이라는 것이었다.

한편 어느 지역에서 자살하는 사람의 수가 해마다 일정하게 정해져 있다면, 어느 해에 누가 자살할지는 정해져 있지 않다 하더라도 얼마나 자살할지는 미리 정해져 있는 셈이다. 이에 관련하여 또한 사회적인 법칙이라는 것이 개인의 자유의지와 양립할 수 있겠는가라는 문제가 제기되기도 했다. 사회통계에 대한 케틀레의 생각과 활동이 사회학 분야에 미친 영향은 이처럼 광범위하고 깊은 것이었다.[6]

누가 우리나라 사람을 대표할까?
: 케틀레의 평균인

천문학에서 어떤 단일한 천체현상을 연구하기 위해 여러 번 관측한 데이터를 분석한다고 해보자. 천문관측에서는 관측기구라든지 관측하는 사람 때문에 '측정오차(measurement error)'가 생기므로 같은 현상을 관측했더라도 결과는 서로 다른 값들일 텐데 우리는 그 데이터들을 분석해서 참값에 대한 하나의 추정값을 제시해야 한다. 우리가 얻은 데이터 중에서 가장 주의 깊게 관측해서 가장 정확해 보이는 최고 수준의 데이터를 단 하나만 고른다면 어떨까? 그럴 경우 나머지 데이터는 전혀 이용하지 못하고 버려야 한다.

그렇다면 이번에는 모든 데이터를 다 이용해서 평균값을 추정값으로 택하면 어떨까? 들쭉날쭉한 여러 데이터의 평균값을 택하면 세심하게 관찰한 하나의 데이터보다 더 부정확한 결과를 얻게 되지 않을까? 이 질문은 통계적 사고에서 가장 중요한 핵심 문제라고 할 수 있다. 여러 데이터들을 결합해서 하나의 평균(그것이 산술평균이든 조화평균이든, 기하평균이든 가중평균이든)을 구할 때, 우리는 데이터에 들어 있는 많은 정보를 버리는 셈이다. 즉 정보의 손실이 일어나는 것이다. 그렇다면 데이터가 많으면 많을수록 그 손실은 점점 커지지 않을까?

통계학의 역사를 연구하는 시카고 대학의 스티글러 교수는 "정확성이 의심스러운 관측까지 평균해서 오류를 일으키느니 가장 정확해 보이는 관측 하나를 고르고 싶다는 생각은 예나 지금이나 늘 우리를 강하게 유혹한다"라고 하면서 1860년대에 경제학자이자 통계학자인 제번스(W. S. Jevons)가 여러 물품의 가격 변동을 평균해서 물가지수를 구하려 했을 때 사람들이 보인 반응을 소개한다. "무쇠와 후추에서 나온 자료를 함께 평

균을 내다니 말도 안 된다"는 비판이 그것이었다.[7]

오늘날 생산자물가지수나 소비자물가지수는 수백 가지 상품과 서비스의 가격을 종합해서 구한다. 그리고 우리는 그렇게 계산된 물가지수의 의미를 잘 알고 있다고 생각한다. 그렇게 되기까지 넘어야 할 장벽이 만만찮았다. 오랫동안 사람들이 물가지수를 계산하지도 않았던 것은 평균을 구하는 단순한 계산식을 몰라서가 아니었다. 물가지수라는 것이 받아들여지려면 평균을 내는 계산법이 문제가 아니라 '물가'라는 개념이 만들어져야 했던 것이다.

사회통계에서는 어떨까? 연구대상이 사람이라면 각자에 대해 측정한 값들로부터 구한 평균은 개인들마다 가진 고유한 특성을 무시하고 하나의 대푯값만 택하는 것이다. 사회통계에서 어떤 집단의 특성을 알아보기 위해 사람들을 표본으로 뽑아 데이터를 얻었다고 할 때 그 데이터의 평균은 그 집단을 대표할 수 있을까? 이는 본질적으로 서로 다른 사람들을 대상으로 측정한 데이터를 마치 고정된 천문현상을 반복 관측해서 얻은 데이터처럼 간주하는 것 아닐까? 사람들이 모여 만들어지는 사회라는 것이 과연 물리적인 실체를 갖는 별들의 집단과 마찬가지일까? 이런 질문은 답을 찾는 일이 중요한 것이 아니라 질문 자체로 의미가 있다.

케틀레는 평균을 적극 옹호한 사람이었다. 그의 이름은 오늘날 비만을 측정하는 기준인 체질량지수(body mass index, BMI지수)를 개발한 사람으로 가장 잘 알려져 있지만 그보다 더 중요한 것은 그가 만든 '평균인(average man)'이라는 개념이다. 평균인이란 어떤 집단에 속하는 사람들의 신체적인 특성뿐 아니라 자살성향과 같은 특성까지도

체질량지수
(body mass index, BMI지수)
케틀레의 체질량지수는 킬로그램으로 표시한 몸무게를 미터로 표시한 키의 제곱으로 나눈 값이다. 체질량지수가 18.5에서 25 사이의 값이면 정상이라고 판정한다.

평균을 냈을 때 그 평균값들로 이루어진 가상의 존재를 말한다. 케틀레는 평균인이 그 사회의 가장 전형적인 존재로서 사회를 대표할 수 있다고 보았다. 이러한 그의 아이디어는 오늘날에도 '평균적인 한국인의 모습', '평균적인 20대 여성의 삶'과 같은 표현에 그대로 남아 있다.

평균인은 19세기 중반 시기의 시대정신 중 하나를 잘 드러내주는데 바로 '평등'이라는 시대정신이다. 철저한 신분제 사회라면 하층민까지 다 포함해서 구한 평균을 가지고 한 나라를 대표할 수 있다는 생각을 하기는 어려웠을 것이다.

그 시대에 중요한 사회문제를 고민하는 과정에서 새로운 통계적 사고와 개념들이 생긴 사례는 꽤 많다. 예컨대 19세기 말에서 20세기 초 영국에서 빈부격차와 빈민 문제가 중요해지자 찰스 부스(Charles Booth)가 '빈곤'이라는 개념을 통계적으로 측정할 수 있도록 만들어 광범위한 통계조사를 벌인 바 있다. 종전까지 사람들은 빈곤은 개인의 탓이라고 생각했었다. 하지만 런던 주민의 3분의 1 정도가 빈민임을 밝힌 부스의 통계조사가 주목받으면서 빈곤이란 개인의 노력보다는 사회, 경제 구조적인 대책으로 해결할 문제로 인식되기에 이르렀다. 통계조사가 사회문제에 대한 사람들의 사고방식과 복지정책을 크게 바꾸어놓았던 것이다.

인간은 사회적 원자일까?
사회물리학과 빅데이터

사회학자가 "사회에서 각 개인은 원자와 같은 존재일까?"라는 질문을 했다고 하자. 그런 질문에서 우리는 사람들 사이의 연대가 허물어지고 파편화된 사회를 먼저 떠올리기 십상이다.[8] '원자(atom)'라는 단어에서 이웃 원자들과 이어지지 않고 뿔뿔이 흩어져 동그마니 존재하는 외톨이를 먼저 생각하는 것이다.

입자, 원자 등은 물리학자들이 연구하는 것들인데 아무래도 물리학자들은 복잡한 세상사나 각종 사회문제들로부터 멀리 떨어져서 살아갈 것 같다. 그런데 언제부턴가 사회를 물리학적으로 연구할 수 있다고 주장하는 물리학자들이 나타났다. 예컨대 미국의 이론 물리학자가 쓴 책은 제목이 아예 『사회적 원자(The Social Atom)』라고 되어 있다.[9] 사람은 사회 속의 원자라는 것이다. 또한 우리나라의 물리학자 김범준 교수는 "물리학자'도' 세상을 본다. 다만 다른 눈으로 바라볼 뿐이다"라는 주장이 적힌 책을 내기도 했다.[10]

책을 펴보면 김범준 교수가 세상을 보는 다른 눈이라고 언급한 것은 바로 통계물리학이다. 그런데 혹시 통계학과에서 통계학을 공부한 사람들이라면 통계물리학 책을 술술 읽을 수 있을까? 전혀 아니다(필자에게는 옛날 물리학과 친구가 들고 다니던 통계물리학 교과서를 펴보고 질겁했던 경험이 있다). 김범준 교수가 주로 기체나 액체 등의 물리적 대상을 다루던 통계물리학적 방법으로 세상물정을 헤아릴 수 있게 된 것은 빅데이터 덕분이다.

그는 책에서 여러 가지 희한한 것들을 분석하고 있다. 예컨대 그는 통계청 자료와 족보 데이터를 가지고 김씨, 이씨, 박씨, 최씨, 정씨 등으로 이어지는 우리나라 사람들의 성씨 분포를 분석했다. 그의 분석에 따르면 약 300가지의 성씨 가운데 겨우 8%에 해당하는 소수의 성씨가 전체 인구의 80%를 차지하더란다. 그렇다면 성씨 순위와 사람 수의 관계를 수학 함수처럼 나타낼 수 있을까? 지수함수 꼴이 나왔다고 한다.

성씨뿐 아니라 우리나라 여성들의 이름 데이터를 분석했더니 1950년대에는 '춘자', '영자', '옥순', '복순', '금순'이 많았고 1960년대에는 '영희', '정옥', '혜숙'이 많더니 1970~80년대의 '은주', '경미', '민정', '수진', '지은'을 지나 1990년대에는 '민지', '은지'의 전성시대가 오더란다. 게다가 그는 이런 이름들을 가지고 시기별로 이름의 네트워크그림을 그리는가 하면 이름들이 유행하는 시간 길이도 계산하고 있다. 그런데 그런 것을 연구한 논문이 모두 물리학 학술지에 실렸다니 별별 것들이 다 과학연구의 주제가 되는 모양이다.

사실 아이의 이름은 부모가 자유롭게 선택하는 것이다. 그런데도 불구하고 아주 많은 사람들의 이름을 살펴보면 뚜렷한 흐름이나 패턴 같은 것이 있어서 한때 흔하던 이름을 얼마 뒤에는 거의 볼 수 없게 된다. 그렇다면 사람들의 자유로운 선택도 전체적으로는 마치 일정한 규칙에 따라 이루어지는 것이라고 할 수도 있겠다. 이는 마치 사람들로 붐비는 좁은 길에서 우리가 마주 오는 사람들과 부딪히지 않고 앞사람을 따라 걷게 되는 것과 비슷해 보인다. 어떻게 생각하면 이럴 때 사람이란 큰 물결을 만드는 흐름 속에 있는 하나의 원자처럼 보이기도 한다.

그런데 만일 그 원자가 이웃과 단절되어 완전히 독립적으로 혼자 존

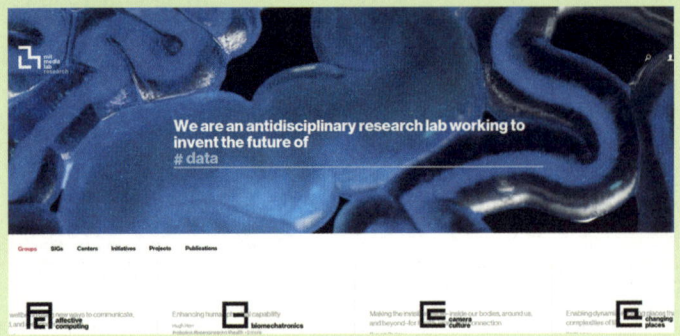

5-7 연구 중인 프로젝트를 소개하는 MIT 미디어랩의 홈페이지 화면(https://www.media.mit.edu/research/?filter=groups).

재하는 원자라면 그런 패턴이나 흐름이 생길 수 없을 것이다. 즉 사회물리학에서 개인을 사회적 원자라고 부를 때 그 원자는 네트워크에 연결되어 이웃과 상호작용하는 원자인 것이다.

사회물리학은 인문·사회·자연과학이 만나 새로운 연구 분야가 만들어진 사례 가운데 하나라고 할 수 있다. 미국 MIT 대학교 미디어랩은 사회물리학을 비롯하여 새롭고 독특한 연구를 활발하게 진행하고 있는 곳을 대표할 만한 곳이다. 지금까지는 좁은 한 분야에만 국한되지 않고 서로 다른 분야들이 어울려 진행하는 연구를 흔히 'interdisciplinary research' 즉 '학제적 연구', 또는 '간학문적 연구' 등으로 불렀었는데, MIT 대학교 미디어랩을 소개하는 웹사이트를 보면 융합과 통섭을 강조하기 위해 스스로를 아예 '학문분야를 나누는 것에 반대하는 연구소(antidisciplinary research lab)'라고 일컫고 있다.[5-7]

MIT 미디어랩 연구진 중 한 사람인 알렉스 펜틀런드는 "새롭게 떠오르는 학문인 사회물리학은 빅데이터를 기반으로 경제학, 사회학, 심리학, 생태학, 의사결정 등 여러 분야를 모두 아우른다"면서 이를 통해 시장과 정치를 혁신하고 정치적 난국이나 부패, 민족과 종교 분쟁, 도시개발 문제 등의 해결 방안을 마련할 수 있다고 주장했다.[11] 그의 주장대로 과연 빅데이터 덕분에 사회물리학이 인간과 사회에 대한 새로운 통찰력을 제시할 수 있을지 지켜볼 일이다.

무엇이든 점수 매길 수 있을까?
통계학이 만드는 현실

인간의 능력은 정규분포를 따를까?
: 수능 등급과 정규분포

한때 우리나라 대학의 성적 관리가 허술해서 대부분의 학생들이 공부를 안 하고도 너무 후한 학점을 받는다는 소문이 있었다. 다 옛날이야기라고 보면 된다. 최근 들어 대학들은 모든 과목의 학점을 상대평가방식으로 내고 있기 때문이다. 그러다 보니 수업을 듣는 모든 학생들이 다들 공부를 열심히 해서 모두 A 성적을 받을 만한데도 상대평가방식에 따라 B나 C 성적을 받는 학생들도 종종 생긴다. 또한 우리나라의 대학수학능력시험에서도 마찬가지 방식으로 아홉 가지로 나누어 등급을 매긴다.

일단 시험결과를 0점에서 100점 사이의 숫자로 나타내는 건 문제삼지 않기로 하더라도, 과연 그 숫자들을 점수간격에 따라 나눈 다음 각 집단 별로 A⁺부터 F까지, 또는 1등급부터 9등급까지 등급을 매길 수 있는 근거가 무엇일까? 참고로 수능시험의 경우 등급은 아래 표와 같은 비율에 따라 나뉜진다.

이렇게 아홉 개 등급으로 나누는 방법을 흔히 '스테나인(Stanine, Standard Nine) 방식'이라고 부르며, 1940년대에 미국 공군에서 처음 썼다고 한다. 이 표에서 보듯 각 등급의 비율은 5등급(20%)을 중심으로 정확히 대칭을 이루고 있는데 이 비율은 아래 그림과 같은 정규분포로부터 구한 것이다. 그림 [5-8]에서 볼 수 있듯이 양쪽 끝에 있는 등급(1, 9등급)을 제외한 나머지 등급은 점수 폭이 모두 같으므로 한가운데에 있는 5등급의 비율이 가장 높고 점점 작은 비율들이 양쪽에 대칭적으로 자리 잡게 된다.

그런데 수험생들의 점수가 반드시 이런 정규분포를 따라야 할 이유가 있을까? 더 심층적인 질문도 할 수 있다. 시험이 측정하려는 그들의 수학능력이라

등급	비율	누적비율
1등급	4%	4%
2등급	7%	11%
3등급	12%	23%
4등급	17%	40%
5등급	20%	60%
6등급	17%	77%
7등급	12%	89%
8등급	7%	96%
9등급	4%	100%

스테나인 방식의 등급 비율.

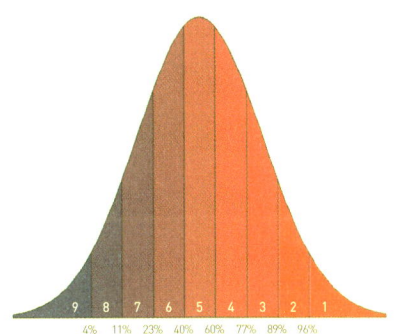

5-8 정규분포 곡선과 스테나인 방식의 등급.

> **'프로크루스테스의 침대'**
> 그리스 신화에 나오는 프로크루스테스는 지나가는 행인을 붙잡아 자신의 철제 침대에 누이고는 행인의 키가 침대보다 크면 그만큼 잘라내고 행인의 키가 침대보다 작으면 억지로 침대 길이에 맞추어 늘여서 죽였다고 전해진다.

는 것이 과연 이런 정규분포를 따르는 것일까? 혹시 정규분포는 인간의 능력을 하나의 틀에 억지스럽게 끼워 맞추려는 '프로크루스테스의 침대' 같은 것이 아닐까?

실제 수능 통계를 가지고 살펴보자. 다음 표는 55만여 명이 응시한 2017년 수능시험의 채점 결과 중 일부이다. 표에는 국어와 한국사 영역의 등급별 인원과 비율만 나타냈는데 국어는 각 등급의 인원 비율이 스테나인 등급 비율과 비슷하지만, 한국사의 경우는 그와 매우 다르다. 한국사 영역에서는 1등급을 받은 수험생이 무려 21.77%나 된다! 즉 다섯 명 중 한 명은 1등급을 받았다는 말이다. 당연히 이런 결과는 만점자가 많을 때 나올 수 있는데, 결국 점수 분포가 정규분포와 매우 달라지므로 등급 비율 역시 정규분포에 바탕을 두고 구한 비율과 크게 달라질 수밖에 없다.

가끔 데이터의 수가 많으면 그 분포가 정규분포에 가까울 것이라고 생각하는 사람들을 만난다. 그런데 2017학년도 수능시험에서 한국사 과목은 소수의 수험생들만 응시한 선택과목이 아니고 필수과목이었으므로 한국사 영역의 데이터 수는 55만이 넘는다. 이처럼 데이터가 많은데도 점수 분포는 정규분포와 아주 다른 분포가 되었다.

스테나인 방식으로 등급을 매기고 나면 점수가 꽤 다른 학생들이 같은 등급 안에 포함될 수도 있다. 이런 문제들 때문에 대학입시에서는 등급 말고도 백분율, 표준점수 등도 이용한다.

국어 등급	등급 구분 점수	인원(명)	비율(%)
1	130	22,126	4.01
2	124	39,483	7.16
3	117	66,654	12.09
4	108	93,060	16.89
5	98	110,927	20.13
6	85	96,939	17.59
7	73	61,956	11.24
8	60	39,039	7.08
9	60 미만	20,924	3.80

한국사 등급	등급 구분 점수	인원(명)	비율(%)
1	40	120,227	21.77
2	35	101,171	18.32
3	30	96,145	17.41
4	25	81,822	14.81
5	20	66,078	11.96
6	15	48,104	8.71
7	10	28,110	5.09
8	5	9,884	1.79
9	5 미만	756	0.14

2017학년도 대학수학능력시험 국어 영역과 한국사 영역의 등급별 인원과 비율. 출처 : "2017학년도 대학수학능력시험 채점결과 보도자료", 한국교육과정평가원, 2016. 12.

영어로 운전면허시험을 보면 점수가 높아질까?
: 평균값 비교도 어렵다

수능시험은 대학에 입학하고 싶어하는 사람들을 대상으로 점수로든 등급으로든 우열을 가려서 순위를 매기는 데 그 목적이 있다. 그런데 모든 시험에서 점수 순위가 수능시험에서처럼 중요한

5-9 자동차운전면허 기능시험장. 출처 : 도로교통공단.

것은 아니다. 도로교통공단에서 관리하는 자동차 운전면허시험을 생각해보자. 시험은 필기시험인 학과시험과 자동차 운전 기능을 측정하는 기능시험, 그리고 실제 도로에서 자동차를 운전하는 능력을 측정하는 도로주행시험 세 가지로 이루어진다.[5-9] 우리나라의 경우 학과시험의 합격선은 1종 면허는 70점 이상이고 2종 면허는 60점 이상이다. 100점을 받았다고 해서 유리한 점은 전혀 없고 똑같은 조건에서 기능시험을 봐야 하기 때문에 응시자 입장에서는 학과시험의 합격선만 넘기면 된다. 또한 합격시킬 인원이 미리 정해진 것도 아니기 때문에 함께 시험을 본 사람들이 전원 합격할 수도 있고 전원 불합격할 수도 있다.

한편, 공무원 채용시험 역시 운전면허시험처럼 등급 대신 합격과 불합격 두 가지 결과만 나오지만 합격선이 미리 정해져 있지 않다. 일 년 동안 채용할 공무원의 수가 미리 정해져 있기 때문에 매년 합격선이 변동하게 된다. 어쨌든 운전면허시험이나 공무원시험처럼 합격, 불합격만 가리고 등급을 나누지 않는 시험에서는 정규분포와 같은 통계학적인 고려를 할 필요가 없을 것 같다.

　이번에는 잠시 우리나라 대신 미국의 운전면허시험을 살펴보자. 미국에서도 한국어로 운전면허시험을 볼 수 있다. 그런데 만약 영어 문제로 학과시험을 본 사람들의 평균점수보다 한국어 문제로 시험을 본 사람들의 평균점수가 낮았다고 해보자. 이때 두 집단 간 평균점수의 차이를 어떻게 해석해야 할까? 두 가지 해석이 가능할 것이다.

　첫 번째 해석 : 한국어 문제들은 영어 문제를 그대로 한국어로 번역한 것이므로 두 시험은 동일한 것이고 결국 시험점수의 차이는 실력의 차이를 그대로 나타낸다. 따라서 한국어로 시험 본 사람들의 실력이 더 낮다고 판단한다. 두 번째 해석 : 원래 영어로 된 문제들을 한국어로 번역하는 과정에서 부정확하거나 어색한 표현들이 생겼을 것이다. 따라서 한국어 시험을 본 사람들은 불리한 입장에서 시험을 보았기 때문에 평균점수가 낮아졌을 것이다. 평균점수 차이가 실력 때문에 생긴 것이 아니므로 한국어 시험을 본 사람들에게는 평균점수 차이만큼의 가산점을 부여해야 공평해진다.

　미국의 운전면허시험을 예로 들었지만 점점 다민족국가로 변하고 있는 우리나라에서도 운전면허시험을 영어·중국어·일본어·베트남어 등의 다른 나라 언어로 볼 수 있다. 즉 앞에서 살펴본 문제는 곧 우리 사회의 것이기도 하다.

　그런데 과연 통계학이 이런 문제까지 해결할 수 있을까? 합격자들을 대상으로 일정기간 동안 사고나 위반 빈도를 조사해서 서로 다른 언어로 시험을 본 두 집단을 비교해봄으로써 실력 차이나 번역 문제를 확인해보면 어떨까? 그럴 경우 불합격자들은 미리 배제되어버리므로 제대로 비교하기 어렵겠다. 아니면 영어와 한국어 두 가지 언어에 모두 능통

한 사람들에게 두 가지 시험을 모두 보게 해서 점수를 비교해보면 어떨까? 이럴 경우 두 가지 언어를 쓰는 사람은 한 가지 언어만 쓰는 사람과는 다른 식으로 시험문제를 읽지 않을까? 예컨대 한국어로 된 불명료한 표현이 보이면 자동적으로 머릿속에서 그것을 영어 표현으로 바꾸어 읽어내지 않을까?

이처럼 두 집단의 평균점수를 비교해서 그 차이를 해석하는 것은 전적으로 통계학적인 문제만은 아니므로 통계학자 혼자서 간단히 해결하기는 상당히 어렵다. 물론 평균값을 비교하는 방법들은 모든 통계학 교과서에 다 실려 있다. 하지만 교과서의 방법들은 여러 가지 조건과 가정을 전제로 한 것들로서 현실의 복잡하고 다양한 문제들에 바로 기계적으로 적용할 수 없다. 이런 문제에 대해 통계학 교과서에 있는 방법을 써서 수치적으로만 접근하다가는 현실세계의 다양한 특성들을 놓쳐버리게 될 것이다. 그렇다고 통계학적 방법을 무시한 채 해당분야 전문가의 경험에 따라 판단했다가는 비과학적인 주관적 오류에 빠질 수도 있다.

우리 사회를 둘러보면 통계학자와 해당분야 전문가들이 서로 충분한 대화를 통해 적절한 해결책을 모색해야 할 문제들이 굉장히 많다. 그리고 사회가 복잡해지면서 그런 문제들은 점점 늘어갈 것이다.

한국 인구,
머지않아 자연 소멸된다?
인구통계학

통계, 인구를 예측하다

우리나라에서는 5년마다 총인구조사(센서스)를 하는데 통계청에서는 그 조사결과와 함께 다른 여러 인구변동 요인들을 분석하여 장래인구에 대한 예측결과를 발표한다. 통계청에서는 현재인구만 잘 헤아리면 된다고 생각할지 모르지만 장래인구 예측도 그 못지않게 중요하다. 정부가 나라의 미래 살림살이를 계획할 때 매우 중요한 기초자료가 되기 때문이다.[12]

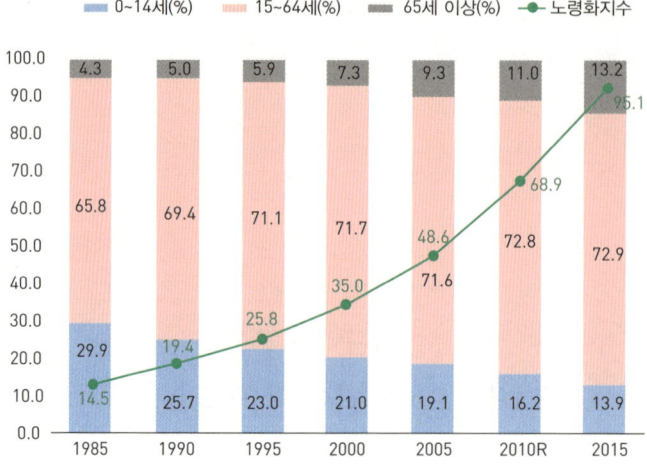

5-10 '연령 인구구조 및 노령화지수', 통계청 보도자료 "2015 인구주택총조사", 2016. 9. 7.

통계청에서는 2015년에 실시한 총인구조사 결과를 토대로 추산한 장래인구를 2016년 12월에 발표했다. 그 발표를 보고 『한겨레』 기자 김소연은 2017년은 한국의 인구구조에 지각변동이 시작되는 해라고 썼다.[13](5-10) 이유는 2017년부터 경제활동의 중심인 생산가능인구(만 15세부터 64세 사이의 인구)가 줄어들기 때문이란다. 인구통계에서는 14세 이하 인구를 유소년인구, 65세 이상 인구를 고령인구라고 부른다. 2017년은 생산가능인구가 줄어들기 시작하는 해일 뿐 아니라 처음으로 고령인구가 유소년인구보다 많아지는 해가 될 것이라고 한다.

통계청의 자료에 따르면 2016년만 하더라도 유소년인구는 686만 명으로 고령인구 676만 명보다 약간 더 많았지만, 2017년에는 유소년인구가 675만 명으로 줄어드는 반면, 고령인구는 708만 명으로 늘어날 것이라고 한다. 생산가능인구의 경우 2016년에서 2017년 사이에 사상 처음으로 3,763만 명에서 3,762만 명으로 조금 줄어드는데 그 감소세가 갈수록

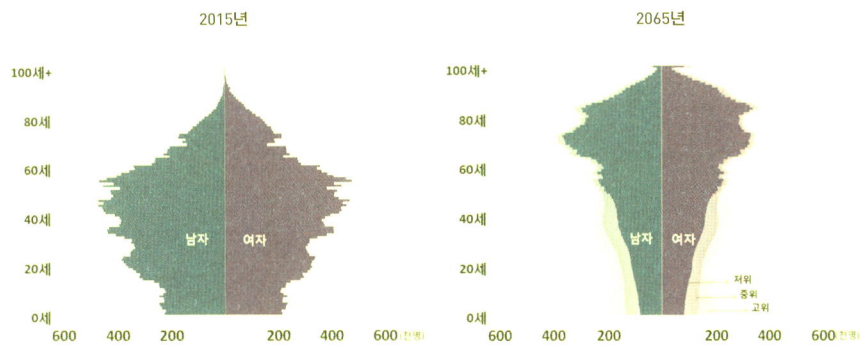

5-11 2015년과 2065년 우리나라의 인구피라미드. 출처 : 장래인구추계(2015~2065년), 통계청, 2016. 12.

빨라진다고 한다.

통계청의 예측에 따르면 고령인구가 급속도로 늘어 2018년이면 인구 전체의 14.3%를 차지해 고령사회가 되고, 그 뒤 겨우 7년이 지난 2025년에는 20%에 달해 우리나라는 초고령사회에 진입할 것이라고 한다. 게다가 이번 장래인구추계의 마지막 해인 2065년이 되면 전체 인구의 절반에 가까운 42.5%가 65세 이상 노인일 것이라고 한다. 인구피라미드를 그린다면 고령인구가 많으므로 삼각형을 거꾸로 세운 역삼각형 모양이 될 것이다.[5-11]

그런데 수명이 아무리 길어진다 할지라도 사람은 언젠가는 사망할 수밖에 없다. 따라서 우리나라처럼 세계 최저 수준의 출산율을 유지하다 보면 인구가 자연감소하는 시기가 오게 마련이다. 통계청에서는 인구가 5,296만 명이 되는 2031년을 정점으로 그 이후부터 우리나라의 인구는 감소세로 돌아설 것이며, 2065년이 되면 총인구가 1990년 수준인 4,302만 명 수준에 그칠 것으로 예상했다. 2030년대 초부터 시작해서 겨우 삼십 몇 년 동안 인구가 무려 1천만 명이나 줄어들 것이라는 말이므로 이런 인구 감소 추세가 지속되면 남한 땅에 사람이 아무도 살지 않는 날이 올지도 모르겠다.

그런데 장래인구에 대한 이와 같은 예상은 얼마나 정확할까? 외국인의 이민이나 남북통일 등 장차 인구에 영향을 끼칠 수 있는 일들이 언제 어떻게 생길지 모르는데 통계청의 장래인구추산을 믿어도 될까? 2010년 인구조사를 바탕으로 2011년에 통계청이 발표한 장래인구추계결과를 가지고 비교해보자. 5년 전 통계청은 다음과 같은 예상을 내놓은 바 있다.[14]

- 인구, 2030년 5,216만 명까지 성장, 2060년 4,396만 명으로 감소
- 생산가능인구, 2016년 3,704만 명(인구의 72.9%)을 정점으로 감소
- 2017년, 고령인구가 유소년인구를 초과
- 2060년, 생산가능인구 10명이 10명(노인 8명, 어린이 2명) 부양

세부적인 인구수는 차이가 나지만 생산가능인구, 고령인구, 유소년인구에 대한 5년 전 예측이 모두 현실화되었다. 물론 5년 후는 그리 먼 미래가 아니므로 예측하기 어렵지 않을 것 같기는 하다. 그렇다면 10년, 20년 뒤 먼 미래에 대한 예측이라면 어떨까? 당연히 가까운 미래보다는 예측하기 어려울 것이다. 따라서 예측 통계를 작성하는 기관들은 대부분 미래 예측값으로 하나만 제시하지 않고 높은값, 중간값, 낮은값 세 가지 시나리오를 모두 제시한다. 리서치회사들이 선거 후보자의 지지율조사 결과를 발표하면서 항상 신뢰수준과 오차의 한계를 함께 제시하듯이 통계청도 미래를 전망할 때에는 마찬가지 방식을 따르는 셈이다. UN과 같

은 국제기구에서 발표하는 통계들도 마찬가지다.

그런데 언론 보도를 보면 대개 세 가지 예측값이 아니라 하나의 전망만 보도하는데 알고 보면 그 값은 주로 셋 중에서 중간값이다. 언론이 보도한 것보다 더 상세한 내용을 살펴보려면 자료를 만든 기관의 홈페이지를 찾아가면 될 것이다.

누가 노인인가, 그 기준은?

앞의 인구전망을 보면 14세까지를 '유소년인구'라 부르고 65세 이상을 '고령인구'라고 부른다는데, 과연 그런 기준은 누가 정한 것일까? 국제통계를 보면 가끔 60세부터 노인으로 보는 경우도 있긴 하지만 통상적으로는 UN의 기준에 따라 전체 인구 중에서 65세 이상 인구가 차지하는 비율을 가지고 고령화사회(aging society, 7% 이상), 고령사회(aged society, 14% 이상), 초고령사회(super aged society, 20% 이상)로 구분한다. 만약 국제기구의 기준을 따르지 않고 나라마다 다른 연령으로 노인 통계를 낸다면, 서로 비교하는 데 어려움이 많을 것이다.

여기서 우리는 이런 생각을 해볼 수 있다. 만일 노인의 연령기준을 65세가 아니라 70세로 잡는다면 어떻게 될까? 또 대부분이 학생으로서 경제활동을 하지 않는 10대 후반을 '생산가능인구'에 넣어도 되는 걸까? 연령기준을 더 높여야 하지 않을까?

옛날에 비해 학교에 다니는 기간도 길어졌고 60대 후반에도 50대 못지않게 건강한 사람들이 많아졌다. 그 결과 은퇴연령이 지나고 나서도 계속 활동을 하고 싶어하는 사람도 많을 테고, 일자리들 가운데에는 체력보다 오랫동안 쌓아온 연륜이나 지혜가 중요한 곳도 많을 것이다. 노인 연령을 높이고 은퇴 시기를 늦춘다면 정부 또한 연금을 지급하기 시작하는 시점을 늦출 수 있기 때문에 재정 부담을 덜 수 있을 것이다. 70세 이상이 되어야만 지하철을 무료로 탈 수 있게 바뀐다면 적자에 허덕이는 도시철도공사에서도 환영할지 모른다. 혹시 노인들의 은퇴시점이 늦어진다면 새로 노동시장에 진입할 청년들이 반대할까? 먼저 양쪽 세대 사이에 겹치는 일자리들이 얼마나 되는지 세밀하게 알아보아야 할 것이다.

여기서 노인연령 문제를 살펴보려는 이유는 통계 중에서도 특히 사회통계는 자연적인 현상을 측정하는 것이 아니라는 점을 강조하기 위해서이다. 노인 통계뿐 아니라 사회통계에서는 누가 노인인지, 누가 실업자인지, 누가 빈민인지부터 먼저 정해야 한다. 그런데 그런 정의는 과학적인 이론이나 법칙에 따라 나오는 것이 아니고 사회적으로 만들어내는 것이다. 즉 사회통계는 있는 그대로의 현실을 객관적으로 정확하게 드러낸 것이 아니고 사람들이 만든 기준에 따라 사람들이 만들어낸 사회적인 생산물이다.

다시 노인 문제로 돌아가보면 개인마다 노화가 진행되는 속도가 각자 다르기 때문에 정부기관에서 규정한 '65세 또는 70세부터는 모두가 노인'이라는 기준이 출생이나 사망처럼 아무 논쟁의 여지없이 만들어지는 것은 아닐 것이다. 노인의 연령을 65세, 70세 등으로 정하는 것은 국제사회에서 통용되는 일종의 사회적 합의 같은 것으로 보는 것이 옳을 것이다.

프랑스의 심리학자인 제롬 펠리시에에 따르면 16세기 프랑스의 사상가 몽테뉴는 30세가 넘은 사람을 노인으로 보았고, 17세기 사람들은 40

세가 넘은 사람을 노인 취급했으며, 1950년에는 60세 이상, 그리고 2000년부터는 65세 이상이면 노인으로 보았다고 한다. 이처럼 기준연령은 변했지만 그 연령 이상의 인구가 전체 인구에서 차지하는 비율은 대략 16% 정도로 일정했다고 한다. 즉 절대연령이 아니라 전체 인구에서 차지하는 비중에 따라 노인의 기준이 달라졌다는 것이다.

펠리시에는 그런 식으로 계산해보면 2060년에 인구의 16% 선은 75세 정도로 추산되므로 노인의 기준이 75세가 될 것으로 추정했다.[15] 노인의 연령기준이란 결국 시대가 변하면 얼마든지 바뀔 수 있다는 것이다. 국제기구에서도 그렇고 통계청에서도 노령인구의 연령기준뿐 아니라 많은 것들을 끊임없이 검토해서 시대에 맞게 바꾸거나 새로 만들고 있으며, 한편으로는 지금까지 만들어오던 통계를 더 이상 안 만들기도 한다.

가령 시대 변화에 따라 우리나라에서 2000년대부터 새로 만들기 시작한 사회통계 가운데 대표적인 것이 '성(性)인지적 통계'라고도 불리는 '젠더 통계'이다. 말할 필요도 없이 여전히 우리는 온갖 면에서 뚜렷이 남성이 중심인 사회에서 살고 있다. 그러다 보니 여성은 각종 통계 속에서 너무나 당연한 듯이 감춰지기 일쑤다. 차별이 존재하는 실정에서 성별을 무시하고 만들어진 통계는 차별과 억압을 은폐하는 역할을 하게 되므로 결과적으로 남성 위주의 제도와 이론을 강화시키는 데 이바지할 수밖에 없을 것이다. 그런 통계로는 여성의 상태와 지위에 대해 파악할 수도 없고 여성 정책의 성과를 헤아릴 수도 없음은 물론이다.

이에 따라 우리나라에서는 2002년에 '여성발전기본법'을 만들고, 2007년에 새로운 통계법을 구축했으며, 각 지방자치단체에서 만든 조례 등을 통해 성인지적 통계를 강조하게 되었다. 이러한 추세에 따라 점

5-12 나라별 성차별지수를 보여주는 지도. 색이 짙을수록 차별이 적다. 출처 : The Global Gender Gap Report 2016, World Economic Forum, 2016.

차 새로운 여성 통계의 개념이 생기고 그에 따른 새로운 측정법과 지표도 개발되기 시작했다. 가족·출산·육아·가사노동분담·여성노동·보건·정치참여·성희롱·가정폭력·무보수노동 통계 등이 그러한 사례일 텐데, 이러한 통계는 예전에는 생산되지 않았거나 생산되더라도 남녀 구분 없이 만들어지던 통계였다.

한편 UN과 같은 국제기구에서도 세계 각국 여성의 지위를 비교해 볼 수 있는 지수들을 만들어 발표하고 있다. 대표적인 것들로 성별 기대수명, 성인문맹률, 초·중·고등학교 취학률, 예상소득 등으로 계산하는 '남녀평등지수(Gender-related Development index, GDI)'라는 것이 있고, 보다 최근에 개발된 '성불평등지수(Gender Inequality Index, GII)'라는 것도 있다. 또한 UN 산하 기구에서 만드는 또 다른 지표로 '여성권한척도(Gender Empowerment Measure, GEM)'라는 것도 있는데, 이것은 국회의원이나 입법, 고위임직원 및 관리직, 전문기술직 등에서 일하는 여성의 비율, 그리고 남녀의 소득비 등으로 계산된다. 또한 세계경제포럼에서 개

발한 '성차별지수(Gender Gap Index, GGI)'라는 것도 있다.[5-12]

그런데 이 지수들이 모두 같은 것을 측정하는 걸까? 우리나라의 순위를 가지고 알아보자. 2015년, 우리나라는 UN 산하 유엔개발계획(UNDP)에서 발표하는 성불평등지수로 보았을 때 세계 180개 나라 중에서 상당히 높은 17위를 기록했다. 이 정도라면 우리나라에서 성평등 문제를 크게 걱정할 필요는 없겠다.

그런데 세계경제포럼이 만든 성차별지수를 보면 전혀 다르다. 2015년 세계경제포럼이 발표한 순위에 따르면 한국은 145개국 중 115위로 거의 꼴찌 수준이다. 이 지표로 본다면 한국은 성차별이 극심한 나라라는 말인데, 그렇다면 세계경제포럼의 성차별지수란 무엇을 가지고 만든 것일까? 이 지수는 경제활동 참여, 교육, 건강, 정치 권한 등의 분야에서 성별 격차를 비교해서 계산하는데 한국은 특히 남녀 노동자의 임금 격차를 비롯한 경제활동 참여 분야와 여성 국회의원 수나 여성장관 수 등의 정치 권한 분야에서 중동 국가들에 버금가는 낮은 평가를 받았다.

이처럼 성평등이라는 같은 문제를 측정하는 지수들이지만 어떤 기관에서 어떤 분야를 강조해서 지표를 만드는가에 따라 순위는 크게 달라진다. 그러므로 통계를 이용하는 사람은 지수의 이름에 현혹되지 말고 그 지수가 무엇을 가지고 계산된 것인지 잘 살펴야 한다. 통계는, 특히 사회나 경제 통계는 항상 시대에 따라 변화한다. 그렇다고 통계청의 통계가 어떤 의도에 따라 조작된 거짓말이라고 여겨서는 안 되고, 적어도 사회통계란 자연현상처럼 불변의 객관적인 사실은 아니라는 점은 기억할 필요가 있겠다. 그래야 새로운 통계를 상상할 수도 있을 테니까.

지도와 통계자료를 한꺼번에
: 통계청의 지리정보서비스

우리는 오늘날 낯선 곳을 여행할 때에 지도책 대신 네이버지도, 구글맵 등을 이용한다. 그런 지도 서비스들은 어떤 지도책보다 많은 정보를 담고 있어서 맛집을 찾을 때에도 도움이 된다. 이와 같은 지리정보는 '공간통계학(spatical statistics)'이라고 불리는 통계학의 한 분야와 밀접한 관계가 있다. 공간통계학은 공간 데이터를 분석하여 공간 패턴을 찾는 분야로서 원래 넓은 지역의 광물자원이나 임업자원 등을 탐사하면서 시작되었다.

그렇다면 공간통계, 또는 지리정보의 특징은 무엇일까? 지리정보는 크게 두 가지 자료로 이루어지는데, 하나는 지도자료이고, 하나는 통계자료이다. 지도자료에는 강이나 산, 바다와 같은 자연적인 정보와 도로, 항만, 공항, 철도, 지명, 행정구역 등의 인위적인 정보가 포함된다. 통계자료에는 지역별 인구나 가구 수, 사업체 수, 범죄발생 건수 등이 포함된다. 즉 지리정보는 여러 층의 방대한 자료들이 포개져서 만들어지는 다층적이고 다면적인 정보라고 할 수 있겠다. 그러므로 지리정보에 대한 연구와 활용은 컴퓨터의 발달과 데이터과학의 발달 덕분에 빠르게 성장하고 있는 분야에 해당한다.

우리나라 통계청에서도 국가통계, 공공데이터 그리고 민간데이터와 지리정보를 결합하여 "통계지리정보 서비스(SGIS)"(https://sgis.kostat.go.kr/)를 제공하고 있다. 통계청에서는 이 서비스를 통해 사용자 조건에 맞는 주거지역을 추천해주기도 하고, 지역별 특성 정보 통계를 제공하여 창업을 지원하고 있으며, 지역사회의 이슈를 찾아 통계와 결합할 수 있는 서비스도 제공하고 있다고 한다. 또한 인구와 가구, 주거와 교통,

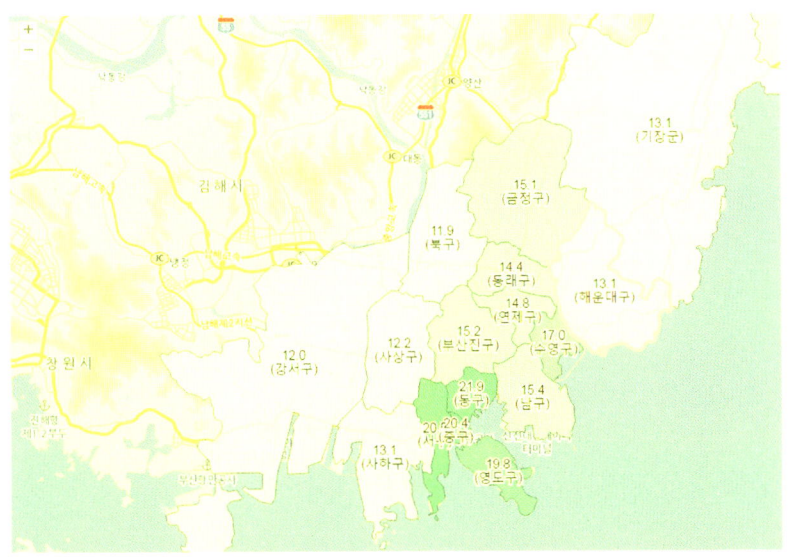

5-13 부산광역시의 16개 구, 군별 고령인구비율을 나타낸 지도. 출처 : 통계청 통계지리정보시스템, 2017. 1.

복지와 문화, 노동과 경제, 환경과 안전 등 사회적으로 관심 있는 내용을 골라 '주제도(thematic map)'라 불리는 통계지도도 제공하고 있다.

그림 (5-13)은 부산광역시의 16개 구, 군별 고령인구비율을 나타낸 지도이다. 이미 중구, 동구, 서구 등 구도심 지역은 초고령사회(고령인구 비율 20%)에 진입했고, 수영구, 남구, 부산진구, 금정구 등 여러 곳은 고령사회(고령인구 비율 14%)에 도달했음을 알 수 있다.

내가 왜 실업자가
아니란 말입니까?
고용통계

실업자 되기가
이렇게 어려워서야

　우리나라에서 고용통계를 만들기 위해 실시하는 조사는 '경제활동인구조사'이다. 이 조사는 전국 약 3만 2,000개 표본가구를 대상으로 표본가구 내에 상주하는 사람 가운데 만 15세 이상인 사람을 조사대상으로 하여 매월 실시된다. 또한 1997년 외환위기 이후에는 비정규직 등 경제활동인구조사에 포함되지 않는 내용을 부가조사를 통해 알아보고 있으며, 2008년부터는 지역의 고용상황을 파악하기 위해

시군구고용통계조사도 실시하고 있다.[16]

고용통계에서는 15세 이상 전체 인구를 취업자와 실업자 그리고 비경제활동인구로 나누는데, 이때 취업자와 실업자를 구분하는 기준은 대체적으로 ILO(International Labour Organization, 국제노동기구)에서 만든 기준을 따른다. 그 기준에 따르면 1주일에 수입을 얻기 위해 단 한 시간만 일해도 그 사람은 취업자로 간주된다. 공식통계에서 정의하는 실업자는 일할 의사와 능력이 있고 구직활동을 했는데도 1주일에 한 시간도 일을 하지 못한 사람이다.

그렇다면 만약 일자리를 찾다가 실패를 거듭한 결과 구직활동을 포기한 사람은 어디에 속하게 될까? 그는 실업자가 아니라 비경제활동인구에 포함된다. 비경제활동인구에는 학생, 주부, 취업준비생 등 많은 사람들이 들어 있다. 그런데 실업률은 실업자 수를 전체 조사대상자 수로 나누어 구하는 것이 아니다.

$$실업률 = \frac{실업자}{경제활동인구} \times 100$$

$$= \frac{실업자}{취업자 + 실업자} \times 100$$

실업률은 위와 같이 계산되므로 비경제활동인구는 실업률 계산에 들어가지 않는다. 일자리 없이 그냥 백수 신세로 지낸다 하더라도 공식적인 실업자 되기가 무척 어려운 것이다. 이러니 공식 실업자 통계는 낮아질 수밖에 없고 늘 불신의 대상이 되고 있다. 공식실업률과 체감실업률의 차이가 얼마나 되는지 2017년 1월 『경향신문』의 기사 일부를 보자.

공식 실업자에 실제 일자리를 못 구한 사람까지 더한 '사실상 백수'가 지난해 처음으로 450만 명을 넘어섰다. 23일 통계청 자료를 보면 공식 실업자에 취업준비생, 고시학원·직업훈련기관 등 학원 통학생, 특별한 이유 없이 쉰 사람(통계상 '쉬었음 인구'), 주당 18시간 미만 취업자 등을 모두 합친 사실상 실업자는 지난해 말 기준 453만 8000명에 달했다. 공식 실업자 101만 2000명의 4.5배에 이르는 규모다. 사실상 실업자는 2015년 27만 5000명 늘어난 데 이어 지난해에도 14만 1000명 증가했다. 구조조정 여파로 인한 제조업 일자리 감소 등이 주요 원인으로 거론된다. 기업들이 신규 채용을 꺼리면서 청년 고용시장에는 다른 연령대보다 더욱 거센 한파가 불고 있다. 고시학원이나 직업훈련기관 등에 등록하지 않고 혼자 입사를 준비하는 자력갱생 취업준비생은 40만 1000명으로 집계됐다. 2015년 37만 4000명보다 7.21% 증가한 것으로 증가 폭은 2008년 11.6% 이후 최대다.[17]

이 기사에서는 사실상 실업자가 줄어들기는 어려울 것이라는 전망도 덧붙였다. 이런 비판이 계속되자 최근 통계청에서는 그림 (5-14)와 같이 각종 보조지표를 개발하여 발표하고 있다.

통계청의 설명에 따르면 여기서 '잠재취업가능자'란 취업자도 아니고 실업자도 아닌 "비경제활동인구 중에서 지난 4주간 구직활동을 했으나, 조사대상주간에 취업이 가능하지 않은 자"를 뜻한다. 그리고 '잠재구직자'란 역시 "비경제활동인구 중에서 지난 4주간 구직활동을 하지 않았지만, 조사대상주간에 취업을 희망하고 취업이 가능한 자"를 뜻하며, 잠재취업가능자와 잠재구직자를 합쳐서 잠재경제활동인구라고 부르기로

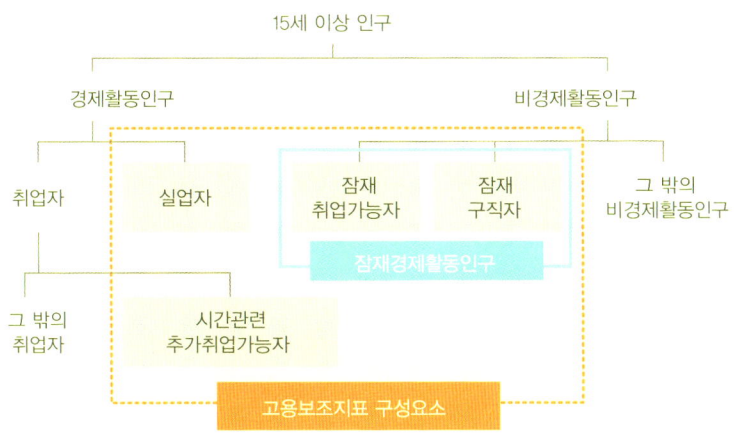

5-14 "2016년 12월 및 연간 고용동향", 통계청, 2017. 1.

했다고 한다.[18]

비정규직과 정규직 통계, 하나가 아니다

우리나라에서 비교적 최근에 나오기 시작한 통계 가운데 젠더 통계보다 더 많은 관심의 대상이 되었고 지금까지 논란의 대상인 통계가 비정규직 통계일 것이다. 정규직, 비정규직이란 말은 사실 국제적으로 널리 쓰이는 용어가 아니다. '비정규직'이라는 용어는 우리가 고용에 대해 이야기할 때 흔히 사용하고 있지만, 그 정확한 정의는 잘 알려져 있지 않은 듯하다. 사실 근래 들어 비정규직이 늘어나는 추세가 우리나라에서만 볼 수 있는 일은 아니라서, 세계화를 비롯한 여러 변화와 함께 많은 나라에서 종래의 정규직 중심의 고용 형태에도 큰 변화가 일어나게 되었다. 이른바 '노동의 유연화'라는 표현에서 볼 수 있듯 기업 입장에서는 필요할 때 사람을 고용해서 쓰고 상황이 바뀌면 쉽게 내보낼 수 있는 방식을 점점 선호하게 된 것이다.

그에 따라 기간제나 임시직, 그리고 일하는 곳과 소속된 곳이 다른 파견·용역 등의 간접 고용, 나아가 아예 소속도 없는 특수고용직 등이 늘어나게 되었다. 사실 '비정규직'이라는 용어 자체만 하더라도 우리나라에서는 지난 1990년대 말 이전에는 듣기 어려운 말이었고, 지금은 이미 흔해진 파견 노동이 법적으로 금지된 상태였다가 허용된 것도 알고 보면 그때 이후였다. 그 이전에는 당연히 비정규직 통계도 사실상 없었다.

그런데 알고 보면 실업률 통계와 함께 비정규직 통계도 대표적인 불신의 대상인데, 그 이유 중 하나는 어떤 노동자가 비정규직인가에 대해 세계적으로 널리 받아들여지는 정의가 없는 실정이기 때문이다. 심지어는 우리나라에서 '비정규직'이라고 부르고 있는 용어 자체도 영어로는 'atypical', 'nonstandard', 'insecure' 등 여러 가지가 있다고 한다.[19]

우리나라에서는 김대중 정권 시절 "21세기 지식정보화 사회의 새로운 경제 환경, 외환위기로 초래된 경제위기의 극복과정, 산업구조의 다변화·고도화 경향 속에 우리 사회에는 다양한 형태의 비정규 근로가 증가하는" 추세에 대응하여 노사정위원회에서 '비정규직 노동자대책 특별위원회'를 만들어 "비정규 노동자의 권익보호와 노동시장의 장기적 발전을 기하기 위한 법과 제도개선 등을 논의"한 바 있다. 그 결과 노사정위원회에서는 비정규직을 고용형태에 의해 ① 한시적 노동자 또는 기간제 노동자, ② 단시간 노동자, ③ 파견·용역·호출 등의 형태로 종사하는 노동자 셋으로 정하게 되었다.

이러한 기준에 따라 통계청에서는 해마다 경제활동인구조사 결과를

5-15 "2016년 8월 경제활동인구조사 근로형태별 부가조사 결과", 통계청, 2016. 11.

발표하면서 비정규직 노동자 수를 비롯한 여러 가지를 공표하고 있다. 통계청에서 2016년 11월에 발표한 "2016년 8월 경제활동인구조사 근로형태별 부가조사 결과"에 실린 그림 (5-15)를 보자.

이 그림에 잘 나와 있듯이 통계청의 발표에 따르면 2016년 8월에 실시한 조사결과, 비정규직의 수는 644만 4천 명으로서 전체 임금근로자의 32.8% 정도라고 한다.[20] 그런데 한국노동사회연구소에서 같은 조사결과를 분석해서 발표한 자료를 보면 전체 임금근로자의 44.5%에 해당하는 873만 7천 명이 비정규직이라고 한다.[21] 통계청의 발표와 200만 명 넘게 차이가 난다.

동일한 조사 데이터를 가지고 계산한 비정규직의 규모가 이렇게 다르다니, 어느 한쪽이 통계를 조작한 것이 아닐까 하는 의심을 가질 수 있다. 그런데 문제는 데이터에 있지 않고 데이터에 대한 해석에 있다. 즉 비정규직 집계 결과에 큰 차이가 나는 이유는 통계청이 비정규직이라고 부르는 일자리와 한국노동사회연구소가 생각하는 비정규직이 서로 다르기 때문이다.

이러한 차이는 특히 한국노동사회연구소에서 '장기임시근로'라고 부르는 범주에서 많이 생긴다. 이 개념은 "고용계약을 맺지 않고 장기간

임시직으로 사용하는 장기임시근로자 이외에, 업체 비소속 자유노동자, 계절근로자 등을 포괄하는 개념"이라고 한다. 통계청의 분류에는 없는 개념으로서 이들 중 상당수가 통계청의 집계에서는 정규직으로 분류된다는 말이다.

이렇게 '비정규직'이라는 같은 이름으로 나타내는 통계가 발표하는 기관에 따라 차이가 크다. 비정규직 통계는 이용하는 사람들이 혼동하기 쉬운 통계의 대표적인 경우이다. 실제로 언론보도나 각종 연구보고서, 그리고 노동문제를 다루는 책들을 보면 글 쓰는 사람이 각자 입맛에 맞는 비정규직 통계를 골라 쓰는 경우를 자주 볼 수 있다.

그런데 사실 비정규직에 대해서는 국제적으로 합의된 정의가 없기 때문에 어느 쪽 통계가 부정확하다거나 편향되어 있다고 비판하기도 어렵다. 그런데 19세기 이후 사회통계의 역사를 잠시 생각해보면 사회통계란 것이 원래 객관적인 사실을 그대로 드러내는 것은 아니었음을 알 수 있다. 따라서 혼란을 방지한다는 이유로 모두가 정부의 개념 정의와 통계 발표를 반드시 따라야 할 필요는 없다. 통계가 서로 다르다는 것은 다양한 관점에서 사회적인 이슈를 볼 수 있다는 뜻이기도 하므로 서로 다른 통계가 나오는 것은 사회를 위해서나 통계 발전을 위해서나 새로운 변화를 모색하는 에너지일 수도 있다.

결국 통계도 정치·사회적인 갈등과 타협의 산물로 만들어지는 것이다. 통계라고 해서 반드시 하나로 통일해야만 좋은 것은 아니다.

Chapter 6

통계학, 경제를 측정하다
: GDP와 금융리스크

―― 경제학은 사회과학의 하나이지만 여러 사회과학 분과학문들 중에서 가장 '과학적'인 학문이라고 자부하는 분야이다. 경제학이 과학과 닮은 모습을 갖게 된 데에는 수학적 방법을 이용한다는 점과 더불어 방대한 통계자료를 가지고 통계학적 이론과 방법을 널리 활용한다는 점도 작용했을 것이다. 실제로 노벨경제학상을 받은 사람들 중에는 수학과 통계학적 방법이 핵심적인 역할을 하는 계량경제학의 대가들이 제법 들어 있다.

이 장에서 우리는 경제학이 과학적인 학문으로 변신하는 과정에서 통계학이 어떤 역할을 했는지 살펴보고, 경제지표 가운데 가장 대표적인 GDP, 즉 국내총생산의 여러 가지 모습을 검토한 다음 GDP를 대신할 새로운 지표에 대해서도 생각해볼 것이다. 이어서 우리는 신문에서 자주 접하는 물가지수와 주가지수에 대해서도 알아볼 것이다. 또한 금융투자에서 생길 수 있는 가치 변동의 위험을 예측할 때 통계학이 어떤 역할을 하는지, 개인과 기업의 신용을 평가할 때 통계학적 방법이 어떻게 쓰이는지에 대해서도 살펴볼 것이다.

경제학은 어떻게 과학이 되었을까?
경제학과 수학, 통계학

**통계학을 공부해서
노벨경제학상을 받아볼까?**

　　　　　　보통 우리는 통계나 통계학과 가장 인접한 학문은 수학이라고 여긴다. 그런데 현실적으로는 데이터로서의 통계와 학문으로서의 통계학이 모두 경제현상이나 경제학과 상당히 가깝다. 해마다 연말이 가까워오면 노벨상 수상자의 이름이 신문에 보도되는데 그 여섯 분야 중에 경제학도 들어 있다. 역대 노벨경제학상 수상자들의 면모를 살펴보면 경제학의 여러 분야 가운데 통계학과 관계가 깊은 분야에서 중요한 업적을 남긴 사람들도 제법 보인다.

다들 알다시피 노벨상은 1896년에 사망한 알프레드 노벨의 유언에 따라 1901년부터 5개 분야의 수상자를 선정하여 상을 주기 시작했는데, 원래 노벨의 계획에는 경제학상이 들어 있지 않다.[6-1] 원래 노벨상의 다섯 분야는 평화상과 문학상을 제외하면 물리학상, 화학상, 의학·생리학상으로서 모두 자연과학 분야들이다. 과연 70여 년 뒤에 들어온 경제학은 물리학을 비롯한 자연과학 분야들과 얼마나 가까울까? 20세기가 절반을 넘어섰을 때쯤

> **노벨경제학상**
> 우리가 보통 노벨경제학상이라고 부르는 상은 '알프레드 노벨을 기념하는 스웨덴 중앙은행 경제학상'이다. 다른 분야의 노벨상은 1901년부터 시상되었지만, 경제학상은 한참 뒤인 1969년부터 시상하기 시작했다.

6-1 일반적인 노벨상 메달(왼쪽)과 노벨경제학상 메달(오른쪽). 오른쪽 메달에는 '알프레드 노벨을 기념하여 스웨덴 중앙은행이 주는 상'이라고 새겨져 있다.

엔 다들 사회과학 가운데 경제학이 마침내 자연과학과 비슷한 과학적인 학문이 되었다고 여겼던 것이 아닐까?

여기서 19세기 말 통계학과 경제학의 모습을 잠시 돌아보자. 현대통계학은 19세기 말부터 20세기 전반기 사이에 영국을 중심으로 시작되었다. 그런데 19세기 후반은 경제학의 역사에서도 혁명의 시기였다. '한계혁명(Marginal Revolution)'이라고 불리는 큰 변화가 그것인데, 영국의 제번스, 프랑스의 발라(L. Walras), 오스트리아의 멩거(C. Menger)가 혁명의 주역들이었다. 아담 스미스 이래 리카도, J. S. 밀 등의 경제학자들은 생산비용이 상품의 가격을 결정한다고 생각했는데, 멩거를 비롯하여 1870년대 이후에 등장한 학자들은 그러한 주장을 반박하며 한계효용 (marginal utility) 이론을 도입했다.

그런데 사실 20세기 초까지만 하더라도 경제학자들이 이론을 입증하기 위해 통계 데이터를 찾는 경우는 거의 없었다. 그 이유에 대해 20세기 계량경제학의 태두 가운데 한 사람인 프리슈(Ragnar Frisch, 1895~1973)는 ① 우선 통계 자체가 워낙 부족했고, ② 학자들이 이론을 만들 때 그 이론이 통계학적으로 입증될 것을 기대하지도 않았기 때문이라고 했다.[1]

한계효용혁명을 일으킨 사람들의 도구는 통계학이 아니라 수학이었다. 예컨대 역학에서 빌려온 '평형' 개념을 그대로 쓴 발라의 '일반균형이론(General Economic Equilibrium Theory)'은 경험적인 것이 아니라 사실 순수 수학이론에 가까운 것이었으며 후대에 이루어지는 그 이론에 대한 증명 역시 순수 수학적인 증명이었다. 거칠게 정리하자면 경제학과 통계학은 20세기가 시작될 무렵 각자 다른 길을 통해 나름대로 '과학'의 틀을 갖추어갔다고 할 수 있다.

이 둘 사이의 거리는 확률론 책(*A Treatise on Probability*, 1921)을 쓰기까지 했을 정도로 확률, 통계학에 관심이 많았던 케인스(J. M. Keynes, 1883~1946)까지도 경제현상을 확률변수로 나타내는 데에 회의적이었고 자신의 경제학 연구와 확률, 통계이론을 연결시키지 않았던 데에서 확인할 수 있다.[6-2] 물론 1928년 미국통계학회 회원 가운데 무려 69%가 미국경제학회의 회원이기도 했을 정도였으므로 통계학과 경제학은 여전히 밀접한 관계를 유지하고 있었다. 하지만 그 관계가 확률이론이나 20세기 초에 등장한 새로운 통계학을 적극적으로 활용할 정도의 관계는 아니었던 것이다.

6-2 케인스, 1933.

경제학자들이 1920년대까지도 통계학적

방법을 적극적으로 활용하지 않았던 이유는 ① 경제현상에 대해서는 실험이라는 방법을 사용할 수 없고, ② 경제현상에 영향을 미칠 수 있는 변수들이 너무나 많으며, ③ 경제현상은 시간적으로나 지리적으로 서로 이질적인 데다, ④ 측정오차 때문에 경제 데이터의 질이 낮았기 때문이었다.[2] 특히 통제된 실험에서 얻은 데이터를 강조했던 R. A. 피셔의 주장이 통계학의 큰 흐름을 이루는 당시의 분위기에서 경제학 데이터에 확률, 통계학적 방법을 적용하기란 쉽지 않은 일이었다.

경제학과 수학, 통계학의 만남
: 계량경제학의 등장

그러다가 1930년대에 접어들면서 분위기는 크게 바뀌게 된다. "경제학 책이나 논문에서 수식과 통계가 전무하다시피 했던 1891년에만 하더라도 경제학 논문에 수식을 포함시키려면 왜 그래야 하는지 여러 페이지에 걸쳐 변명을 늘어놓아야 했다. 하지만 겨우 한 세대 만에 수학과 통계학을 경제학 논문에서 흔하게 볼 수 있는 시대가 왔다." 이 말을 한 사람은 1932년 미국통계학회 회장이었던 피셔(영국인 R. A. Fisher가 아닌, 미국인 Irving Fisher)였다.[3] 그의 말대로 20세기에 접어든 이후 경제학은 상당히 빠른 속도로 수학과 더불어 통계학을 받아들였고, 이전에는 없었던 계량경제학이라는 새로운 분야까지 만들어내게 되었다.

1930년대 계량경제학 분야에서 중요한 역할을 했던 프리슈는 훗날 노벨경제학상을 받고 20세기 초 경제학을 돌아보는 자리에서 1870~1890년대 멩거 등의 신고전주의 경제학을 J. S. 밀 이후 경제학에서 일어난 첫 번째 혁신(breakthrough)이라 일컫고, 1930년대의 계량경제학을 두 번째 혁신이라고 평가했다. 그의 주장에서 핵심은 다른 자연과학에서와 마찬가지로 경제학에서도 경제학적 개념을 수량적으로 측정할 수 있어야 한다는 것이었다. 또한 그는 경제학 이론이 여러 요소들의 계량적인 중요성을 측정하지 않고 순전히 질적인 연구만 한다면 거기에서는 어떠한 결론이든 마음대로 이끌어낼 수 있을 것이라고 비판하면서 경제학 이론에 '계량화(quantification)'가 필요하다고 주장했다.[4]

1930년대의 계량경제학자들은 경제학 이론과 통계학, 수학을 결합시켜서 경제학을 이론 중심의 학문이 아닌 경험적 과학으로 탈바꿈시키려 했다. 그들은 종전까지의 경제학이 경험적 토대를 갖추지 못한 채 이론에 머물렀다고 비판하면서 경제학을 보다 과학적인 학문으로 승격시키기 위해서는 경제학 이론을 통계학적으로 입증해야 한다고 생각했던 것이다. 이런 활동에 대한 후세의 평가가 어떠했을지는 당시에 활동한 계량경제학자들 중에서 훗날 노벨경제학상 수상자가 여럿 나왔던 것으로 짐작해볼 수 있을 것이다.

물론 그 결과로 "경제학의 지평이 크게 넓어지고 더 많은 신뢰를 얻게 되었을까?"라는 질문에 긍정적인 답만 나오는 것은 아니다. 여전히 일기예보가 틀리는 경우보다 경제예측이 틀리는 경우가 훨씬 많고, 경제학자들은 최근의 금융시장 붕괴라든가 심각한 경제위기를 역시 예측하지 못했고, 막지도 못했다. 현실의 세계는 종종 좁은 학문세계의 온갖 논의를 훌쩍 뛰어넘어 정교한 수학이론과 풍부한 데이터와 통계모형들을 비웃으며 제 갈 길을 간다. 사회과학이 자연과학을 닮기란 역시 어렵다.

GDP는 우리의 삶을 얼마나 잘 나타낼까?
국내총생산과 행복지수

경제성장률은 무엇으로 구하나
: GDP계산법

다들 알다시피 2017년 현재까지 한국인으로서 노벨경제학상을 받은 사람은 아직 나오지 않았다. 그렇다면 동양인 가운데(아시아에 속하긴 해도 이스라엘 출신은 제외하자) 최초로 노벨경제학상을 받은 사람은 누구일까? 1998년 수상자인 인도 출신 센(Amartya Sen, 1933~)이다. 센은 '후생경제학(Welfare Economics)'의 대가로 불린다. 그는 통계에 대해서도 관심이 많아서 사회나 경제 분야에서 중요한 통계지표들을

> **후생경제학**
> 자원의 배분이 사람들의 경제적 후생에 미치는 영향을 연구하는 경제학의 한 분야를 말한다.

새로 만들거나 기존의 지표들을 개선하는 데에도 많은 관심을 기울이고 있다. 특히 그는 UN 산하 UN개발계획(UNDP)에서 발표하고 있는 인간개발지수(Human Development Index, HDI)와 같은 통계지표를 개발하는 일, 국내총생산(GDP)을 대체할 새로운 지표를 만드는 일 등에 적극적으로 참여한 바 있다.

그는 인구통계 문제를 다룰 때에도 현실 문제와 연결해서 생각하는 편이었으므로 여자아이를 골라서 낙태시키고, 여자아이가 태어나면 버려서 죽게 만들고, 또 국제적으로 여성을 사고파는 인신매매 등의 이유로 인해 아시아에서 "1억 명의 여성이 사라졌다"는 주장을 해서 화제가 된 적도 있다.

경제학 교과서에는 경제학을 크게 미시경제와 거시경제로 나누는데, 개별 소비자나 기업의 의사결정이라든지 희소한 자원의 배분 등을 연구하는 분야가 미시경제학이고, 개별 경제주체가 아니라 나라 전체의 국민경제를 주제로 삼는 분야가 거시경제학이라고 할 수 있다. 따라서 수요·공급법칙 등은 미시경제 과목에서, 총생산·실업률·물가·경제성장 등은 거시경제 과목에서 배운다. 어찌 보면 굳이 이렇게 둘로 나눌 필요 없이 미시경제에서 개별 소비자와 개별 기업들을 잘 연구해서 모두 합쳐보면 거시경제에서 알고 싶은 것들을 쉽게 파악할 수 있을 것도 같다.

그런데 각 개인들을 아무리 잘 살펴봐도 그 개인들이 모여 만드는 사회의 움직임을 파악할 수 없듯이, 미시경제에서는 미덕이던 개별 소비자의 의사결정이 거시경제에서는 전혀 다른 효과를 내기도 한다. 가령 흔한 예로 절약이나 검소한 생활은 개인에게는 미덕일지 몰라도 대부분의 개인이 그렇게 살면 소비가 줄어 국가경제가 침체되고 실업률이 높아져서 거시경제 지표가 악화되기도 한다. 개인의 미덕이 전체 국가경제를 어려움에 빠뜨리고 나중에는 도리어 개인의 불행으로 돌아올 수도 있는 것이다. 이처럼 사회와 마찬가지로 경제에서도 전체는 부분의 단순합이 아니다.

그렇게 경제학을 둘로 나누고 보면 통계는 미시경제보다는 거시경제와 더 가까울 것 같다. 경제학의 역사를 통해 볼 때에도 거시경제 분야는 미시경제보다 더 늦게 출발했다. 학자들 가운데에는 1920년대 말부터 시작된 대공황을 거시경제 연구의 중요한 분수령으로 평가하고 거시경제의 목적이 대공황 같은 어려운 상황이 안 일어나게 방지하는 것이라고 보는 사람도 많다. 대공황은 제2차 세계대전이 일어날 때까지 약 10년 동안 전 세계적인 규모로 진행되었는데 오늘날 경제를 파악하기 위해 쓰이는 통계들 가운데 다수가 1930년대부터 만들어진 것들이다. 가장 대표적인 것이 한 국가 내에서 생산된 모든 것들의 가치를 나타내는 GDP, 즉 국내총생산일 것이다.[6-3]

GDP는 'Gross Domestic Product'의 약자로서 일정 기간 동안 한 지역 내에서 생산된 모든 최종생산물의 가치를 나타낸다. GDP와 비슷한 것들로 GNI, GDI, GNP 등 여러 가지가 있는데 나타내는 것도 서로 조금씩 다르고 쓰임새

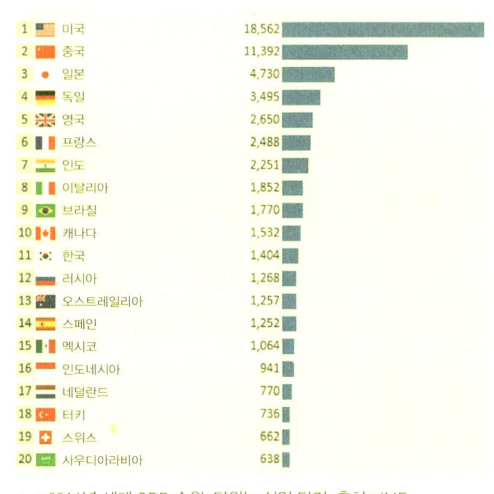

6-3 2016년 세계 GDP 순위, 단위는 십억 달러. 출처 : IMF.

6-4 국내총생산 및 경제성장률(GDP). 출처 : 한국은행 '국민소득'.

도 다르다. 특히 우리말로 '국민총생산'이라고 불리는 GNP(Gross National Product)는 오랫동안 오늘날의 GDP와 비슷한 역할을 했던 지표로서 생산이 그 나라 국경 바깥에서 이루어지더라도 그 나라 사람이 생산한 것이면 모두 포함시키기 때문에 그 이름이 '국민'총생산이 되었다. 꽤 오래 쓰이던 GNP가 GDP로 대체된 것은 1990년대 초반 이후의 일이었다. 이런 지표 변화는 시대적 변화를 반영한 결과라고 할 수 있는데 가령 '지구화' 추세에 따라 기업들이 여러 나라를 돌아다니며 사업을 벌이는 방식이 일반화된 것이 대표적일 것이다. 예를 들면 한국 기업인 현대자동차 회사가 미국이나 멕시코에 공장을 세워 차를 생산하면 그 결과는 우리나라의 GDP에 포함되지 않지만 우리나라 GNP에는 들어간다.[6-4]

GDP와 같이 가격이나 가치를 나타내는 통계지표들은 보통 명목값과 실질값 두 가지를 따로 계산한다. 예컨대 2016년 우리나라의 명목 GDP를 구하려면 우리나라에서 1년간 생산된 모든 상품과 서비스의 양과 가격을 다 조사해서 합치면 될 것이다. 이때 가격은 2016년 그해의 가격이다(물론 일 년 동안 이 가격도 변하지만 적절한 방법으로 일종의 평균가격을 구했다고 하사). 그런데 만일 그해에 물가가 크게 올랐다면 생산량이 같았거나 적었는데도 명목 GDP가 그 전해 값보다 더 커질 수 있다. 따라서 물가의 영향을 배제한 GDP를 구할 필요가 있는데, 이를 '실질 GDP'라고 한다. 실질 GDP의 계산법은 조금 복잡하므로 여기서는 다루지 말자. 그래도 물가의 영향으로 인해 명목 GDP와 실질 GDP, 이 두 가지 GDP를 구분해야 한다는 점은 기억해두자. 두 가지 GDP의 쓰임새도 달라서 우리가 보통 국내총생산이라고 할 때에는 명목 GDP를 뜻하지만 물가의 영향을 배제하고 경제성장률을 구할 때에는 실질 GDP를 쓴다.

행복은 GDP 순서가 아니잖아요!
: GDP의 문제점

우리는 쉽게 GDP나 1인당 GDP 등으로 어떤 나라 사람들의 '평균적인' 삶의 질이나 생활수준을 비교하곤 한다. 최근 사회과학자들, 그리고 경제협력개발기구(OECD) 같은 국제기구에서는 지금까지 국민의 생활수준을 측정하는 데 널리 사용되고 있는 국내총생산(GDP)을 대체할 새로운 지표를 만들기 위해 회의를 거듭하고 있다. 일단 새로운 통계지표가 만들어지고 나면 (그동안 우리가 GDP와 경제성장률 통계가 어떻게 이용되었는지 익히 보았듯) 정치가들은 그 지표의 변화를 치적으로 삼으려 할 것이고, 사회는 그 지표를 높이는 방향으로 움직이게 될 것이다.

그런데 GDP가 어떤 문제점을 갖고 있기에 그것을 대체할 새로운 지표를 찾게 되었을까? 먼저 GDP는 모든 것을 합해서 계산하는 총량지표이므로 모든 생산품이나 소득이 그 나라 안에서 어떻게 골고루 분배되

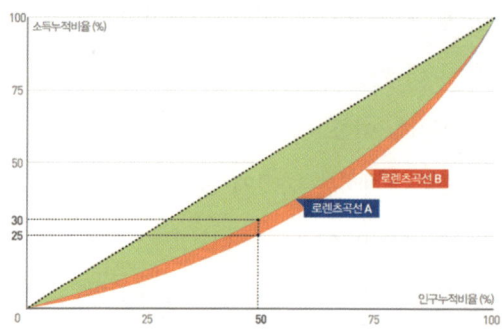

6-5 지니계수를 나타내는 그래프. 대각선에서 멀어질수록 소득분배의 불평등 정도가 심한 것을 나타내므로 A보다 B에서 소득의 불평등 정도가 심한 것을 알 수 있다. 출처 : 통계청.

는가에 대해서는 아무것도 알려주지 않는다. 부유층의 사치품 구매가 증가하면 하위층의 구매력이 낮아져도 총생산액은 증가할 수 있다. 따라서 1인당 평균 GDP는 낮지만 소득의 편차가 크지 않다면 그 나라 사람들은 평균소득은 더 높아도 불평등이 심한 나라 사람들보다 더 행복하게 살지도 모른다. 이와 같이 평균이 보여주지 못하는 소득불평등을 나타내는 지표로 가장 널리 쓰이는 것이 '지니계수(Gini coefficient)'일 것이다.[5] (6-5)

> **지니계수(Gini coefficient)**
> 이탈리아 통계학자인 지니(C. Gini)가 만든 소득 불균형 상태를 나타내는 계수. 가장 소득이 낮은 사람부터 순서대로 가로축에 나열한 다음 각자 소득의 누적 배분율을 세로축에 나타내면 로렌츠곡선을 그릴 수 있는데 대각선과 로렌츠곡선 사이의 면적을 대각선 아래쪽 직각삼각형의 면적으로 나누어서 지니계수를 구한다. 소득분포가 평등할수록 로렌츠곡선이 대각선에 근접할 것이므로 지니계수의 값이 0에 가까워진다.

또한 경제성장은 종종 환경파괴를 불러오므로 설사 GDP가 늘어났다 하더라도 그것이 환경을 파괴하고 얻은 것이라면 삶의 질은 더 낮아질 것이다. 게다가 GDP는 시장에서 거래되는 상품과 서비스만을 가지고 계산하므로 주로 여성들이 담당하는 가사나 육아를 아무런 경제적 가치가 없는 것으로 평가한다. 그리고 시장이 덜 발달되고 자급 농업이 널리 이루어지는 나라가 있다면 그 나라의 GDP는 낮게 평가될 수밖에 없다. 이러한 여러 문제점에도 불구하고 GDP는 오랫동안 가장 대표적인 거시경제 지표로 사용되어왔고, 우리는 그 값을 비교해서 어떤 나라나 지역에 사는 사람들의 생활수준이나 삶의 질까지 비교하는 데 익숙해졌다.

하지만 경제시스템 자체가 GDP가 처음 개발될 당시에 비해 크게 달라졌고, 또한 환경에 대한 관심이 높아지고 심각한 금융위기와 경제침체까지 이어지면서 최근에는 GDP의 문제점을 살펴서 새로운 지표를 설계해보려는 움직임이 여러 군데에서 나타나고 있다. 그 가운데 하나가 프랑스 대통령이던 사르코지의 요청으로 만들어진 '경제실적과 사회진보 측정을 위한 위원회(The Commission on the Measurement of Economic Performance and Social Progress)'에서 2009년에 발표한 보고서다.[6] 이 보고서에서는 GDP를 대체할 새로운 지표를 만들어서 뚜렷하게 제안하기보다는 정부의 통계기관이 총생산뿐 아니라 국민들의 건강, 교육, 정치 참여, 사회적 관계, 환경 등까지 측정할 것을 권고했다. 스티글리츠(Joseph E. Stiglitz)를 비롯한 노벨경제학상 수상자 두 사람이 참여한 이 위원회에서 낸 보고서의 맨 앞에는 사르코지의 발간사가 실렸는데 거기에서 사르코지는 "평균에 대해 이야기하는 것은 불평등에 대한 이야기를 회피하는 방법의 하나다"라고 적었다.

> **스티글리츠**
> (Joseph E. Stiglitz, 1943~)
> 미국의 경제학자로서 컬럼비아 대학 교수이다. 세계은행의 부총재, 수석경제학자를 역임했으며 정보경제학 연구를 인정받아 2001년 노벨경제학상을 받았다. 그가 쓴 책들 가운데 미시·거시 경제학, 불평등, 국내총생산 등 다양한 주제를 다룬 책들이 우리말로 번역되어 출판되었다.

스티글리츠 등이 만든 보고서는 크게 GDP의 고전적 문제들, 삶의 질 측정, 지속가능한 개발과 환경이라는 세 부분으로 이루어져 있다. 연구진은 생산의 양뿐만 아니라 질을 측정할 필요가 있으며, 특히 측정의 중심을 경제적 생산으로부터 사람들의 행복을 재는 것으로 옮길 필요가 있다고 강조했다. 구체적으로 그들은 새로운 지표를 만들 때 지침으로 삼아야 할 여러 가지 권고사항을 제시했는데, 거기에는 가계의 입장을 강조할 것, 소득과 소비를 재산과 함께 고려하고 그 분배를 더 부각시킬 것, 소득 측정의 범위를 비시장적 행위로까지 넓힐 것, 행복의 객관적 측면과 주관적 측면을 모두 중요시할 것, 포괄적인 방식으로 불평등을 평가할 것, 지속가능성을 평가하기 위한 잘 정의된 지표를 마련할 것 등이 들어 있다.[7] 그런데 GDP는 경제학자와 통계학자들만 고민할 문제일까? 최근 GDP를 비롯한 통계들과 정치의 관계에 대해 활발하게 발언하고 있는 정치학자의 이야기를 중심으로 GDP에 대해 정치경제학적 관점에서 살펴보자.

GDP는 '국내총문제'?
: GDP의 정치경제학

통계학의 역사에서는 1660년대에 존 그랜트, 윌리엄 페티 등을 중심으로 영국에서 시작된 '정치산술(Political Arithmetic)'을 중요한 시작점으로 기록한다. 정치산술은 수량으로 측정할 수 있는 현상들을 바탕으로 해서 사회와 경제를 연구하려는 입장으로서 17세기 중반 당시로서는 새로운 접근법이었다. 정치산술의 대표자 가운데 그랜트는 런던의 사망통계 자료를 최초로 분석한 사람인데, 그랜트보다 정치산술이라는 분야에 더 많은 기여를 한 사람은 페티(William Petty, 1623~1687)였다.[6-6]

6-6 윌리엄 페티의 초상화, 1696. © John Smith, after John Closterman.

특히 페티는 크롬웰이 지휘한 영국군대가 아일랜드를 침략한 1652년 이후에 많은 군인들을 동원하여 아일랜드의 토지를 비롯한 부를 13개월에 걸쳐 측정했다.[6-7] 페티의 이 통계작업은 오늘날 GDP로 대표되는 국민계정(national account) 시스템의 최초 사례로 간주된다. 당시 영국인들

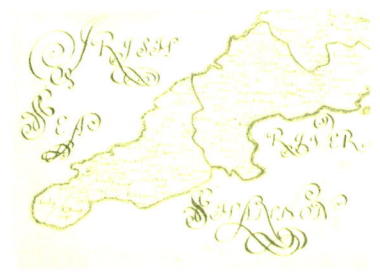

6-7 〈Down Survey Map〉, 윌리엄 페티, 1685.

이 아일랜드를 어떻게 생각했는지 페티 자신의 글에서 엿볼 수 있다. 페티는 "사람들이 아일랜드 인구가 130만 명 정도 되는데 그중에서 목장에서 일할 남녀 30만 명만 남겨두고 모조리 영국으로 실어와야 더 이상 반란이 없을 것이라고들 말하는데 내 생각은 다르다"면서 온갖 것을 금액으로 따지며 손익계산을 하기 시작한다. 식민지를 지배하는 사람들의 시선이란 그런 것이었다.[8]

그런데 아일랜드에서 페티가 오랜 시간이 걸리는 통계조사작업을 했던 이유는 무엇이었을까? 페티는 새롭게 획득된 통계정보를 통해 정부가 세금을 거두고 개인이 소유한 부의 양을 제한할 수 있는 수단을 제공했고, 지방의 자율성을 제약하고 잠재적 반대파들의 손에 자본이 집중되는 것을 막을 수 있는 유용한 지적 수단도 제공했다. 페티는 '숫자로부터 지식을 만든 사람'으로서 그 자신부터 그 지식과 정치적 수완을 적절히 활용하여 막대한 부를 축적한 인물이었다.[9]

페티는 평생에 걸쳐 국가를 하나의 경제단위로 보고 국가의 부를 화폐가치로 측정하는 일에 몰두했는데, 정치학자 피오라몬티(Lorenzo Fioramonti)는 GDP의 정치경제적 역할에 대해 쓴 책(제목이 재미있다. 저자는 GDP가 문제가 많다는 뜻으로 책 제목을 "Gross Domestic Problem"이라고 붙였다.

국내총생산이 "국내총문제"를 일으킨다는 말이겠다)에서 페티에 대해 이렇게 평가했다.

> 정치권력에 대한 홉스의 기계적 기술이 현대 정치사상의 탄생을 알렸듯이, 한 나라의 부를 수학적으로 기술하기 위한 윌리엄 페티의 노력은 현대 정치경제학의 기초를 제공했다. 사회현상(뿐만 아니라 인간 존재까지도)의 가치를 숫자로 바꾸려는 그의 시도는 지식과 불편부당성을 향상시키려는 순수한 노력인 것처럼 제시되었다. 그러나 사실상 이는 지배 엘리트의 이해에 복무하는 것이었으며 지배의 도구로 널리 도입되었다. 그리고 이는, 예나 지금이나 경제적 성과를 측정하는 모든 작업들에도 해당되는 이야기이다.[10]

피오라몬티는 17세기 중엽 페티의 시도는 20세기의 GDP에까지 이어진다고 보았다. 그는 1930년대 대공황 당시에 쿠즈네츠(Simon Kuznets)가 개발한 GDP는 곧이어 벌어진 제2차 세계대전 때 미국 경제가 전쟁을 수행할 수 있도록 뒷받침하는 역할을 했고, 전쟁이 끝난 후에도 생산과 경제성장을 중요시하는 사고방식을 전 세계에 퍼뜨렸다고 보았다.

한편 러시아혁명 이후 소련에서는 일찍부터 '사회총생산(gross social product)'이라는 지표를 만들어 썼는데, 이 지표는 GDP와 달리 서비스는 제외하고 물질적 생산만을 헤아렸다. 소련에서는 시장에서 상품의 가격이 정해지지 않기 때문에 그 나라의 경제 현실과 달리 정부의 뜻에 따라 사회총생산이 빠르게 증가하는 경우도 많았다. 냉전 시기 동안 양국의 정치가들과 경제학자들은 상대방의 지표와 그 지표로 구한 성장 실적을 비판하는 데 열중했는데, 그러고 보면 미국과 소련은 각각 국내총생산과 사회총생산이라는 지표를 내세워 일종의 '통계전쟁'을 치른 셈이었다. 따라서 GDP나 사회총생산과 같은 총량지표들은 지난 20세기에 가장 정치적으로 많이 이용된 통계지표일 것이다.

GDP를 무엇으로 바꿀까?
: 삶의 질을 나타내는 지표들

1930년대에 개발된 이후 GDP는 미국을 시작으로 여러 나라에서 활용했고 1950년대부터는 UN과 같은 국제기구에서도 국제적인 기준으로 이용하기 시작하면서 거시경제 지표 가운데 가장 중요한 자리를 차지하게 되었다. 그런데 이처럼 GDP의 지위가 높아지자 한편에서는 이 지표가 갖는 여러 가지 한계와 문제점을 지적하는 목소리들도 다양하게 등장했다. 특히 2007~2008년에 시작된 세계 금융위기로 인해 세계경제가 1930년대의 대공황에 버금갈 만큼 침체에 빠지면서 GDP에 대해 비판적인 목소리들도 더 많이 나오게 되었다.

최근 '고용 없는 성장'에 대한 논의만 보더라도 GDP는 오늘날의 경제현실과 맞지 않는 낡은 지표처럼 보인다. 전통적인 산업구조에서는 경제가 성장하면, 즉 GDP가 늘어나면 당연히 고용도 늘어야 했다. 하지만 기계와 정보통신기술의 발달 등으로 인해 사람이 덜 필요해지면서 경제는 성장하는데 고용은 늘지 않거나 일자리의 질이 점점 낮아지는 시대가 지속되고 있다.

GDP에 대한 비판과 개선방안은 금융위기 이전에도 나온 바 있는데, 20세기 후반 이래 나온 비판들을 크게 둘로 나누어볼 수 있다. 하나는 GDP의 문제점을 부분적으로 보완하고 개선하려는 시도들이고, 다른 하나는 GDP로 측정되는 경제성장 자체에 대해 의문을 제기하고 생산 중심의 GDP와 다른 관점에서 대안적인 지표를 모색하는 흐름이다.

피오라몬티는 그런 시도들 가운데 1971년에 미국의 경제학자인 노드하우스와 토빈이 제안한 '경제후생지표(Measure of Economic Welfare, MEW)'를 GDP를 개선하려는 첫 시도로 꼽는다. 그들은 경제성장의 부작용도 반영하고 가사노동의 가치도 반영한 지표를 제안하면서, 특히 군비 지출은 복지에 아무런 도움이 되지 않는다는 이유로 집계에서 완전히 제외시켜야 한다고 주장했다. 하지만 1970년대와 80년대에 나온 제안들은 GDP에서 무시되는 가사노동이나 돌봄 노동과 같이 시장에서 거래되지 않는 비시장적 생산을 평가하는 진전을 보였으나 소득불평등 문제나 경제성장으로 인한 자연자원의 소모까지 고려하지는 못하는 한계도 가졌다.

한편, 1980년대 말부터 GDP를 비판할 때 이용된 새로운 개념 중에 특히 중요한 것이 '지속가능성(sustainability)'이었다. 경제이론과 지속가능성을 함께 반영해서 나온 지수 가운데 하나로 경제학자 데일리(Herman Daly)와 신학자 콥(John Cobb) 등이 만든 '지속가능한 경제복지지수(Index of Sustainable Economic Welfare, ISEW)'를 들 수 있다. ISEW는 나중에 GPI(Genuine Progress Indicator, 참진보지수)라는 이름으로 바뀌게 되는데, 그 지수를 만드는 데 참여한 콥은 생태학과 환경윤리 분야에 관심을 가진 미국의 저명한 신학자이자 철학자이다.

이런 지수를 만드는 데 경제학자나 사회과학자들뿐 아니라 인문학자가 주도적인 역할을 한다는 점에서 우리는 국내총생산을 대체할 지표를 만드는 일이 이미 경제학자의 전유물이 아니며 인문학·자연과학·사회과학 등 다양한 분야의 전문가들이 대화하고 참여해야 하는 작업임

을 짐작할 수 있다. 지속가능
성은 전 지구적으로 함께 추
구해야 할 목표이므로 UN에
서도 2015년 제70차 총회에서
'지속가능발전목표(Sustainable
Development Goals, SDGs)'를 채
택한 바 있다. 그림에서 볼 수
있듯이 SDGs에는 빈곤 없는
세상, 굶주림 없는 세상, 건강

6-8 2015년 70차 UN총회에서 채택한 지속가능발전목표.

과 웰빙, 질 높은 교육, 성평등을 비롯하여 17가지 현안들이 담겨 있다.
UN에서는 이 목표들을 2016년부터 2030년까지 전 지구적으로 추진할
계획이라고 한다.[6-8]

GPI의 특징은 경제성장을 위해서는 대가가 필요하므로 지표를 계산
할 때 환경 비용과 사회적 비용을 함께 고려한다는 점이다. 이후 GDP를
개선해보려는 사람들은 사실상 아무도 환경과 관련된 내용을 빠뜨리지
않았는데 '녹색 GDP(Green GDP, GGDP)' 같은 지표가 대표적이다. 녹색
GDP는 보통 전통적인 GDP에서 환경오염, 자원고갈 등의 가치를 뺀 값
으로 계산한다. 물론 녹색 GDP라는 발상은 충분히 좋으나 고갈된 자원
이나 오염된 환경으로 인한 손실을 (시장에서 거래될 수 있는 것들이 아니므로)
금액으로 측정하기가 매우 어렵기 때문에 이들 지표가 널리 쓰이려면
지속적인 논의를 통해 개선할 여지가 많다.

한편 GPI와 비슷한 이름을 가진 것으로 'SPI(Social Progress Index, 사회
진보지수)'도 있다.[6-9] SPI는 흔히 '웰빙(well-being)'이라고 표현하는 행
복이나 안녕의 정도를 나타내기 위한 지표들 가운데 가장 최근에 만들

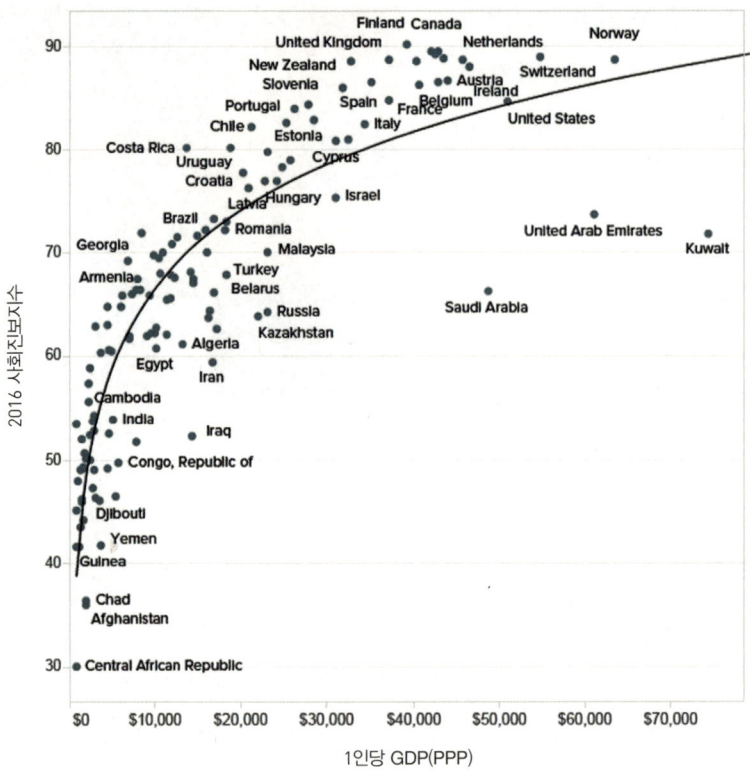

6-9 GDP와 SPI. 출처 : 2016 Social Progress Index.

어진 것 중 하나이다. 녹색 GDP를 포함한 다른 지표들이 대개 기존의 GDP를 보완하는 성격을 지닌 데 비해 SPI는 경제적인 발전과 상관없이 사회적인 진보의 정도를 직접 측정하기 위해 만들어진 지표이다.

"세계를 다르게 보라 : 부가 아니라 사회적 진보를 측정한다(See the world differently, Measuring social progress, not wealth)"라는 슬로건을 내세우는 이 지표는 크게 세 가지를 측정하는데, 의식주로 대표되는 '기본적인 필요들(Basic Human Needs)', 기초적인 지식이나 정보에 대한 접근권과 보건을 비롯한 '웰빙의 토대들(Foundations of Wellbeing)', 그리고 개인적인 권리나 자유, 관용, 그리고 높은 수준의 교육을 받을 수 있는 '기회 (Opportunity)'가 그것들이다. 여기에서 보듯 SPI를 계산하는 항목 중에 상품이나 서비스 생산량이나 가격은 들어 있지 않다.

그렇다면 사회진보지수로 보면 우리나라는 어느 정도 위치에 있을까? 2016년 결과를 보면 한국은 세 가지 항목에서 133개국 중 26위(80.92)인데, 세부적으로 살펴보면 의식주 등 기본적인 조건 항목에서 가장 순위가 높고(26위), 그다음이 웰빙 항목이고(28위), 기회 항목에서 가장 낮다(29위).

마지막으로 부유한 나라의 경제학자들이나 국제기구가 아니라 변방의 작은 나라 부탄에서 만든 지표를 하나 소개하자. 히말라야 동쪽에 있는 부탄은 인구가 100만 명도 안 되는 작은 나라로서 GDP를 가지고 본다면 아주 가난한 나라에 속한다. 왕정국가인 이 나라에서는 1972년에 GDP와 다른 '국민총행복지수(Gross National Happiness, GNH)'라는 개념을 도입하고, 국내외 전문가들의 오랜 논의를 거쳐 2000년대에 행복도를 측정하기 위한 지표를 만들었다. 부탄의 행복지수는 좋은 거버넌스, 지속 가능한 사회경제적 발전, 문화유산의 보전과 진흥, 환경 보전이라는 네 가지가 중심이 된다.[11] 아무리 세계화 시대라고 하지만 나라마다 지역마다 행복의 기준이 같을 수는 없을 것이다. 비록 국제적으로 널리 쓰이고 있지는 않지만 부탄의 총행복지수는 지역별로 나름의 행복도를 측정하려는 다양한 시도들의 촉매가 되었다.

TIP

GDP, 아프리카의 가난한 나라
가나를 중진국으로 바꾸어놓다

GDP와 같은 거시경제 지표를 지속적으로 만들기 위해서는 국가 통계시스템이 잘 정비되어 있어야 하고, 적지 않은 전문가들이 있어야 한다. 우리는 곧잘 약 200개에 달하는 나라들을 GDP에 따라 순서 매기고 비교한다.(6-10) 그런데 그 모든 나라의 GDP가 같은 기준에 따라 같은 방법으로 같은 정도의 신뢰도를 가진 것들일까? 만일 그렇지 않다면 GDP를 가지고 각국의 경제규모나 생활수준을 알아보기는 어려울 것이다.

연구자들에 따르면 아프리카에 있는 나라들의 통계에서 실제로 그런 문제가 종종 드러난다고 하는데, 먼저 가나(Ghana)의 사례를 중심으로 통계작성의 기준에 대해 살펴보자. 가나는 이전에 '황금해안'이라고 불리던 서아프리카에 있는 국가로서 아프리카 나라들 가운데 교육이나 생활수준이 상당히 높은 편에 속한다. 인구는 남한 인구

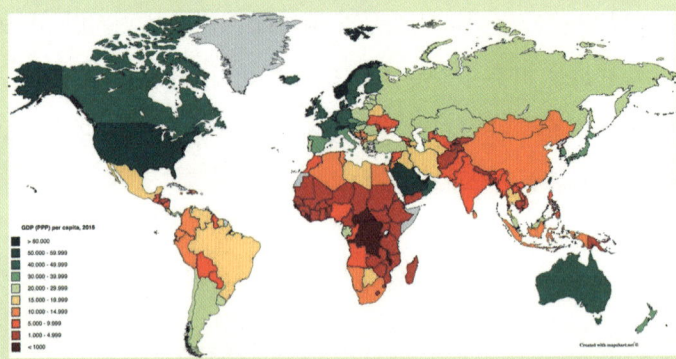

6-10 2016 1인당 GDP(PPP), IMF.

의 절반 정도인데 화폐 단위는 세디(cedi, GHS)이며, 2017년 2월 환율로 1세디는 한국 돈 260원 정도이다.

우리가 여기서 살펴보려고 하는 통계는 가나가 2010년에 발표한 GDP이다. UN에서는 세계 각국의 국민소득을 측정하기 위해 '국민계정체계(Standard of National Accounts, SNA)'라는 기준을 마련해두고 있다. 1953년에 처음 나온 이후 1968, 1993, 2008년에도 개정판이 나왔으며, 우리나라를 비롯한 많은 나라의 통계 부서에서는 2017년 현재 SNA2008을 기준으로 GDP를 계산하고 있다.

UN에서 발표하는 국민계정체계는 한번 개정되고 나면 상당히 오랜 동안 기준 역할을 하게 된다. 그런데 동일한 국민계정체계에 따라 GDP를 계산하더라도 그 기준시점(base year)을 어떻게 잡는가에 따라 계산결과는 크게 달라진다. 같은 상품이라 할지라도 가격이 계속 변하기 때문에 GDP를 구할 때에는 기준시점의 가격을 불변가격으로 정해서 다른 시점의 생산량을 비교하게 된다. 아프리카 여러 나라의 국민소득 통계를 비교한 학자의 연구(2013년 발표)에 따르면, 아프리카 여러 나라 정부가 발표한 공식적인 통계에서 각국이 GDP 계산의 기준시점으로 삼고 있는 해가 1980년부터 2007년까지 아주 다양했다고 한다.[12]

가나에서는 이전까지 쓰던 1993년 기준의 GDP 계산 체계를 2006년 기준으로 바꾸었다는데, 가나 정부의 통계 부서에서 발표한 바에 따르면 이전의 기준으로 구한 GDP는 217억 세디였고, 새로 기준을 바꾸어 구한 GDP는 369억 세디였다고 한다. 같은 해의 GDP가 기준시점을 바꾸자 무려 70%나 늘어났던 것이다. 생산실적을 부풀려서 거짓으로 꾸민 것일까? 아니었다. 그렇다면 1993년을 기준으로 할 때와 2006년을 기준으로 할 때 무엇이 달라졌을까?

가령 1993년 가나에서 휴대전화를 쓰는 사람은 없었지만 그로부터 십여 년 후 가나 사람들 거의 모두가 휴대전화를 쓰게 되었다. 그러므로 1993년의 경제·사회 상황을 기준으로 GDP를 구하면 최근에 급성장한 정보통신 영역의 생산액을 GDP에 제대로 반영할 수 없게 된다.

가나 정부의 발표가 나오자 세계은행(World Bank)에서는 이 결과를 보고 가나를 가난한 저소득 국가(low-income country)의 명단에서 빼고 중진국 중에서 소득이 낮은 국가(lower-middle-income country)로 분류해 넣었다. 이렇게 되면 가나는 세계은행 등이 가난한 나라에만 제공하는 각종 금융 지원 등을 더 이상 받을 수 없게 된다. 즉 가나 정부가 굳이 통계를 조작해서 GDP를 높일 이유는 없었던 것이다.

한편 흥미로운 점은 2008년 대통령 선거에서 당선된 밀즈(John Atta Mills)가 "2020년까지 가나를 중진국 중에서 소득이 낮은 국가로 만들겠다"는 선거공약을 내세웠다는 점이다. 결국 대통령으로 재임하는 중에 GDP의 기준연도를 바꿈으로써 밀즈 대통령은 자신의 선거공약을 10년 앞당겨 현실로 만든 셈이 되었던 것이다. 이런 정치적 의도에 따른 통계 조작설은 그럴듯해 보이지만 사실 가나의 GDP 체계 변경이 그런 정치적인 목적을 위해 이루어진 것은 아니었다. 통계를 현실의 변화에 맞추려면 국민계정체계를 계속 바꾸어야 하며, 가나의 체계 변경 역시 IMF의 권고에 따라 이루어진 것이었다.

그런데 가나는 체계를 바꾸었지만 이전 체계를 그대로 유지하는 나라도 많다는 것이 문제이다. 아프리카 여러 나라의 GDP 통계는 데이터의 질도 매우 낮은 데다 나라마다 데이터를 처리하는 체계 역시 서로 다르기 때문에 신뢰성이 낮은 GDP만으로 여러 나라의 경제규모를 제대로 비교하기란 어렵다. 이럴 경우 통계를 서로 비교하려면 데이터에 대한 데이터, 즉 '메타데이터(metadata)'가 필요할 것이다.[13] 메타데이터에서는 수량적인 데이터뿐 아니라 그 데이터가 만들어진 여러 가지 배경도 중요한 역할을 한다. 우리가 그 값이 어떻게 나온 것인지 살펴보지도 않고 GDP를 가지고 국가별 순위를 매길 때처럼 서로 다른 기준으로 만들어진 수량을 단순 비교해서는 현실과 매우 다른 결론을 내릴 수도 있다. 어떤 것이 일단 수치로 표현되고 나면 우리는 쉽게 그 수치가 정확하고 객관적이며 공정할 것이라는 착각에 빠지곤 하는데, 통계를 비교하고 제대로 해석하려면 수치뿐 아니라 질적 데이터(qualitative data)에 해당하는 정보들을 꼼꼼히 살펴야 한다.

통계지표들은
현실을 얼마나 잘 나타낼까?
물가지수와 주가지수

물가지수도 여럿이다
: 소비자 물가지수와 생산자 물가지수

통계청에서는 가격과 물가를 다음과 같이 정의하고 있다. "개개의 상품(또는 서비스)이 지니고 있는 화폐가치를 가격 또는 값이라 하고, 여러 가지 상품의 종합적인 가격수준을 물가 또는 물가수준이라 한다." 상품 하나의 가격수준이 아니라 이 정의와 같이 여러 상품의 '종합적인 가격수준'을 나타내기 위해 작성하는 지표가 '물가지수'이다.[6-11]

물가지수에는 여러 가지가 있는데 '화폐구매력 측정, 소비자 생계비 파악, 임금산정 기초자료'로 활용하기 위해 '소비자 물가지수(Consumer price index, CPI)'를 만들고, '시장동향분석, 구매 및 가격변동'에 활용하기 위해 '생산자 물가지수(Producer price index, PPI)'를 만든다.[6-12, 6-13] 이러한 지수들은 물가의 종합적인 움직임을 재기 위한 체온계와 같은 역할을 한다고 한다.[16]

6-11 물가지수는 시장에서 거래되는 많은 상품의 가격, 그리고 여러 가지 서비스의 가격으로 계산한다. 사진은 부산 해운대구 좌동 재래시장의 모습.

물가지수는 여러 가지 방법으로 계산되지만 주가지수든 물가지수든 지수는 기본적으로 기준시점의 가격에 비해 비교시점의 가격이 어느 정도인지를 나타낸다. 기준시점은 하나로 고정된 것이 아니고 주기적으로 바뀌는데, 소비자 물가지수의 경우 2016년 11월까지는 2010년을 기준연도로 삼다가 같은 해 12월부터 기준연도를 2015년으로 바꾸었다.

그런데 현실 세계에서 거래되는 상품과 서비스의 수는 아주 많으므로 당연히 그 모든 상품과 서비스에 대해 가격과 수량을 다 조사해서 물가지수를 구하기란 불가능하다. 따라서 소비자 물가지수나 생산자 물가지수를 계산하려면 그 지수를 계산하는 목적에 비추어 중요한 상품과 서비스들만을 골라내는 작업이 필요할 것이다. 우리나라의 경우 소비자 물가지수는 가계소비지출에서 차지하는 비중이 일정한 수준을 넘는 500개

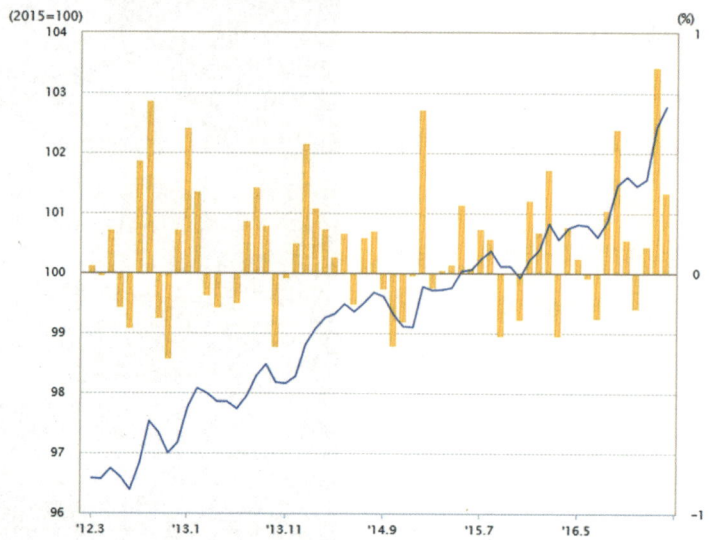

6-12 우리나라 소비자 물가지수(2017. 2. 현재 102.77). 출처 : 한국은행 경제통계시스템.

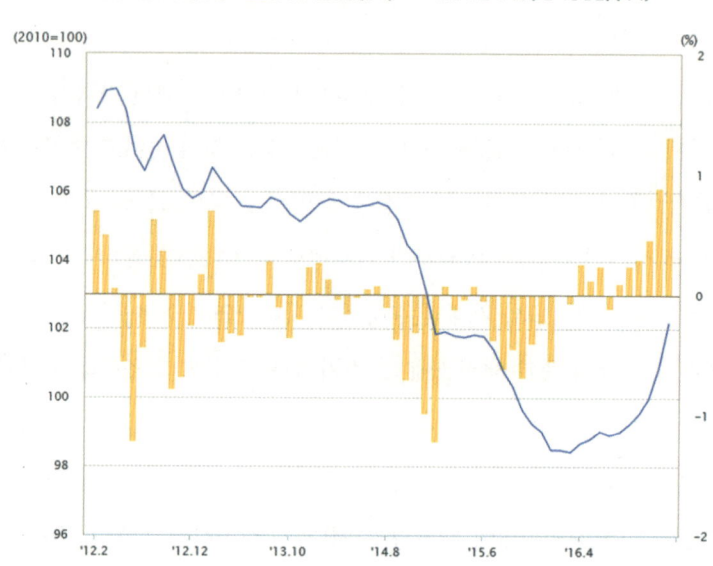

6-13 우리나라 생산자 물가지수(2017. 1. 현재 102.17). 출처 : 한국은행 경제통계시스템.

안팎의 품목을 대상으로 통계청에서 산출·발표하고, 생산자 물가지수는 800여 품목을 대상으로 한국은행에서 맡아 발표하고 있다.

한편 소비자 물가지수나 생산자 물가지수보다 훨씬 더 많은 상품과 서비스의 가격을 가지고 구하는 물가지수도 있는데 바로 GDP를 이용한 물가지수이다. 앞에서 우리는 명목 GDP와 실질 GDP를 구분한 바 있다. 가령 2016년 우리나라의 명목 GDP는 2016년 가격으로 계산한 국내총생산을 말한다. 그런데 만일 물가가 이전 해에 비해 많이 올랐다면 생산량이 같아도 명목 GDP는 증가한다. 따라서 물가 변화의 영향을 받지 않는 GDP가 필요한데 이를 실질 GDP라고 부른다. 만일 기준연도부터 매년 물가가 전혀 변하지 않았다면 명목 GDP와 실질 GDP는 같은 값이므로 두 GDP 값을 나누어보면 물가변화를 알 수 있을 것이다. 그 값을 'GDP 디플레이터(GDP deflator)'라고 부른다.

$$\text{GDP 디플레이터} = (\text{명목 GDP}/\text{실질 GDP}) \times 100$$

다른 물가지수에 비해 GDP 디플레이터는 매우 많은 상품을 가지고 계산한 물가지수이기는 하지만, 국내총생산을 가지고 구한 값이기 때문에 외국에서 수입한 상품은 포함하지 못하는 문제점도 갖고 있다.

주가지수도 여럿이다
: 코스피지수와 코스닥지수

물가지수뿐만 아니라 주가지수 등 경제상황을 나타내주는 여러 지수(index)들이 있다. 그런데 주가지수만 하더라도 계산

6-14 한국 코스피지수와 코스닥지수, 2017. 2. 28.

방법이 하나가 아니다. 한국의 코스피지수나 코스닥지수는 주식 가격과 거래되는 주식의 수량을 가지고 계산하지만 미국의 다우존스지수는 주식의 가격만으로 계산한다. 유의할 점은 역시 지수라는 이름을 갖고 있지만 주식시장에서 주가지수를 계산할 때에는 기준연도를 바꾸지 않는다는 것이다. 예컨대 코스피지수는 1980년 1월 4일이 기준이고, 코스닥지수는 1996년 7월 1일이 기준이다. 따라서 두 지수의 수치값을 바로 비교하는 것은 아무런 의미도 없겠다. 외국의 주가지수들도 마찬가지다. 주가지수마다 각각 기준시점도 다르고 계산방법도 같지 않기 때문에 수치를 서로 비교하는 것은 아무 의미가 없다.

우리나라의 대표적인 주가지수인 코스피지수와 코스닥지수를 계산하는 식은 아래와 같은데, 여기서 시가총액이란 주식시장에서 거래되는 종목별로 주식수와 가격을 곱한 값을 모든 종목에 대해 합한 값을 말한다.[6-14]

$$코스피지수 = \frac{비교시점의\ 시가총액}{기준시점의\ 시가총액} \times 100$$

$$코스닥지수 = \frac{비교시점의\ 시가총액}{기준시점의\ 시가총액} \times 1,000$$

보다시피 주가지수 계산법은 별로 매력이 없다. 계산법보다 더 중요한 것은 이 지수의 쓰임새일 것이다. 우리는 매일 신문과 방송 뉴스를 통해 그날 주식시장의 동향을 접한다. 왜 그래야 할까? 아마 하루하루의 경제 상황을 보여줄 지표로 주가지수가 가장 적합해 보이기 때문일 것이다. 매일 GDP를 구할 수도 없고, 물가지수를 매일 알 수도 없다. GDP는 석 달에 한 번씩, 즉 분기별로 계산하고, 물가는 매달 한 번 계산하는데 그것도 조사에서 결과가 나오기까지 시간이 많이 걸린다.

그런데 주식시장이 과연 경제의 흐름을 가장 잘 드러내는 곳일까? "주식에 손댔다가 패가망신했다"는 말에서 보듯 주식시장은 가끔 투기꾼들이 날뛰는 도박장과 다름없다는 평가도 받는 곳 아닌가? 미국의 다우존스지수가 생긴 것은 1896년이었지만 언론에서 꼬박꼬박 보도하기 시작한 것은 거의 백년이나 지난 뒤인 1990년대부터였다. 경제규모와 삶의 질을 나타낼 새로운 GDP를 고민하듯이 장차 주가지수 대신 매일매일의 경제상황을 알려줄 새로운 지표를 만들어 이용할 날이 올지도 모르겠다.

주식시세표에는
무엇이 들어 있나?
캔들도표와 이동평균

주식값이 얼마나 오르고 내렸나?
: 캔들도표

시간에 따른 데이터를 '시계열 데이터(time series data)'라고 부르는데, 금융 분야를 비롯한 경제통계에서 가장 흔히 볼 수 있는 데이터다. 통계청에서 매달 발표하는 실업률 통계나 물가지수 통계, 주식시장의 주가지수 통계들이 모두 시계열 데이터다. 시계열 데이터와 달리 한 시점에서 관측한 데이터는 '횡단면 데이터(cross-sectional data)'라고 부를 수 있는데, 시점을 정해놓고 조사한 선거여론조사 데이

6-15 2016년 11월부터 2017년 4월까지의 코스피지수를 나타낸 그래프. 출처 : 네이버금융.

터를 생각하면 되겠다.

시계열 데이터를 분석하는 목적 가운데 하나는 시간에 따른 변화를 알아보는 것이다. 가령 주식시장의 움직임을 알아보기 위해서도 매우 다양한 통계학적 방법들이 쓰인다.

주가지수나 주식가격을 나타내는 그림을 보면 데이터 점들을 지나가는 구불구불한 선들을 볼 수 있다. 2016년 9월부터 2017년 2월까지 6개월 동안 우리나라의 종합주가지수인 코스피지수가 어떻게 변화해왔는지 보여주는 그림을 보자. 그림 (6-15)를 보면 매일의 주가지수가 점이 아니라 작은 막대처럼 보이는 것들로 표시되어 있다. 이 막대모양의 것들을 봉 또는 촛불을 닮았다고 해서 '캔들'이라고 부르며, 이런 그림을 '봉차트', '캔들차트'라고 부른다. 붉은색과 푸른색 두 가지 색깔의 봉이 있는데, 붉은색을 '양봉', 푸른색을 '음봉'이라고 부른다.

하루 동안 주식시장에서는 수많은 개인과 기관들이 주식을 사고파는

데 이에 따라 주가지수는 시시각각 바뀌게 된다. 이때 그날 시장이 시작될 때의 값을 '시가', 시장이 끝날 때의 값을 '종가'라고 부른다. 만일 종가가 시가보다 높았다면 그날은 주가지수가 상승한 날이 되며, 이때 봉을 붉은색으로 그린다. 반대로 주가지수가 떨어지면 푸른색으로 봉을 그린다. 색깔과 함께 봉의 길이도 중요하다. 하루 동안 지수가 많이 올랐다면 붉은색 봉의 길이가 길어질 것이다.

한편 봉의 아래와 위에는 가는 선이 달려 있는데 이 선들은 그날의 최고값과 최저값을 나타내므로 알고 보면 작은 봉 하나에도 제법 많은 정보가 들어 있는 것이다. 이런 봉차트는 하루 단위로 또는 주나 월 단위로 그릴 수도 있다. 주식시장은 주말에는 열지 않으므로 5일치 데이터가 1주일분이 된다.

시간에 따른 주가 변화를 보려면?
: 이동평균

그림 (6-15)를 보면 주가지수는 하루 동안에도 변동하고 날짜별로도 오르락내리락 변동한다. 하루 단위의 주가지수를 나타내는 봉들을 연결하면 하루 단위로 시간의 변화에 따른 지수 변화를 볼 수 있을 것이다. 그런데 그런 연결선은 아마 들쭉날쭉한 변화가 너무 많아서 복잡해 보일 것이므로 조금 더 전반적인 변화를 보려면 세부적인 변동을 제거할 필요가 있겠다. 세부적인 변동을 제거하는 방법으로 가장 쉬운 것이 평균을 내는 것일 테다. 그림에 보이는 네 가지 색깔의 선들이 바로 그런 과정을 거쳐 나온 것으로서 '이동평균선'이라고 불린다.

그런데 왜 이름이 이동평균이고 선이 하나가 아니라 네 개나 될까? 이 이동평균은 'moving average' 즉 움직이는 평균이라는 뜻이다. 평균값이 움직이다니? 우리는 보통 100명의 학생이 있을 때 모든 학생의 성적을 더한 값을 학생 수 100으로 나누어서 평균값을 계산한다. 이럴 때 평균은 전체 데이터를 대표하는 단일한 값이다. 그런데 주식시장의 경우 우리는 전체 데이터의 대푯값이 아니라 시간에 따른 지수나 가격의 변화를 보고 싶어한다. 따라서 단일한 평균을 계산해서는 안 되고 데이터의 일부분들만으로 평균을 구해야 할 것이다.

만일 1주일 단위로 주가지수의 평균을 구하고 싶다면 1주일 중에 시장이 열리는 날은 5일이므로 처음 다섯 개 데이터를 가지고 평균을 구해서 맨 첫 번째 이동평균값으로 삼는다(이때 기준은 해당일의 종가이다). 다음에는 처음 다섯 개 데이터 중에 맨 첫 번째 데이터는 버리고 두 번째 데이터부터 시작해서 다섯 개의 평균을 구하여 두 번째 이동평균값으로 삼는다. 이런 식으로 계속 오른쪽으로 이동하면서 데이터를 하나씩 버리고 하나씩 추가하면서 다섯 개씩 평균을 내면 된다. 그림에서 초록색 선으로 나타낸 것이 바로 5일 이동평균이다.

똑같은 방식으로 20일, 60일, 120일 이동평균을 구할 수 있을 텐데, 20일 이동평균선은 한 달, 60일 이동평균선은 석 달, 그리고 120일 이동평균선은 6개월 동안의 평균에 해당한다. 5일 이동평균선이 단기적인 추세를 보여준다면 20일과 60일 이동평균선은 중기추세, 그리고 120일 이동평균은 경기변동과 같은 장기추세를 나타낸다.

그림에서 보면 단기에서 중기, 장기로 갈수록, 즉 평균을 내는 데이터의 숫자가 5, 20, 60, 120으로 점차 커질수록 이동평균선이 점점 부드러워지는 것을 볼 수 있다. 즉 많은 데이터를 가지고 평균을 낼수록 세세한 변화는 무시하고 점점 장기적인 변화추세를 나타낼 수 있게 되는데 그만큼 과거 데이터에 많이 의존하게 되므로 시장의 변화를 빠르게 반영하지는 못하게 된다. 이러한 이동평균선들을 이용해서 우리는 짧은 미래와 조금 더 긴 미래 주식시장의 움직임을 대략적으로나마 예측해볼 수도 있다.

모든 금융투자에는
위험이 따른다
금융리스크와 통계학

옵션가격을 구해서 노벨상을 받은 사람들
: 파생금융상품과 통계학

　　　　　　　여유자금이 있는 사람이 그 돈을 은행에 예금해두면 정해진 이자율에 따라 이자소득을 얻을 수 있다. 은행이 파산하는 경우는 아주 드물기 때문에 은행예금은 원금 손실의 위험이 사실상 전혀 없는 매우 안전한 투자방법이라고 할 수 있다. 하지만 은행이자율보다 물가상승률이 더 높아지면 은행에 예금한 돈의 가치가 떨어질 수도 있으므로 은행예금은 그리 수익성이 높은 투자는 아닌 셈이다. 따라서 여

> **파생상품**
> 다른 자산의 가치로부터 파생된 상품을 말하는데 선물이나 옵션 등이 대표적이다.

 윳돈을 가진 많은 사람들은 은행예금보다 조금 더 위험을 부담하는 대신 더 높은 수익을 기대할 수 있는 길을 찾을 것인데, 이때 선택할 수 있는 투자 대상은 채권·주식·펀드·파생상품 등 여럿이 있다.

 금융시장에서 파생상품이란 석유와 같은 원자재라든가 환율, 주가지수, 주식 가격 등이 미래에 어떻게 변화할지에 따라 가치가 정해지는 금융상품을 말한다. 원래는 미래의 가격 변화로 인한 위험을 회피하기 위한 일종의 보험 같은 성격에서 출발한 것이라고 보면 되겠다. 예컨대 몇 달 후에 석유가 필요한 기업에서 석유 가격 상승에 대비하여 낮은 가격으로 미래에 석유를 살 수 있는 권리를 미리 확보해두는 경우를 들 수 있다. 그런 권리를 옵션(option)이라고 부른다. 옵션 가운데 살 수 있는 권리를 콜옵션(call option), 팔 수 있는 권리를 풋옵션(put option)이라고 하는데 옵션시장에서 투자자들은 그런 권리를 사고판다. 즉 옵션시장에서는 사거나 팔 수 있는 권리가 그 자체로 상품이 되어 거래되는 것이다.

 금융산업 분야는 통계학을 전공한 사람들이 많이 진출하는 분야이다. 특히 금융시장이 글로벌화되고 금융업이 많은 수익을 올리게 되면서 보험회사나 투자은행 등 여러 금융기관에서 통계학, 수학, 물리학 등을 전공한 사람들에 대한 수요가 많아졌다. 특히 수학이나 통계학 모형을 이용하여 파생상품 등의 금융상품을 설계하고 금융위험을 관리하는 일을 담당하는 사람들을 '계량분석가(quantitative analyst)' 또는 줄여서 '퀀트(quant)'라고 부르는데 주로 석사 이상의 학위를 가진 고급인력들이다. 지금은 조금 분위기가 바뀌었지만 2008년 금융위기 이전까지만 하더라도 월스트리트는 수학, 통계학 분야를 공부한 젊은이들이 꽤 선호하는 직장이었다. 퀀트들은 특히 파생상품을 설계하는 일을 많이 했다. 이전이라면 어색해 보였을 '금융공학(financial engineering)'이라는 표현을 흔히 들을 수 있게 된 것도 그들 덕분이었다.

금융공학 교과서들은 특히 옵션의 가격 결정에 대해 많은 지면을 할애하고 있다.[15] 모든 교과서에 빠짐없이 실리는 내용 중에 '블랙-숄즈 옵션가격 결정 공식'이라는 것이 있는데, 경제학자인 블랙과 숄즈가 이 주제에 대한 연구를 발표한 것은 1973년의 일이었고 이후 머튼(Robert Merton) 역시 옵션가격에 대한 중요한 연구를 발표했다. 그들의 연구는 시장에서 정해지는 파생상품의 가격을 수학과 통계학 이론으로 뒷받침하는 것으로서 숄즈와 머튼은(블랙은 사망했으므로 상을 받을 수 없었다) 그러한 업적을 인정받아 1997년 노벨경제학상을 받았다.

그런데 학문세계와 금융시장에서 그들은 계속 승승장구했을까? 숄즈와 머튼은 1994년부터 실제로 헤지펀드회사 운영에도 관여했는데, 그 회사의 이름은 롱텀캐피탈(Long Term Capital Management)이었다. 1995년과 이듬해 연간 40% 이상의 놀라운 수익률을 보였던 이 회사는 그들이 노벨상을 받은 다음해인 1998년 가을, 채 넉 달도 안 되는 사이에 무려 46억 달러 규모의 손실을 입고 무너졌다.[16]

금융리스크 관리와 통계학
: VaR

투자대상의 가치는 환율, 금리, 정치 상황 등 여러 요인 때문에 변동하게 되는데, 이러한 불확실성은 투자자에게 행운을 가져다줄 수도 있고 예상 못했던 손실을 가져다줄 수도 있다. 그래도 모든 투자 수익을 지배하는 기본 원칙은 '고위험, 고수익(high risk, high return)'이라고 할 수 있다. 위험이 낮고 안전하면서도 높은 수익을 보장하는 투자방법을 찾기는 사실상 불가능하다는 것이다. 이런 면에서 금융투자는 도박과 크게 다를 바 없다. 그래도 투자에 위험이 불가피하다면 장차 얼마만큼의 위험이 생길지 예측할 수 있을까? 당연히 어떤 규모의 위험이 언제 올지는 아무도 모른다. 하지만 많은 사람들이 통계학을 이용하면 위험의 규모와 그 확률을 점칠 수 있을 것이라고 생각했다. 여기서는 'VaR(Value at Risk)'이라는 한 가지만 간단히 살펴보자.

그림 (6-16)에 있는 곡선은 어떤 대상에 대해 일정 기간 투자했을 때 나올 수 있는 수익과 손실 규모 또는 수익률의 확률분포를 나타내는 가상의 곡선이다. 그림에서 가장 봉우리가 높은 값인 1을 중심으로 오른쪽은 1보다 높은 수익이 나는 경우이고 왼쪽은 반대 경우이며 0보다 아래쪽

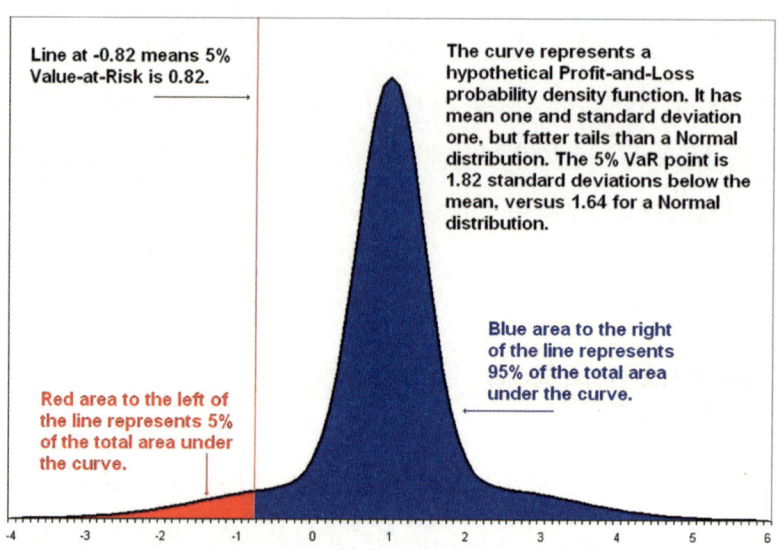

6-16 Value at Risk. 곡선의 왼쪽 붉은색으로 표시된 영역은 100번 투자하면 다섯 번꼴로 나올 수 있는 최악의 경우에 입을 수 있는 손실을 나타낸다. ⓒ AaCBrown

은 손실이 생기는 경우이다. 왼쪽에 붉은색으로 표시된 부분이 있는데, 손실 중에서도 투자자가 가장 피하고 싶은 최악의 5%에 해당하는 경우를 나타낸다.

이 그림에서는 왼쪽의 면적이 5%가 되는 경계값이 0.82인데 투자자로서는 가능한 모든 상황 가운데 적어도 95%의 경우에는 이 값 이하의 손실을 입지는 않을 것이라고 생각할 수 있다. 바로 이 값을 'VaR'이라고 부르는데, 이 용어는 '위험에 노출된 가치'를 뜻한다. 투자자로서는 이 값을 보고 최악의 경우 VaR 이하의 손실을 입을 5%의 위험을 감수할지 여부를 판단해서 투자에 대한 의사결정을 하는 것이다. 물론 투자자에 따라서는 5% 대신 최악의 1%에 해당하는 VaR을 근거로 의사결정을 할 수도 있다.

어쨌든 VaR을 구하려면 우선 수익 또는 수익률의 확률분포를 알아야 한다. 가장 간단한 방법은 그 분포가 정규분포라고 가정하고 데이터로부터 평균과 표준편차를 추정한 다음 VaR을 구하는 것이다. 하지만 정규분포가 현실에 잘 들어맞지 않는 경우도 많다. 수익률의 분포가 정규분포보다 더 두터운 꼬리를 가진 경우도 있고, 대칭이 아닌 경우도 있다. 그렇기 때문에 적절한 방법으로 수익률의 확률분포를 데이터로부터 구하기도 하고, 컴퓨터를 이용한 모의실험(시뮬레이션)을 통해 분포를 구하여 VaR을 계산하기도 한다.

그런데 금융리스크의 크기를 나타내는 VaR은 믿을 만한 것일까? 금융파생상품과 리스크 관리 분야의 전문가인 다스(S. Das)라는 사람은 VaR에 대한 믿음은 종교와 닮았다고 비판한다.[17] 그는 금융리스크 관리 분야에서 널리 이용되는 정규분포 모형이 실제 금융시장에서 잘 들어맞지 않으며, 과거의 데이터를 가지고 미래를 예측하기도 어렵다는 등의 이유를 들어 VaR의 문제점을 지적했다. 이어서 그는 1997년과 1998년 한국을 비롯한 아시아와 러시아의 금융시장이 붕괴하고 미국의 금융기관이 파산한 사례를 들어 VaR 모델이 현실 금융리스크를 심각하게 낮게 평가했음을 지적했다. 앞서 소개한 롱텀캐피탈의 경우가 리스크를 저평가한 대표적인 사례였다.

통계가 금융위기를 예측할 수 있을까?
: 블랙 스완과 통계학

한국은 지난 1997년 외환위기, 이른바 IMF 구제금융 사태를 겪었다. 한국 현대사를 뒤흔든 일들은 많지만 당시의 외환위기 또한 그 영향력 면에서 어떤 일에도 뒤지지 않는다. 우리가 깨닫지 못하는 사이에 이미 금융이라는 것이 금융기관과 경제학자들만의 문제가 아닌 시대가 되어 있었던 것이다.

자본주의가 산업자본주의를 지나 금융 중심의 시스템으로 변화한 이후 외환이든 주식이든 파생상품이든 모두가 투자 대상이 되었다. 그리고 각종 금융투자 상품들은 언제나 미래가치 하락의 위험을 안고 있다. 따라서 어느 규모의 수익이나 손실이 미래에 일어날 확률이 어느 정도인지를 알아보는 것은 투자자나 금융기관들에게 매우 중요한 문제일 수밖에 없다. 수학과 확률, 통계학이 금융 연구에서 대단히 중요해졌고, 지금까지 금융과 거리가 멀다고 생각됐던 수학, 통계학, 물리학 전공자들이 고액 연봉을 받고 월스트리트에 진출하는 일도 적지 않았다. 금융수학·금융공학·금융통계학 등이 각광받는 시대가 왔던 것이다.

그런데 20세기 후반, 그리고 21세기에 접어든 이후 세계경제를 혼란에 빠뜨리는 금융위기들이 거듭 일어났다. 그러자 수학·통계학 전공자들이 설계한 정교한 금융상품 모형이 그러한 위기의 주범 중 하나로 지목받게 되었다. 탈레브(Nassim N. Taleb) 같은 사람이 경고했던 검은 백조, 즉 '블랙 스완(Black Swan)'이 실제로, 그것도 거듭해서 나타나 미국을 비롯한 여러 나라의 금융시장을 붕괴시켜버렸다.[6-17] 종래의 확률, 통계학 이론으로 VaR 등을 계산해서 전망했을 때에는 그 확률이 너무나 낮아서 도저히 일어날 수 없을 것이라 여겼던 사태들이 일어났고, 대형 금융기관은 물론 여러 나라 경제 전체를 뒤흔들어버렸던 것이다. 그렇다면 이제 금융계에서는 수학 이론과 통계학 모형을 무시한 채 신용이나 가치를 평가하고 금융상품을 설계하고 미래를 예측할까?

6-17 탈레브가 쓴 『블랙 스완』 표지. 영국 런던.

블랙 스완(Black Swan)
관찰과 경험에 의존한 예측을 벗어나 예기치 못한 극단적 상황이 일어나는 일을 일컫는다.

2016년 가을, 경주 인근에서 이전에는 볼 수 없었던 규모의 지진이 발생한 것처럼 대규모 금융위기도 예측하기 어려울 뿐더러 그로 인한 피해 또한 막심하다. 우리는 매일 해가 뜨고 지듯이 평범한 나날이 지속되리라 여기고 살면서 자연현상이나 사회경제 또한 그러하리라고 기대한다. 그렇게 살아도 되는 시절도 있었을 것이다. 그런데 최근 우리가 만난 지진이나 금융위기 등의 사례는 우리에게 평범한 일상의 세계에만 머물러 있지 말라고 경고하는 듯하다.

확률과 통계학에서는 평범한 세계를 보통 정규분포라는 멋지게 생긴 대칭 모양의 분포로 나타내기를 좋아하는데, 앞에서 말한 위기들은 그런 분포로 많은 것을 설명하고 예측하려는 관성에 대한 경고일지도 모른다. 그로써 사람들은 평범함이나 보편성에서 멀어 보이므로 일어나기 어려울 것으로 치부했던 일들에 더 관심을 갖게 되고, 종래의 정규분포보다 그런 경우들을 더 잘 설명하는 이론과 방법들을 찾게 된다. 위기의 시대에도 확률과 통계학은 여전히 자연과 사회경제 현상을 설명하고 예측하는 데 중요한 역할을 할 수밖에 없을 것이다.

국가도 개인도
신용등급을 갖는다
신용평가

신용등급을 사수하라!

길을 걷다 보면 오토바이를 탄 사람들이 빠른 속도로 명함 크기의 광고지를 날리듯 뿌리고 다니는 모습을 볼 수 있다. 주위 보면 거의 다 돈을 빌려가라는 광고인데 소득이 있든 없든 누구에게나 빠르게 돈을 빌려준다고 되어 있다. [6-18] TV로 야구중계를 보다 보면 역시 돈을 빌려가라는 광고를 흔히 볼 수 있다. 우리가 보통 대부업체라고 부르는 데서 하는 광고다.

• **Chapter 6** 통계학, 경제를 측정하다 : GDP와 금융리스크

6-18 대출 광고 전단지들.

그런 광고를 하는 데서 돈을 빌리는, 아니 빌릴 수밖에 없는 사람들은 누구일까? 흔히 제1금융권이라고 불리는 시중은행, 제2금융권이라고 불리는 저축은행, 캐피탈, 보험회사 등에서 돈을 빌리기 어려운 사람들, 즉 신용등급이 낮은 사람들일 것이다. 국내 신용평가회사 중 하나인 NICE평가정보의 자료에 따르면 2016년 12월 현재 4,400여만 명을 1등급부터 10등급까지 나누었을 때 6등급 이하에 해당하는 사람이 787만여 명에 달한다고 한다. 같은 자료에 따르면 기업등급도 대학의 학점 비슷하게 최우량등급인 AAA부터 AA, A, BBB …… 등을 거쳐 가장 낮은 등급인 C까지 10단계로 나누는데 BB와 B 등급에 해당하는 회사가 90%를 넘는다고 한다.

그런데 이런 신용등급은 누가 어떻게 매기는 걸까? 개인이나 기업 등의 신용평가는 신용평가회사들이 한다. 국내 신용평가회사들은 개인, 기업, 공공기관 등에 대해 신용등급을 매기며 국제적인 신용평가회사들은 세계 여러 나라의 신용까지도 평가한다. 예컨대 2016년 8월 『경향신문』의 한 기사를 보자.

> 국제신용평가기관인 스탠더드앤드푸어스(S&P)가 한국의 국가신용등급을 'AA'로 상향조정했다. AA는 S&P가 정한 21개 신용등급 중 3번째로 높은 것으로, S&P가 지금까지 한국에 부여한 등급 중 가장 높다. …… 이번 상향조정으로 한국은 무디스, 피치 등 3개 국제신용평가기관 모두로부터 중국과 일본보다 높은 신용등급을 받게 됐다.

…… 무디스도 지난해 12월 한국의 신용등급을 S&P와 같은 수준인 Aa2로 상향조정했다.

국제적인 신용평가회사는 위의 기사에 나오는 무디스, S&P, 그리고 피치 세 곳이 가장 대표적인데 이 회사들은 세계 신용평가 시장의 거의 95% 정도를 지배하고 있기 때문에 흔히 '빅3'라고 불린다. 우리나라에서 기업이나 공공기관을 대상으로 신용평가 업무를 하는 신용평가회사는 한국기업평가, 한국신용평가, NICE평가정보, 서울신용평가정보 네 곳이 있다. 또한 개인 신용평가 업무를 하는 회사로 NICE평가정보나 코리아크레딧뷰로 등이 있다. 신용평가회사가 하는 일을 알아보자.

가령 어떤 기업이 돈이 필요해서 빚을 내기로 했다고 하자. 이럴 때 그 회사에서는 빚증서에 해당하는 채권을 발행해서 시장에서 팔게 되는데, 사람들은 그 채권을 사서 약속된 이자를 받아 이득을 얻거나 원할 때 시장에서 채권을 팔아 돈으로 바꿀 수도 있다. 이때 채권을 살 사람들은 과연 그 채권이 안전한지, 즉 그 회사가 부도를 내서 채권이 휴지조각이 되어버릴 위험은 없는지 알고 싶을 것이다.

그런데 투자자들로서는 그 회사의 사정을 속속들이 알기 어렵다. 바로 이런 경우에 투자자들은 신용평가회사가 그 회사를 어떤 등급으로 평가했는지를 참고해서 투자 결정을 내릴 수 있다. 만일 그 회사의 신용등급이 높다면 채권을 사려는 사람들이 많을 것이므로 회사 입장에서는 이자를 조금씩만 지급하기로 약속해도 채권을 팔 수 있을 것이다. 반대로 신용등급이 낮은 회사라면 이자를 많이 주겠다고 약속해야지 채권을 투자자들에게 팔 수 있을 것이다. 즉 신용등급은 그 회사 채권의 이자율을 정하는 데에도 중요한 역할을 한다.

그런데 신용등급은 어떤 정보를 가지고 어떻게 매기는 것일까? 국가의 신용등급은 외환보유고, 외채 등을 비롯해서 다양한 자료를 바탕으로 매기는데 국가든 기업이든 개인이든 신용등급이란 간단히 말해서 돈을 빌려주었을 때 잘 갚을 가능성을 평가한 것이라고 할 수 있다. 우리나라가 외환위기를 겪었던 1997년 12월 무디스사가 평가한 한국의 국가신용등급은 Ba1으로 투자부적격 등급이었다. 한국에 돈을 빌려줬다가는 돌려받지 못할 가능성이 높다는 평가였다.

1등급부터 10등급까지 10개 등급으로 매겨지는 개인의 신용등급은 신용평점(credit score)에 따라 정해지는데, 영어 'credit'이라는 단어가 다름 아닌 채권, 즉 돈을 빌려주는 것을 뜻한다. 신용평점은 어떤 사람이 금융기관에서 돈을 빌릴 수 있는지 없는지, 또 빌린다고 했을 때 어느 정도의 높은 이자를 부담해야 하는지 등을 결정할 때 쓰이는 중요한 기준이다. 평가회사마다 서로 다른 방식으로 평가하기 때문에 동일한 개인이나 기업, 국가의 신용평점도 평가회사에 따라 다를 수 있지만 신용평가를 할 때 쓰는 기본적인 방법은 통계학적 방법이다.

평가회사들이 개인의 신용을 평가하기 위해 활용하는 정보로는 돈을 빌렸다가 잘 갚았는지, 카드 연체는 없었는지, 부채가 있다면 어느 정도인지, 돈을 빌려 쓴 기간이 긴지 등등인데 이 정보들을 종합하여 점수를 매겨서 등급을 산출한다. 통계학적 방법은 신용평가점수를 산출할 때에도 쓰이지만 그렇게 매긴 평점이나 등급이 과연 현실과 잘 들어맞는가를 검증할 때, 즉 신용등급이 높다고 평가한 사람들이 정말 빚을 못 갚는 비율이 낮은지 알아볼 때에도 쓰인다.

개인이나 기업이나 신용등급이 낮아지면 신용카드 발급이나 대출이 어려워지는 등 금융기관을 이용할 때 많은 제약이 생긴다. 이에 따라 정

6-19 신용회복위원회 홈페이지.

부에서는 '신용회복위원회'를 두어 신용이나 채무문제를 진단하여 적절한 해결방안을 제시하기도 하고, 제도권 금융회사를 이용하기 어려운 저소득·저신용자를 대상으로 생계자금 대출, 신용보증 등 서민금융을 지원하는 업무도 하고 있다.[6-19]

권력기관이 된 신용평가회사들

데이터를 확보하고 많은 정보를 가진 곳이 곧 힘을 갖는다. 그 데이터가 사람들의 소득이나 재산, 부채처럼 사적인 정보를 담은 것이라면 더욱 그러해서 금융기관들은 그 정보들을 바탕으로 개인을 도울 수도 있고 벼랑으로 몰아버릴 수도 있다. 기업이나 국가의 경우도 마찬가지다. 한국 사람들은 지난 1997년 가을에 닥쳐온 금융위기를 겪으면서 이전까지 이름을 알 필요도 없었던 국제적인 신용평가회사들이 얼마나 강력한 힘을 갖고 있는지 확인할 수 있었다. 당시 어디에서도 돈을 빌릴 수 없는 처지가 된 한국은 국제통화기금(IMF)으로부터 구제

금융을 받아야 했고, IMF가 요구하는 여러 조건들을 다 수용해야만 했다. 우리가 '비정규직'이라는 낯선 단어에 익숙해진 것도 그때부터였다. 나중에 이른바 'IMF사태'라고 부르게 되는 시절이 지나가고 나서도 국제 신용평가회사들의 대표가 한국에 오면 정부의 최고위층 인사들이 나서서 환대하는 모습을 볼 수 있었다. 오늘날 신용평가회사들은 통계숫자를 이용하는 기관들 중에서 가장 힘이 센 곳들인지도 모른다.

미국에서 기업을 대상으로 한 신용평가는 19세기 후반부터 시작되었다. 오늘날 세계적인 평가회사가 된 무디스의 역사는 20세기 초에 최초의 신용평가회사를 만든 존 무디(John Moody)에게까지 거슬러 올라갈 수 있고, S&P(스탠더드앤드푸어스)는 H. V. Poor의 이름과 스탠더드 통계국(Standard Statistics Bureau)의 이름을 합한 것이다. 1970년대에 이들 회사는 기업 평가뿐 아니라 금융상품에 대한 평가에 이르기까지 시장을 넓혔고, 점점 큰 영향력을 갖게 되었다. 신용평가회사의 평가가 시장의 흐름을 바꿀 정도에 이르자 "대리인이 특별한 감시자로 변하면서 오히려 주인을 좌지우지하는 현실"이 벌어졌다는 우려가 이미 1980년대에 나오기까지 했다.[18] 평가회사들의 고객은 평가대상 기업이므로 각 평가회사는 고객을 확보하기 위해 다른 평가회사들과 경쟁해야 하고 기업에서 받은 대가를 가지고 회사를 운영한다. 그런데 그 평가회사를 평가할 곳은 없다.

1990년대 후반부터 미국의 금융기관들은 부채담보부증권(Collateralized Debt Obligation, CDO)을 발행하기 시작했는데, 평가회사들은 이 증권들을 평가해서 많은 수익을 얻었다. 부채담보부증권은 신용부도스와프(Credit Default Swap, CDS)와 함께 2007~2008년의 금융위기를 불러온 주범 중 하나였으므로 그 증권을 안전하다고 평가한 신용평가회사들 역시 금융위기의 중요한 원인제공자였다. 신용평가회사들은 무척 큰 힘을 가졌지만 항상 그 힘에 어울리는 밝은 눈을 유지하지는 못했던 것이다. 2008년 리먼 브라더스가 파산하기 직전까지 신용평가회사들은 리먼 브라더스에게 최고 등급을 부여했었고, 심지어는 파산 당일에조차 투자적격 등급을 부여한 바 있다. 2001년 파산한 엔론의 경우, 그리고 2008년 파산 위기에 몰렸던 대형 보험회사 AIG의 경우 역시 마찬가지였다. 신용평가회사들의 잘못된 판단은 투자자들과 국민들에게 고스란히 피해로 돌아왔다.

한편 개인에 대한 신용평가의 역사에서는 1940년대 초반 미국의 경제학자 듀란드(David Durand)의 연구를 신용평가의 출발점으로 삼는다. 신용평가 기준을 만들 때 그가 통계학적인 방법을 널리 이용했다는 사실은 1996년 그의 사망 소식을 전하는 『뉴욕타임스』의 기사에서도 알 수 있다. 그 신문은 "MIT 교수로서 금융시장에 통계학적 도구를 활용하는 데에 선구적인 역할을 했던 데이비드 듀란드가 83세로 세상을 떠났다. 그는 소비자의 채무 불이행, 농가의 담보 대출과 같은 문제에 샘플링 분석을 적용했고 만기가 짧은 채권보다 만기가 긴 채권의 수익률이 높은 이유를 통계학적으로 설명했다"라고 보도했다.[19] 듀란드는 금융기관이 대출 신청을 받았을 때 신청자가 대출금을 제때 갚을 가능성이 높은 사람인지 아닌지를 판단하기 위한 근거로 삼을 변수들을 연구했다. 이를 위해 그는 통계학의 '판별분석(discriminant analysis)' 방법을 이용하여 대출 신청자에게 신용평점을 매기는 통계학적 모형을 만들었다.

> **판별분석**(discriminant analysis)
> 금융기관의 대출을 예로 들면, 수입이나 재산 또는 직업 등 여러 변수들로 판별식을 만들어 고객을 우량, 불량으로 나누고 예측하는 통계학적 분석법이다.

듀란드의 연구가 나온 이후 1960년대부터 미국의 금융기관에서는 대출심사에 신용평가를 널리 이용하게 되었고, 컴퓨터를 이용할 수 있게 된 이후에는 더 많은 변수를 모형에 포함시킬 수 있게 되었으며 분류 집단도 더 세분할 수 있게 되었다. 하지만 이처럼 통계학적인 모형으로 개인의 신용정도를 평가하는 추세에 반발하는 의견들도 적지 않았다.

반대 의견 가운데 먼저 집단과 개인의 관계를 지적하는 의견부터 살펴보자. 통계학적 모형에 따라 개인들에게 신용평점을 매기면 같은 조건을 가진 서로 다른 사람들은 모두 같은 평점을 받게 된다. 즉 이 모형에 따르면 같은 집단에 속한 사람은 모두 동일한 사람으로 취급받고 집단의 통계 숫자로 대표될 뿐 각자의 개인별 특성은 무시되어버린다. 대출 신청자로서는 금융기관의 신용 전문가와 마주 앉아서 자신의 사업계획을 설명하고 대출이 필요한 이유를 설득하고 싶겠지만 그를 심사하는 것은 전문가가 아니라 컴퓨터다.

또한 신용평가에서는 사람들의 인종·성별·나이·결혼 여부·종교 등의 변수에 따른 차별이 작용한다는 지적도 많이 나왔다. 이런 변수들은 신용평가의 기준으로 삼아서는 안 되는 변수들이었고 실제로 신용평가를 위한 통계적 모형에 들어 있지 않은 것들이었다. 하지만 이들 변수 중 상당수는 모형에서 중요한 역할을 하는 변수들과 매우 높은 상관관계를 갖고 있었다. 가령 신용평가 모형에서는 여성보다 남성에게 높은 가산점을 부여하지 않았지만 현실적으로 여성들은 남성보다 주택을 소유하고 있는 비율이 낮다든지 시간제로 일하고 있는 비율이 높다든지 등등의 이유로 남성보다 낮은 신용평점을 받는 경우가 많았다. 이런 경우는 직접적인 차별이 아닌 간접적인 차별이라 부를 수 있겠는데, 숫자 데이터에 바탕을 둔 통계학적인 모형에서는 해결하기 어려운 문제일 것이다.[20]

통계학,
생물을 헤아리고 보살피다

────── 지구와 생물의 역사를 연구하는 학자들에 따르면 과거에 다섯 번에 걸친 대규모 멸종이 있었다고 한다. 최근에는 인간이라는 단일한 생물종 때문에 현재 여섯 번째 대멸종이 진행 중이라는 주장도 나오고 있다. 인간은 지구 생태계를 파괴해온 한편으로 자신이 만든 과학기술을 이용해서 생태계를 보호하는 활동도 하고 있다.

과학자들은 바다와 육지에 얼마나 많은 생물들이 살고 있으며 그 생물들 가운데 멸종 위기에 처한 생물들은 얼마나 되는지, 또 멸종 위기에 있는 생물들 가운데 어떤 생물에 특별히 관심을 기울여야 할지 등에 대해 연구한다. 그런데 아무리 빅데이터의 시대라지만 지구에서 사는 생물들을 연구하는 데 필요한 데이터를 얻는 일은 쉬운 일이 아니다. 또한 아주 오랜 옛날에 지구에서 번성하다가 사라져버린 생물들을 연구할 때에도 이용할 수 있는 데이터가 많지 않기 때문에 통계적 방법을 써서 과거를 짐작해야 할 경우가 많다.

7장에서는 생물에 대한 통계조사, 멸종, 생물의 분류체계, 생물을 보존하기 위한 활동, 그리고 유전학 등에 대해 알아보고 우리나라의 황우석 사태를 중심으로 데이터를 둘러싼 과학계의 논란에 대해서도 살펴볼 것이다.

고래와 쥐를
다 헤아릴 수 있을까?
생물 연구와 샘플링 방법

바닷속 생물을 샅샅이 세다
: 해양생물 센서스

20세기가 끝나고 새로운 밀레니엄이 시작될 무렵, '해양생물 센서스(Census of Marine Life : CoML)'라는 이름으로 전 세계적인 규모의 해양생물 조사연구 프로젝트가 시작되었다.[7-1] 프로젝트의 이름에서 짐작할 수 있듯이 이 연구는 해양생물의 다양성(diversity), 분포(distribution), 그리고 풍부함(abundance)을 조사하기 위한 것이었다. 특히 연구진은 센서스를 통해 바다생물들의 과거와 현재를 파악하고 이를 바탕으로 미래를 예측하는 데 초점을 맞추었다.[1] 조사의 목적과 규모가 상당히 방대한 만큼 2000년부터 10년 동안 연구에 참여한 과학자들만 하더라도 세계 80여 개국 2,700여 명에 달했다.

이 연구가 진행되기 이전까지 학자들은 해양생물종의 수가 23만 종 정도 될 것이라고 추정했었는데, 조사결과 추정치가 25만 종으로 늘어났고 조사에서 실제로 확인한 새로운 종만 하더라도 약 6천 종에 달했다. 물론 아직 파악하지 못한 생물종이 훨씬 더 많기 때문에 학자들은 전체 해양생물종의 수는 적어도 백만 종에 달할 것

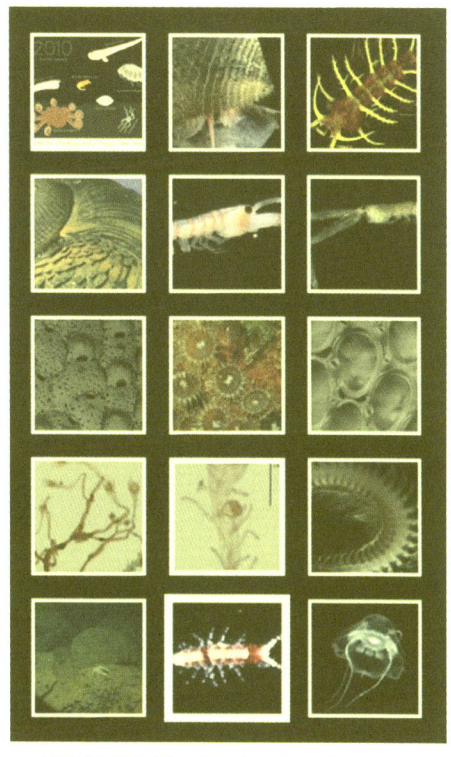

7-1 '해양생물 센서스'에 소개된 신종 해양생물들.
출처 : www.coml.org.

이며, 미생물의 종류까지 헤아린다면 수천만에서 수억에 달할 것이라고 추정하고 있다.[2]

그런데 연구의 이름이 '해양생물 센서스'라고 되어 있지만 어떤 국가의 총인구를 조사하는 인구센서스처럼 플랑크톤으로부터 고래에 이르기까지 세계 곳곳의 바다에 있는 온갖 생물들을 모두 헤아리기란, 더구나 인간의 발길이 닿기 어려운 깊은 바다 밑이나 극지방 해저의 생물까지 다 조사하기란 당연히 불가능한 일이다. 인구센서스와 달리 아무리 많은 과학자들이 애를 써도 해양생물의 총량은 물론 종의 총수를 완벽

히 알기도 어려울 것이다. 하지만 바다를 탐사하는 기술이 발달하면서 해마다 새로운 종이 발견되고 있으므로 인간이 찾아낸 종의 수가 점점 많아질 것임은 분명하다.

과연 해양생물종의 수는 얼마나 될까? 우리는 새로운 생물종을 발견하는 것은 탐사기술의 문제이고 생물 분류의 문제이며 통계적으로도 수를 헤아리면 되는 문제라고 생각하기 쉽다. 그런데 해양생물학자들의 연구에서 볼 수 있는 흥미로운 결과 중 하나는 지난 백여 년간의 추세를 살펴보았을 때 덩치가 큰(길이가 2미터 이상이므로 발견하기 쉬운) 생물종이 새로 발견되는 경우는 점점 줄어드는 반면 미생물까지 포함한 전체 생물종의 수는 갈수록 가파르게 늘어나고 있다는 것이다. 그렇다면 바다에서 사는 생물종의 수가 무한대인 것일까? 그렇지는 않을 것이다.

결국 우리가 할 수 있는 것은 지금까지의 연구결과들을 토대로 바다에서 사는 생물종의 수를 통계학적으로 추정해보는 일일 수밖에 없다. 그리고 그 추정결과는 계속 바뀔 것이다. 가령 큰 덩치 때문에 발견하기 쉬워 보이는 바다동물 가운데 인간이 아직 발견하지 못한 종이 얼마나 될지 예측한 결과도 무척 다양하다. 그래도 작은 생물들과 달리 큰 동물을 새로 발견하는 경우는 점점 줄어들고 있기 때문에 언젠가는 큰 동물은 남김없이 다 찾아낼 날이 올 것이라고 예상할 수 있다. 과연 얼마나 남았을까?

같은 데이터를 가지고 예측했는데도 어떤 통계학적 모형을 가지고 예측하면 2010년 현재 미발견 종이 47종 남았을 것이라 하고, 또 다른 모형으로 예측하면 10종이 남았을 것이라고 한다.[3] 그 연구에서 말하는 '큰 동물'이란 길이가 2미터를 넘는 경우를 말하므로 아무리 바닷속에 살더라도 그 덩치 때문에 금방 눈에 띌 것 같다. 그런데도 그 가운데 적어도 10종 이상을 아직 사람들이 발견조차 못했으며, 더구나 그 수를 예측한 결과도 모형에 따라 상당히 다르다는 것이다.

여기서 우리는 통계학이라는 학문이 수학처럼 증명을 통해 엄밀한 답을 하나만 내는 과학이 아니고 데이터에 따라, 또 모형에 따라 다른 결론을 흔히 내놓는 학문임을 확인할 수 있다. 그렇다면 통계학 전문가들이 씨름해야 할 문제들은 앞으로도 무궁무진할 텐데, 이런 면이 바로 통계학의 한계이자 매력일 것이다.

고래밥 과자 속 고래는 무슨 고래?
: 포획-재포획 방법과 고래의 수

가수 송창식이 〈고래사냥〉이라는 노래를 부른 것은 1975년이었다. 노래 가사는 "술 마시고 노래하고 춤을 춰봐도 가슴에는 하나 가득 슬픔뿐이네 / 무엇을 할 것인가 둘러보아도 보이는 건 모두가 돌아 앉았네 / 자 떠나자 동해바다로 / 삼등삼등 완행열차 기차를 타고" 이렇게 시작되어 "신화처럼 숨을 쉬는 고래 잡으러" 가자면서 끝난다. 이후 같은 제목의 영화까지 만들어지는 등 꽤 인기를 모았지만 노래가 나온 지 얼마 안 되어 어떤 이유에선지 정부에서 이 노래를 금지곡 목록에 올리는 바람에 한동안 방송에서 들을 수 없게 되기도 했었다. 돌이켜보면 그나마 1970년대였기에 이런 노래가 나올 수 있었던 것 같다. 노래가 나온 지 10년쯤 뒤인 1986년부터 고래잡이 즉 상업 목적의 포경어업이 전 세계적으로 금지되었기 때문이다.

고래를 잡는 것은 자연을 정복해온 인간의 역사에서 꽤 상징적이라 할 만하다. 약 7천~3천5백 년 전 신석기시대에 제작된 것으로 추정되

7-2 울산 반구대 암각화. ⓒ 울산 암각화 박물관

는 울산의 반구대 암각화에 고래를 잡는 모습이 나올 정도로 우리나라에서도 아주 오래전부터 포경이 이루어져왔던 것으로 보인다.[7-2] 근대적인 포경이 시작되어 고래를 대량으로 잡게 된 것은 17세기부터였다. 이후 수세기 동안 고래잡이 기술이 발달한 결과 바다에서 고래가 사라질지 모른다는 우려까지 생겼고, 이에 따라 20세기 중반 무렵부터 고래잡이를 규제하기 위한 국제적인 단체들이 등장하게 되었다. 무분별한 남획으로부터 고래를 보호하는 활동을 펼치고 있는 국제기구 가운데 대표적인 것이 '국제포경위원회(International Whaling Commission, IWC)'이다. 1946년에 생긴 이 기구에서는 매년 각국 대표들이 참석하는 회의를 열고 있으며, 2005년 연례 IWC 회의는 우리나라 울산에서 열린 바 있다.

우리가 고래의 수를 묻는 질문에 주먹구구 방식이 아니라 과학적인 방법을 써서 답을 찾으려 한다면 역시 통계학의 신세를 질 수밖에 없다. 아무도 바다를 샅샅이 뒤져서 고래의 수를 정확히 알아낼 수는 없기 때문이다. 그리고 일단 고래의 수를 알아내려면 먼저 분류부터 해야 한다. 사실 고래는 문화적 전통이나 수염과 이빨을 이용한 분류법 등 여러 기준에 따라 분류할 수 있는데, 현재 대략 80~90종 정도가 있다고 한다. '고래밥'이라는 과자 봉지 속에 있는 머리가 뭉툭하게 생긴 고래는 '향고래'이고, 영화 〈프리윌리〉에 나온 고래는 범고래라고 한다.[4]

사실 고래들은 거의 물 밑에서 지내다가 가끔씩만 수면 위로 떠오르는 데다 계속 이동하고 있으므로 정확한 수를 추정하는 것은 역시 어렵다. 과학자들은 고래 수를 추정하기 위해 여러 가지 방법을 사용한다. IWC의 과학위원회(Scientific Committe)에서는 주로 '선상법(line transect sampling)'을 이용하는데, 이 방법은 원래 날아오르는 새떼의 규모를 알아보기 위해 개발된 통계조사 방법으로서 오늘날 야생생물 조사에서 널리 쓰이고 있다. 이 샘플링 방법을 간단히 말하자면 먼저 넓은 조사지역 중 일부에 해당하는 바다에 나란히 선을 그어 띠 모양의 구역으로 나눈 다음 그 구역들에서 고래의 밀도를 조사한다. 그렇게 얻은 밀도가 전체 지역에서 비슷할 것이라는 가정하에 넓은 지역의 고래 수를 추정하는 것이다.

선상법 외에 포획-재포획 방법(CMR, capture-mark-recapture)도 쓰이는데, 이 방법은 어느 지역에서 일정한 수의 개체를 잡아서 특별한 표식을 하고 놓아준 다음 시간이 지난 후에 다시 일정 수를 잡아 그중에서 표식이 있는 개체의 수를 헤아려서 전체 개체수를 추정하는 방법이다.[7-3]

이 방법 역시 야생생물 조사에서 널리 이용되는 방법이지만, 과연 커다란 고래를 잡아 표식을 한 다음 다시 놓아주는 것이 현실적으로 가능할까? 당연히 매우 어렵다. 따라서 고래에 대해 이 방법을 쓸 때에는 고래 종류마다 등지느러미나 꼬리 또는 몸통에 영구

7-3 포획-재포획 표식을 달고 있는 바위너구리.
© Mickey Samuni-Blank

히 자연적으로 지니고 있는 특별한 표식을 이용한다. 시차를 두고 그 지역에서 고래 무리들의 사진을 찍어 그 무리 속에서 특정한 표식을 지닌 개체들을 헤아려서 그 표식을 지닌 종류의 고래 수를 추정하는 것이다.[5]

7-4 태평양에 있는 대왕고래, 2005, ⓒ NOAA

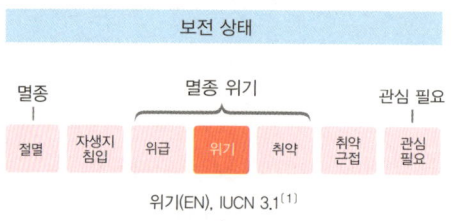

7-5 위키피디아에 소개된 대왕고래의 보전 상태.

그렇다면 고래 가운데 가장 큰 고래는 어떤 종류일까? 답은 몸무게가 무려 200톤에 달한다는 대왕고래(blue whale)이다.[7-4] 이 고래는 현재 지구에 존재하는 생명체 중에서 가장 클 뿐 아니라 지금까지 나온 화석자료 등으로 판단할 때 공룡을 포함한 과거의 어떤 생물체보다도 크다고 한다. 덩치는 크지만 성격이 온순한 대왕고래는 포경선들의 좋은 표적이 되었기 때문에 그 개체수가 급격히 줄어들었다. 게다가 암컷 대왕고래는 2~3년에 겨우 한 마리씩 새끼를 낳을 정도로 번식력이 낮기 때문에 포경이 금지된 이후에도 좀처럼 개체수가 빠르게 복원되지 않고 있다고 한다.[7-5]

가령 IWC 홈페이지 자료에 따르면 지구의 남반구에 사는 대왕고래의 수는 2,300마리로 추정된다고 한다. 그런데 그 자료에서는 2,300마리라는 추정치와 함께 1,150마리에서 4,500마리 사이라는 95% 신뢰구간도 제시하고 있다.[6] 신뢰구간의 폭이 3,000마리를 넘을 정도로 상당히 넓은데, 이는 아무리 과학적인 방법을 써서 고래의 수를 추정하더라도 그 결과들은 여전히 상당한 불확실성을 포함하고 있기 때문이다.

뉴욕에는 쥐가 얼마나 살까?
: 변형된 포획 - 재포획 방법

최근에 쥐를 본 일이 있는지? 쥐는 사람들에게 환영받지 못하면서도 오래전부터 사람 곁에서 살아왔다. 쥐를 무서워하는 사람이 많은데 꼭 쥐가 질병을 퍼뜨린다는 이유 때문만은 아닐 것이다. 요즘에는 쥐보다 고양이가 더 많이 보이는 것도 같은데, 혹시 길고양이들 덕분에 쥐가 사람들 곁에서 살기 어려워진 걸까?

서울시가 2016년 10월에 내놓은 "길고양이와 공존을 위한 제안" 포스터를 보면 서울에만 길고양이가 20만 마리 넘게 산다고 한다.[7-6] 서울 인구를 천만 명이라고 치면 인구 50명당 길고양이 한 마리가 있다는 말이겠다. 그런데 그런 수치를 어떻게 계산했을까? 캣맘, 캣대디들의 네트워크가 있어서 그들이 돌보는 고양이들을 헤아린 걸까? 계절의 변화에 상관없이 고양이 수는 비슷할까? 늘거나 줄어드는 추세는 없을까? 도시 생태계의 일부로서 길고양이는 동물보호법에 따라 보호받게 되어 있고, 2017년 1월에는 국회에 길고양이 급식소가 생겼다는 보도도 나왔다. 이처럼 사람과 가까운 관계를 유지하고 있으므로 길고양이를 헤아리기

7-6 길고양이와의 공존을 위해 서울시에서 만든 홍보물.

는 그리 어렵지 않을 것 같다.

그렇다면 쥐는 어떨까? 서울과 같은 거대도시에 쥐가 얼마나 사는지 알 수 있을까? 쥐는 사람들이 급식소를 차려두고 돌보는 존재들이 아니므로 쥐를 헤아리는 것은 고양이 헤아리기보다는 더 어려울 것 같다. 게다가 주로 밤에 눈에 띄지 않게 다니는 편이라 찾기도 어려울 것이다.

영국의 왕립통계학회(Royal Statistical Society)에서는 매년 젊은 통계학자들의 작문 실력을 겨루는 공모전(Young Statisticians Writing Competition)을 여는데, 2014년도 당선작이 바로 미국 뉴욕에 사는 쥐의 수를 헤아려 보는 문제를 다룬 글이었다.[7] 그 글에 따르면 쥐는 병을 옮기고 식량을 먹어치우고 사람을 물 뿐 아니라 전깃줄까지 갉아대다가 화재를 일으키기도 하는데, 원인이 밝혀지지 않은 화재사건의 25%가 바로 쥐 때문이라고 한다. 게다가 쥐는 번식력도 대단하여 암컷 쥐 한 마리가 보통 1년에 4~7회에 걸쳐 10마리 정도씩 새끼를 낳는다고 한다. 머리도 좋아서 사람들이 놓은 쥐덫이나 각종 위험도 잘 피한다고 하니 아직 세상이 쥐로 뒤덮이지 않은 것이 신기할 정도이다.

뉴욕에는 그 도시에 사는 사람 수만큼 쥐가 산다는(심지어는 인구의 네 배만큼의 쥐가 산다는) 이야기가 전설처럼 전해진다고 한다. 만약 정말 그렇다면 서울에는 무려 천만 마리에 달하는 쥐가 살고 있다는 말이므로 쥐의 수가 서울시가 추정하는 길고양이 수의 50배에 이르게 된다. 사람 한 명당 쥐 한 마리, 즉 '1인-1쥐'라는 이야기는 20세기 초 영국에서 나온 것인데, 1940년대에 어느 학자가 연구해보니 뉴욕시에 그 정도로 쥐가 많지는 않고 대략 사람 36명당 쥐 한 마리 정도라는 추정결과가 나왔다고 한다.

도시에 사는 쥐의 수를 헤아리는 데도 야생동물의 수를 헤아릴 때 이용하는 포획-재포획 방법을 쓸 수 있을 것이다. 즉 쥐를 여러 마리 잡아 표식을 달아서 풀어준 다음 나중에 다시 여러 마리 쥐를 잡아 표식을 달고 있는 쥐의 수를 헤아려서 전체 수를 추정하는 방법으로 쥐의 전체 수를 헤아릴 수 있을 것이다. 예컨대 어느 지역에서 쥐를 100마리 잡아 표식을 달아서 풀어준 뒤 나중에 다시 쥐들을 잡아서 조사해보니 그 쥐들 가운데 표식을 가진 쥐가 1%였다고 하자. 그렇다면 그 지역에 사는 쥐의 전체 수 x는 방정식 $\frac{100}{x}=0.01$을 푼 것으로, 1만 마리로 추정할 수 있다. 그런데 뉴욕시 보건위생과에서는 어떤 이유에선지 쥐를 잡아 표식을 달아 다시 풀어주는 방법으로 쥐의 수를 헤아리는 방법을 이용할 생각이 없었다고 한다.

그래서 연구자들은 그 방법 대신 쥐를 목격한 사람들의 신고 데이터를 이용했다. 이 방법은 포획-재포획 방법을 변형한 것이라고 할 수 있는데, 2010년 1분기와 다음해 1분기에 쥐가 목격된 구역들이 각각 포획과 재포획 데이터 역할을 맡았다.

가령 어느 지역을 작은 구역으로 나누었을 때 첫해에 쥐가 발견된 구역이 모두 48군데였고, 다음해에 쥐가 나온 곳은 모두 37개 구역이었다고 해보자. 그런데 37개 구역 가운데 7개 구역은 첫해에 쥐가 나왔던 구역이라고 한다면, 그 지역에서 쥐가 사는 구역의 수 x는 $\frac{48}{x}=\frac{7}{37}=0.19$를 푼 것으로, 약 250개 구역이라고 추정할 수 있다. 이제 구역당 평균 쥐의 수를 쥐가 사는 구역의 수 250에 곱하면 그 지역에 사는 쥐의 수를 추정할 수 있다. 뉴욕시는 약 84만 2천 개의 구역으로 나눌 수 있고, 그중에서 쥐가 살고 있는 곳의 수는 4만 500개 구역으로 추정되었다고 한다. 연구자들에 따르면 구역당 평균 50마리의 쥐가 산다고 볼 수 있으므로 결국 뉴욕에 사는 쥐의 총수는 약 200만 마리 정도로 추정되었다. 데이터를 얻은 2010년 당시 뉴욕 인구가 840만 정도였으므로 쥐의 수는 뉴욕 전체 인구의 약 25%에 이른다는 말이겠다.

7-7 프랑스 파리의 쥐덫가게.

우리가 만약 세계 여러 도시별로 구역당 쥐의 밀도를 알아낼 수 있다면 뉴욕의 경우와 비슷한 방법을 써서 각 도시에서 사는 쥐의 수를 추정해서 비교할 수도 있을 것이다. 사실 쥐 때문에 골머리를 썩이는 대도시가 뉴욕만은 아니어서 오래된 건물이 많은 프랑스 파리의 경우, 들끓는 쥐를 잡기 위해 2017년 초에 무려 150만 유로(18억여 원)를 들여 신형 쥐덫을 설치하는 등 쥐와의 전쟁을 벌이기로 했다고 한다.[8] (7-7)

모든 생물은 한 가족일까?
통계학으로 생물의 계보 찾기

인간은 정말 지구의 지배자일까?
: 지구는 곤충의 행성

사람들은 보통 인간이 모든 생물 가운데 가장 지적으로 우수하며 다른 어떤 생물도 이룩하지 못한 뛰어난 문명을 창조했으므로 인간이야말로 지구의 주인이자 지배자라고 생각한다. 정말 그럴까? 과연 지구의 주인 노릇을 한다는 것은 무엇을 의미할까? 우선 숫자가 많아야 할까? 다른 생물이나 생태계를 뜻대로 바꿀 수 있는 능력을 가져야 할까? 그런데 하나의 생물종이 지구의 주인이 되는 것이 가능하기나 할까?

사실상 생물을 연구하는 학자들 중에는 지구의 지배자가 인간이 아니라고 주장하는 이들도 많다. 그들이 언급하는 지배자의 이름으로 다양한 동물과 식물이 거론되지만 여기서는 그중 두 가지만 살펴보자.

첫 번째 주인공은 곤충이다. 몸이 머리·가슴·배로 이루어진 곤충은 인간보다 훨씬 이전인 4억 1,900만 년 전에 지구상에 나타나서 여러 번의 대멸종 시기를 넘기고 살아남았다. 약 3억 5,400만 년 전에는 날개 달린 곤충이 나타났는데, 새를 비롯해서 하늘을 나는 다른 동물이 출현하려면 아직 1억 5천만 년이라는 긴 세월을 더 기다려야 하는 시기였다. 당연히 오랫동안 곤충들은 아무 두려움 없이 하늘을 날아다닐 수 있었을 것이다. 원시 인류가 나타난 것은 멀리 잡아도 겨우 500만 년 전으로 추정되므로 인류의 역사는 곤충의 역사와 도저히 비교도 할 수 없을 만큼 짧다.

현재 지구에서 살고 있는 곤충의 종수는 너무나 많아서 인간이 이름을 지어준 것만 해도 100만 종에 달하는데, 그럼에도 아직 발견하지 못한 종이 그 열 배도 넘을 것이라 한다. 생물학은 물론 통계학적 방법으로도 곤충의 종수를 알아내기는 어렵기 때문에 곤충을 연구하는 학자들도 대략 수천만 종에 이를 것이라고 얼버무리고 만다. 학자들이 지구를 '곤충의 행성'[9]이라고 부르기도 하는 이유는 곤충이 오랜 세월에 걸쳐 진화하면서 지극히 다양한 모습으로 지구 생태계에 완벽하게 조화를 이루며 가장 성공적으로 살아왔기 때문이다. 앞으로의 생존 확률을 따져보더라도 단일한 종인 인간에 비해 수천만에 달하는 종을 보유한 곤충의 생존 확률이 더 높을 것이다.

박테리아에 대해 살펴볼 때 조금 더 알아보겠지만 생물분류체계는 생물종에 대한 통계에서 중요한 역할을 한다. 분류체계가 정확히 자리를 잡은 다음에야 개체와 집단을 헤아리는 통계가 가능할 것이기 때문이다. 그렇다면 그런 분류체계를 만드는 과정에서는 통계학이 필요 없을까? 이미 우리는 2장에서 빅데이터 분석이나 인공지능의 학습법에서도 통계학적인 분류가 핵심적인 역할을 맡고 있다는 사실을 공부한 바 있다.

식물 분류를 예로 들어본다면 오랫동안 사람들은 열매의 특징이나 꽃의 특징 또는 식물의 전체적인 모습을 가지고 집단을 나누었다. 하지만 오늘날 생물을 분류할 때에는 그런 특징보다는 유전자 정보를 이용한다. 특정한 개체가 어떤 종에 속하는지 알아보려고 할 때 대립유전자의 빈도를 이용하는 간단한 예를 들어보자.[10] 특정 개체가 집단 1 또는 집단 2 중 어느 쪽에 속하는지 알아보고 싶은데 그 두 집단의 유전자 빈도가 다음과 같다고 하자.

집단 1 : 유전자 A(A_1 60%, A_2 40%), 유전자 B(B_1 60%, B_2 20%, B_3 20%)

집단 2 : 유전자 A(A_1 30%, A_2 70%), 유전자 B(B_1 30%, B_2 20%, B_3 50%)

소속 집단을 알고 싶은 특정 개체의 유전자를 분석한 결과 A, B 두 유전자의 유전자형이 각각 A_1A_1, B_1B_2였다고 하자. 여기서 특정 개체의 유전자형을 알고 나서 그 개체가 어느 집단과 더 가까운지 알아보기 위해 '가능도(likelihood)'를 이용할 수 있다. 여기서 가능도란 알고 싶은 특정 개체의 유전자형이 일단 결정되었다고 할 때, 각 집단에서 그 특정 개체의 유전자형이 나올 확률을 의미한다. 우리는 간단한 계산을 통해 다음과 같은 사실을 알 수 있다.

집단 1의 가능도 : $(0.6)^2 \times 2 \cdot 0.6 \cdot 0.2 = 0.0864$

집단 2의 가능도 : $(0.3)^2 \times 2 \cdot 0.3 \cdot 0.2 = 0.0108$

    이 두 가능도를 비교해보면 집단 1의 가능도가 더 높으므로 그 특정 개체는 집단 1에 더 가깝다고 판단한다. 가능도는 통계학에서 데이터에 있는 정보를 가지고 그 데이터가 나온 모집단의 특성을 알아볼 때 대단히 중요한 역할을 하는 개념이다. 이처럼 낯선 곤충을 발견하면 생김새가 아니라 유전자를 분석해서 분류할 수 있고 거기에 통계학적인 방법이 쓰인다.

    그런데 수천 종으로 나뉘어 지구 생태계에 가장 잘 적응한 생물인 곤충을 인간이 가만둘 리 없다. 곤충은 최근 식량 문제를 해결할 대안으로 떠오르고 있다고 한다. 우리나라 정부의 농림축산식품부 산하 농림수산식품교육문화정보원에서 낸 자료에 따르면, 식용 가능한 곤충이 1,900종이 넘으며 이미 세계 여러 나라에서 식용곤충산업을 육성하고 있다는 것이다. 정부기관에서 만든 홍보자료에는 모둠 곤충김밥, 귀뚜라미를 토핑으로 얹은 피자 등이 소개되어 있으며, 이미 곤충식당도 문을 열었다고 한다.[7-8] 소와 돼지를 사육하듯 식용곤충을 대량으로 키울 날이 머지않아 올지도 모른다.

    여기서 영화 〈설국열차〉를 본 사람이라

7-8 식용곤충산업 홍보자료, 농식품 이슈 및 동향, 농림수산식품교육문화정보원, 2015. 10.

면 당연히 "혹시 미래 세상에서 곤충으로 만든 음식을 누가 먹을 것인지를 계급이 결정하게 될까?"라는 질문을 떠올릴 수밖에 없을 것이다. 영화에서는 모든 생물이 거의 다 사라지고 극소수 사람들만이 열차 속에 살아남아 있는데, 그 사람들 사이에서도 계급이 뚜렷하고 계급 사이의 이동은 불가능하다. 그 속에서 곤충으로(그것도 바퀴벌레!) 만든 음식을 먹는 사람들은 열차의 맨 마지막 칸에 탄 최하층민들이다.

우리는 한 가족이다
: '생명의 나무'와 통계학

두 번째 주인공은 박테리아다. 자연사박물관의 관장으로서 일반 대중을 위한 과학 강연과 글쓰기 활동을 활발히 하고 있는 이정모는 SF영화 〈스타워즈〉의 대사를 빌려 박테리아가 바로 지구의 지배자라고 설명한 바 있다. 그는 영화의 결투장면에서 나오는 "I am your Father!"라는 대사를 인용하면서 보통 크기가 우리 몸 세포의 10만 분의 1에 불과한 박테리아야말로 진화의 역사에서 모든 동식물의 조상이므로 지구상의 모든 진핵생물에게 "내가 네 아버지다"라는 말을 할 자격이 있는 생물이 바로 박테리아라는 것이다.[11](7-9) 그렇다면 박테리아의 수는 얼마나 될까? 모른다. 우리가 아는 것은 단지 덩치는 보지 말고 숫자만 헤아린다면 상대할 생물이 없다는 사실이

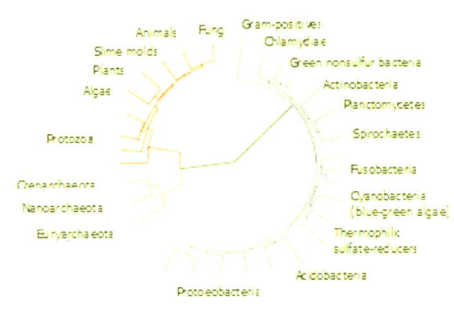

7-9 '생명의 나무'. 붉은색이 진핵생물, 초록은 고세균, 파란색은 박테리아를 나타낸다. 출처 : 위키피디아.

다. 그런데 박테리아는 생물의 분류체계에서 어디쯤에 있을까?

아주 오랫동안 사람들은 지구의 생물을 동물과 식물이라는 두 가지로 나눠서 생각해왔다. 계(kingdom), 문(phylum), 강(class), 목(order), 과(family), 속(genus), 종(species)이라는 분류체계를 확립한 스웨덴의 분류학자 린네(Carolus Linnaeus, 1707~1778)의 체계에서도 최상위의 계는 동물계와 식물계 둘로 이루어져 있다. 즉 모든 생물은 동물이나 식물 둘 중 하나에 속해야만 했던 것이다. 린네의 분류법이 자리 잡기 이전에도 오랫동안 다양한 근거에 바탕을 둔 많은 분류체계들이 등장한 바 있다.

그런데 린네가 활동하던 18세기 중반 무렵이 되자 생물학자들이 서로 다른 방법을 적용하더라도 결국 비슷한 분류를 하게 된다는 사실을 알게 되었고, 이에 따라 자연의 질서에 따른 유일한 분류가 존재한다는 생각이 널리 퍼지게 되었다. 즉 생물들은 시간이 지나도 변하지 않으므로 생물학자들이 서로 다른 방법으로 생물을 분류하더라도 모두가 결국에는 생물이 처음 창조될 때 신이 만든 창조 질서를 드러내는 유일한 분류 기준에 닿을 것이라고 생각했던 것이다. 린네가 바로 그런 사고방식을 가진 대표적인 인물이었다.[12]

그러다가 19세기 이후 점차 생물이 변하지 않는다는 생각이 허물어지면서 린네의 분류와 다른 여러 가지 체계가 나타났다. 특히 1990년에는 미국의 우즈(Carl Woese, 1928~2012)를 비롯한 생물학자들이 유전물질인 'rRNA' 분석을 토대로 생물 분류의 최상위 계급으로 역(域, domain)을 도입한 새로운 분류체계를 제시했다. '역'이란 계보다 더 상위의 계급이라는 의미에서 '초계(超界)'라고도 불린다. 이제 동물계와 식물계보다 더 높은 분류 계급이 생겼고 이에 따라 생물은 진핵생물역, 고세균역, 박테리아역이라는 세 가지로 분류되기에 이르렀다. 이러한 새 분류체계에서 식물과 동물은 곰팡이와 같은 균류와 함께 세포에 핵이 있다는 뜻을 나타내는 '진핵생물(眞核生物, Eukaryotes)'역에 속한다.

한편 고세균(古細菌, archaea)이란 이들이 마치 생물이 처음 나타나던 시기의 지구 환경과 비슷한 조건에서 많이 살기 때문에 이런 이름이 붙었는데, 고세균에 속하는 생물들 역시 세균, 즉 박테리아와 마찬가지로 핵이 없는 단세포생물이다. 하지만 이들은 독특한 유전학적 특징을 갖고 있으며 세포막이나 생활조건도 세균과 다르므로 학자들은 고세균이 아주 옛날 모든 생물의 공통 조상으로부터 세균과 나뉘어졌을 것으로 보고 별도의 분류체계로 나누게 되었다. 한편, 진핵생물의 특징은 미토콘드리아라는 것을 갖고 있다는 점인데, 박테리아와 고세균이 만나 미토콘드리아가 생긴 덕분에 진핵생물도 존재할 수 있게 되었다.

이런 생물의 분류체계에서 인간은 진핵생물역(Eukaryota) - 동물계(Animalia) - 척삭동물문(Chordata) - 포유강(Mammalia) - 영장목(Primates) - 사람과(Hominidae, 여기에 오랑우탄, 고릴라, 침팬지 등이 포함된다) - 사람속(Homo) - 사람종(Homo sapiens)으로 분류된다. 사람속에는 호모 네안데르탈렌시스 등 여럿이 포함되는데, 현생인류를 제외하고는 모두 멸종해버렸으므로 지금은 화석으로만 남아 있다.

우리는 흔히 피부색에 따라 사람을 분류하여 황인종·흑인종·백인종이라고 부르는데 이들이 정말 각각 서로 다른 종(species)일까? 동물의 경우 서로 생식이 가능하면 하나의 종으로 보는 편이므로 황인종·흑인종·백인종 등에서 쓰이는 '인종'은 생물학 분류에서는 어디에도 들어갈 곳이 없는 그릇된 표현이다.

일찍이 다윈(Charles Darwin, 1809~1882)은 지구상에 존재하거나 존재했던 모든 유기체들은 단일한 생명체로부터 출발했다고 생각했다. 즉 모

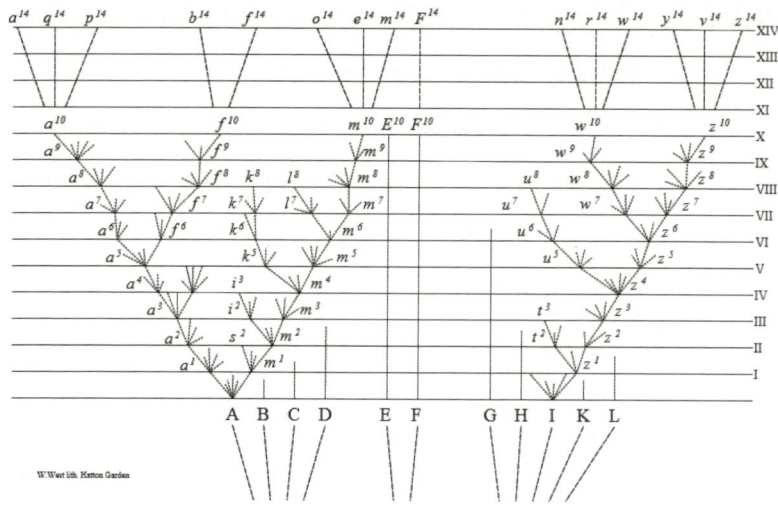

7-10 다윈의 『종의 기원』(1859)에 실린 '생명의 나무' 그림.

든 생명체의 조상은 같다는 것이다. 흔히 '생명의 나무(tree of life)'라고 부르는 그림은 온갖 생물을 나타내는 가지들이 하나의 나무에서 가지쳐서 나오는 것으로 그린다.(7-10) 이런 모형에서는 작은 가지들이 큰 가지에서 갈라져 한번 헤어지고 나면 다시 만날 수 없다.

하지만 최근 학자들의 연구에 따르면 모든 생물들의 족보를 단일한 나무 모양으로 나타내는 것은 사실 옳지 않다고 한다. 특히 단세포생물들의 경우에는 다른 종끼리 서로 다양한 방식으로 유전자를 주고받기도 하므로 이를 나타내려면 나무가 아니라 서로 교차해서 교류가 이루어지는 웹이나 그물망 모형(webs of life, nets of life)이 더 적절하다는 것이다.[13] 그림 (7-11)이 그런 모형을 나타낸 것인데, 다윈의 그림과 비교해보면 두 모형의 차이를 잘 볼 수 있다. 진핵생물의 경우에는 나무 모형이 적절하지만 박테리아와 고세균들 사이에서는 가지들이 서로 만나고 얽히는 복잡한 모습을 보인다.

그런데 이 모든 생물들은 정말 하나의 조상으로부터 갈라져 나왔을까? 인터넷을 검색해보면 앞에서 그림으로 살펴본 간단한 '생명의 나무'를 비롯해서 다양한 모양의 분류체계 그림을 만날 수 있는데, 그 모든 그림들은 하나의 중심 또는 하나의 뿌리를 나타내고 있다. 그런데 생물의 조상은 하나

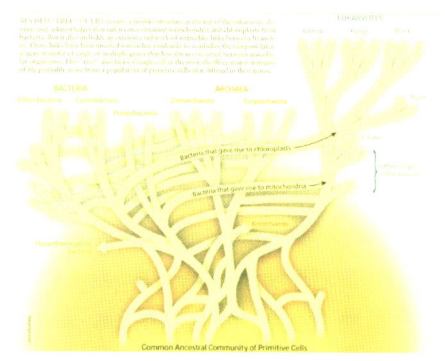

7-11 나무 모형과 웹 모형이 함께 있는 생명의 나무. 출처 : W. F. Doolittle, "Uprooting the Tree of Life", *Scientific American*, 2000, p.95.

가 아니고 진핵생물·박테리아·고세균의 조상이 각각 하나씩이었거나, 또는 고세균과 박테리아의 조상은 같고 진핵생물의 조상은 다르지 않았을까? 이런 '보편적인 공통 조상(universal common ancestor)'의 존재 여부를 혹시 통계학적인 방법으로 알아볼 수 있을까?

바로 이 문제를 다룬 연구가 2010년 『네이처』에 실린 바 있다.[14] 시어볼드(D. L. Theobald)라는 미국 생화학자의 연구인데, 그는 진핵생물과 박테리아, 그리고 고세균 모두에서 발견되는 단백질들의 아미노산 배열을 양적인 방법으로 비교해서 이 문제에 답을 찾으려 했다. 그는 아미노산 배열들의 상관관계를 구한 다음, 그 상관관계가 생물들이 모두 단일한 공통 조상에서 유래했을 경우와 그렇지 않을 경우 둘 중에서 어느 쪽을 더 뒷받침하는지 알아보았다. 즉 그는 데이터를 가지고 그 데이터가 나온 모형을 선택하는 통계학적 분석법을 이용했던 것이다. 그 결과 시어볼드는 모든 생물은 여럿이 아니라 단일한 조상으로부터 유래했다는 결론을 얻을 수 있었다.[15] 거슬러 올라가면 결국 모든 생물은 한 가족이라는 것이다.

• Chapter 7 통계학, 생물을 헤아리고 보살피다

얼마나 많은 생물들이
지구에서 살다가 사라졌을까?
멸종과 통계학

지금 우리는 대멸종의 시대를 살고 있는 걸까?

앞서 바다에서 사는 고래에 대해 살펴보았는데, 고래 가운데에는 강물에서 사는 돌고래들도 있다고 한다. '바이지(Baiji)'라는 민물 돌고래는 중국 양쯔 강에서만 볼 수 있어서 '양쯔 강의 여신(長江女神)'이라고도 불린다.[7-12] 그런데 1950년에만 해도 6천 마리에 이르던 것이 2006년 조사 때에는 단 한 마리도 보이지 않았다고 한다. 산업화로 인한 폐수 유입과 댐건설 등을 비롯한 인간의 활동 때문에 고래의

한 종류가 지구상에서 사실상 멸종해버린 것이다.[7-13]

그런데 '멸종(extinction)'이란 무엇일까? 과연 지구가 생긴 이래 지금까지 살았던 생물은 모두 얼마나 될까? 멸종은 그 종에 속하는 모든 개체들이 사라지는 생물종의 죽음을 뜻하는데, 사실 그 어떤 생물도 멸종을 피할 수는 없다. 인간도 지구에서 영원히 살 수는 없을 것이므로 언젠가는 지구상에 사람이 아무도 살지 않는, 즉 인간이라는 종이 멸종되어 영영 자취를 감출 때가 올 것이다.

7-12 바이지 일러스트. ⓒ Alessio Marrucci

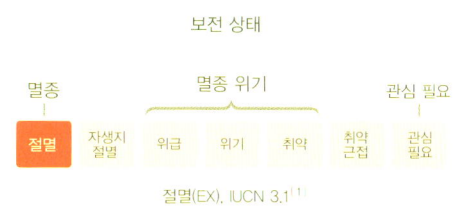

7-13 위키피디아에 소개된 바이지의 보전 상태.

그런데 어떤 생물종이 지구상에서 멸종했다라고 과학자들이 공식적으로 인정하려면 어떤 조건이 필요할까? 과거에 존재하던 생물체를 더 이상 만날 수 없을 때인가? 하지만 사라졌다고 여겼던 생물이 어딘가에서 불쑥 등장할 수도 있을 터이므로 그 생물이 영영 사라졌다고 판단하려면 시간이 필요할 것이다. 얼마나 기다려야 할까? 마지막으로 관찰되고 10년이 지나고 나서까지 어디에서도 볼 수 없다면 그 생물종은 멸종되었다고 판단해도 될까? 이러한 질문들은 과학이론이나 실험실에서 이루어지는 실험을 통해 답할 수 있는 것들이 아니고 통계학적 분석을 이용해서 과학자들이 합의해나가야 할 문제들이다.

1990년대 중반까지는 어떤 생물종의 생존이 50년간 보고되지 않으면 멸종했다고 보았다. 하지만 최근에는 그런 일률적인 기준 대신 종에 따라 적절한 조사를 한 결과 '최종 개체가 사망했다는 것을 합리적으로 의심할 수 없으면', 그 종은 멸종했다고 판단한다. 사실 종의 멸종 여부를 판단하기란 상당히 어렵다. 학자들의 연구에 따르면 멸종했다고 보았던 생물이 다시 발견되는 사례가 매년 두세 건씩 된다고 한다. 몸의 크기가 작고 숨어 사는 특징이 있으며 넓은 지역을 이동하는 생물이라면 개체 수가 줄어들수록 점점 발견되기 어려울 것이다.

학자들은 과거 그 생물종의 발견 빈도 데이터 등을 이용해서 확률 모형을 만들어 생물종별로 현재 시점의 멸종 확률을 구한다. 또한 의학이나 공학에서 환자나 제품의 생존과 사망(또는 부품의 고장)을 연구할 때 사용하는 통계학적 방법을 써서 이미 멸종했으리라고 추측되는 생물들이 재발견될 확률도 계산한다. 이런 연구들은 멸종 위기에 처한 생물종을 보호하는 계획을 세우는 데 중요한 자료 역할을 할 수 있을 것이다. 인간의 눈에 띄지 않았을 뿐 아직 생존하고 있는 종을 멸종했다고 선언하고 나면 그 종에 대한 보호활동도 중지되어 멸종을 재촉할 수도 있으므로 멸종 판정은 신중하게 내려야 한다.[16]

사실 수십억 년 생물의 역사에서 보면 멸종은 아주 흔한 일이므로 멸종을 연구하는 학자들은 비교적 짧은 시간 동안 다수의 생물종이 영원히 사라지는 것을 특별히 '대멸종(mass extinction)'이라고 부른다. 그런데 지금까지 대멸종이 한 번이라도 있었다면 어떻게 지금처럼 다양한 생물들이 존재할 수 있을까? 학자들의 연구에 따르면 놀랍게도 대멸종은 이미 다섯 번이나 있었는데, 대규모 멸종의 공통된 특징은 생태계의 붕괴 현상이라고 한다.[7-14] 그런데 생물의 진화라는 것이 더 나은 방향으로 진보하는 것과 아무 상관이 없는 것이듯, 대멸종이라는 재앙은 한편으로는 새로운 생물이 번창하는 시대의 시작이기도 할 테니 멸종이 꼭 나

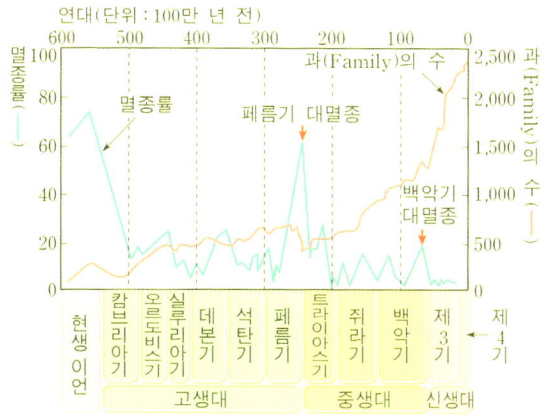

7-14 여섯 번의 대멸종과 생물종의 수를 나타내는 그래프.

쁜 것이고 진화는 좋은 것이라는 생각은 인간의 착각일 뿐이겠다.

대멸종은 다섯 번으로 끝난 것이 아니라 지금이 바로 여섯 번째 대멸종이 진행되고 있는 시기라는 견해도 있는데, 이번 대멸종은 앞서 다섯 차례의 대멸종과 달리 현생인류가 지구에 등장했을 때부터 시작되었다고 한다.[17] 인간이 대멸종의 원인이라는 뜻인데 지금까지 하나의 생물종이 대멸종을 일으킨 사례는 없었으므로 여섯 번째 대멸종 이후 지구가 어떤 모습일지 그려보기도 어렵다. 그런데 지금까지 모든 대멸종의 공통점은, 최상위 포식자들은 대멸종을 버티고 살아남지 못했다는 점이다. 그렇다면 자연을 지배하면서 이룩한 인간의 문명도 어찌 보면 스스로의 종말을 재촉하는 것과 다름없을지도 모른다.

앞에서 살펴보았듯이 지구에서 사는 여러 생물 가운데 곤충들은 여러 차례의 대멸종을 겪고도 아주 오랜 세월 동안 살아남아서 번창하고 있으므로 지구를 '곤충의 행성'이라고 부르기도 한다. 그런데 근래 동양, 서양 할 것 없이 벌이 사라지고 있다는 우려의 목소리가 자주 들리고 있다. 지금의 지구 생태계에서 만일 벌과 같은 곤충이 사라진다면 곤충 덕분에 꽃가루를 퍼뜨리고 씨앗을 다른 곳으로 옮기고 있는 식물들의 대규모 몰락이 뒤따를 것이다. 그럼에도 사람들은 현재 벌이 왜 사라지는지 그 정확한 원인도 제대로 파악하지 못하고 있으니 오늘날 지구 생태계는 그야말로 불안불안한 상태인 것이다.

멸종은 왜 일어날까?
: 대규모 멸종의 원인과 통계학

오늘날 우리는 '기가(giga)'라는 접두어를 컴퓨터 하드디스크나 USB와 같은 저장매체의 용량을 나타낼 때 흔히 쓰고 있지만, 고생물학자들은 지구와 생명체들의 나이를 나타낼 때 'ga BP'라는 단위를 쓴다. 가령 35억 년 전에 살았던 미생물의 화석이라면 그 화석의 나이는 '3.5 ga BP'라고 표현한다. 여기서 'ga BP'는 'giga years Before Present', 즉 지금부터 십억 년 전을 뜻한다. 그런데 인류의 나이는 그런 단위로 나타내기에는 너무 짧아서 'ma BP', 즉 '지금부터 백만 년 전(mega years Before Present)'으로 단위 자체를 바꾸어서 나타내야 한다.

그렇다면 지구에 생명이 나타난 이래 지난 수십억 년 동안 과연 얼마나 많은 생물종이 사라진 걸까? 아무도 모른다. 아마 수억 종은 될 것이라고 짐작할 뿐이다. 왜 사라졌을까? 정확한 이유 역시 아무도 모른다. 운이 나빴을 수도 있고 적응에 실패했기 때문일 수도 있다. 그나마 가장 최근에 해당하는 다섯 번째 대멸종이 일어났던 6,500만 년 전에 공룡이 거의 삽시간에 사라진 것은 외부의 충격, 즉 소행성의 충돌로 인한 화재와 기후변화 때문이라고 알려져 있다.

그렇다면 다음번 대멸종은 어떤 식으로 올까? 영화 〈설국열차〉에서처럼 인간 자신이 일으키는 기후변화가 지구에 더 이상 생명이 살 수 없도록 얼음과 눈으로 세상을 덮어버릴 수도 있다. 또 어쩌면 애니메이션 〈겨울왕국(Frozen)〉에서 무엇이든 꽁꽁 얼게 만드는 마법을 부리는 엘사가 그렇게 만들지도 모른다.

몇 해 전에 세상을 떠난 미국의 고생물학자 라우프(David Raup, 1933~2015)는 『멸종』이라는 책에서 멸종의 원인, 그중에서도 대규모 멸종의 원인을 생물학적인 원인, 기후나 해수면 변화, 화산활동과 같은 물리학적인 원인, 그리고 운석 충돌 등 여러 가지로 나누어 검토한 바 있다. 그는 어떤 원인도 혼자서 모든 멸종을 설명할 수는 없다고 했는데, 그가 논의한 주제들 가운데 멸종과 생존의 경계에 해당하는 '최소 존속 가능 개체군(Minimum Viable Population, MVP)'이라든지, 지역 면적과 생물종 수 사이의 관계를 나타내는 '종 면적 효과(species-area effect)', 그리고 생존기간과 멸종하는 종들의 퍼센트 사이의 관계를 나타내는 '살해곡선(kill curve)' 등은 통계학과 밀접한 관계가 있는 것들이다.[18]

우리는 지역의 면적이 넓어지면 그 안에 사는 생물종의 수도 늘어날 것이라고 생각한다. 그렇다면 어떤 식으로 늘어날까? 면적에 비례해서 생물종 수가 증가할까? 그렇지 않다. 생물학자들이 데이터를 분석해서 구한 종 면적 효과를 나타내는 함수는 직선이 아니고 위로 볼록한 곡선 모양이다. 이런 곡선의 모양이 뜻하는 것은 면적을 두 배로 늘린다고 해서 종의 수가 두 배가 될 정도로 많아지지 않는다는 것이다.[7-15] 또 면적을 절반으로 줄였다면 절반의 생물종이 사라지는 것이 아니라 그보다 적은 수의 종이 사라질 것이라는 뜻이다. 따라서 종 면적 효과를 나타내는 곡선의 모양은 숲의 나무를 베어내고 개발할 때나 보호지역을 지정

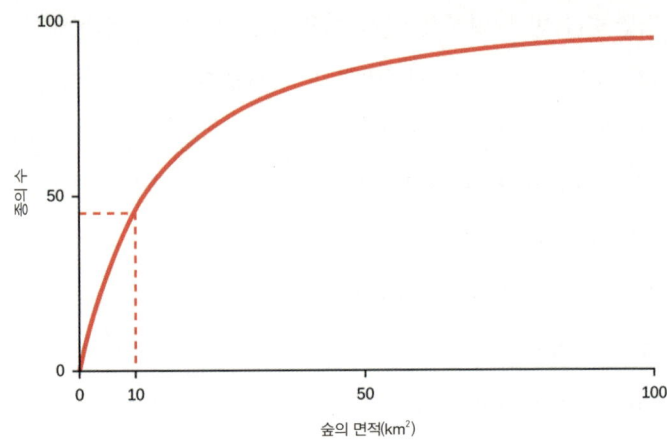

7-15 종-면적 효과(가로축은 숲의 면적를 나타내고 세로축은 숲에서 살고 있는 종의 수를 나타낸다). 출처 : http://cnx.org/contents/7K9wsUfm@2/Preserving-Biodiversity/.

할 때 그로 인한 생물종의 변화를 예측하는 데 중요한 요소가 된다.

또한 종마다 멸종까지의 기간은 다르겠지만 결국 모든 생물종은 멸종할 수밖에 없으므로 기간이 길어지면 멸종하는 종의 수는 누적적으로 늘어나는 증가함수 모양이 될 것이다. 라우프는 이 곡선을 '살해곡선'이라고 불렀다. 무엇보다 멸종의 원인을 찾는 연구에서는 불가피하게 이용할 수 있는 데이터가 대단히 제한적일 수밖에 없고, 결국 통계학적인 검증방법이 중요한 역할을 하게 된다.

누가 설국열차를 탈까?
보존생물학과 통계학

종다양성을 측정할 수 있을까?

사람들 때문에 많은 생물들이 지구에서 사라지거나 사라질 위기에 처하면서 생물학 가운데 생물종의 다양성을 지키기 위한 분야도 생겼는데, 이를 '보존생물학(conservation biology)'이라고 한다. 보존생물학에서는 특히 멸종 위기에 있는 생물종에 관심을 많이 기울이는데 사실 우리는 눈으로 잘 볼 수 없는 작은 생물은 고사하고 고래처럼 가장 덩치가 큰 생물이 멸종될 위기에 처해 있는지조차 제대로 알지 못한다.

과연 지금 지구상에는 생물이 몇 종이나 살고 있을까? 어떤 연구에 따르면 현재 지구상에는 약 360만 종의 생물이 살고 있으며, 2050년이 되면 그중 25%가 넘는 백만 종이 사라질 것이라고 한다.[19] 한편 생물종의 수는 그보다 훨씬 많아서 700만에서 1,300만에 이를 것이라는 주장도 있다.[20] 심지어 현재 지구상에 사는 종의 수가 4,000만에서 1억에 달할 것이라는 주장도 있다. 그중에 인간이 그나마 파악한 종은 200만 종에도 못 미치는데, 인간이 알지 못하는 종들 중 절반 이상이 열대우림 지역에 분포하고 있다고 한다. 그런데 인간의 개발에 따라 열대우림이 급속도로 사라지면서 미처 파악하지도 못한 많은 생물종들이 영영 사라지고 있다는 것이다.[21]

그렇다면 지구가 생긴 이래 존재했던 종의 수를 모두 헤아리면 얼마나 될까? 무려 50억에서 150억에 달한다고 한다. 물론 대부분의 종들이 화석과 같은 흔적을 전혀 남기지 않고 영영 사라졌기 때문에 정확한 수치는 영원히 알아낼 수 없을 것이다.[22] 지난 수십억 년 동안 수많은 개체들로 이루어진 종이 그처럼 많이 사라졌다면 "자연은 거대한 공동묘지"[23]

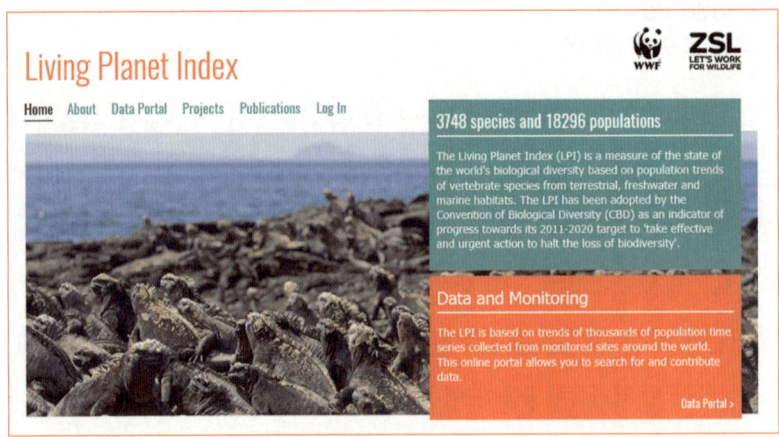

7-16 '살아 있는 지구지수(Living Planet Index)'를 소개하는 세계자연기금의 홈페이지.

라는 주장이 충분히 설득력 있게 들린다.

고생물학자들의 연구에 따르면 생물다양성이 정상적인 조건에서 지속된다고 했을 때, 한 종의 수명은 종에 따라 백만 년에서 수천만 년까지 다양하다고 한다. 종들이 얼마나 사라지는가를 나타내기 위한 척도로 '종소멸률'이라는 것이 있는데, 천 년마다 100만 가지 생물종 가운데 멸종하는 종의 수가 얼마나 되는지를 나타내는 것이다. 고대 지질시대의 경우 종소멸률은 1 이하였다고 한다. 100만 종의 생물 가운데 천 년이 지났을 때 사라지는 종이 한 가지를 넘지 않았다는 말이겠다. 하지만 인간이 지구를 지배하기 시작한 이후 생물종이 소멸하는 속도가 점점 빨라져서 고대 지질시대에 존재하던 종들과 비교해볼 때 현재의 종소멸률은 백배에서 천 배 정도 높아졌다고 한다.

생물의 종다양성을 나타내는 통계지표 가운데 하나인 '살아 있는 지구지수(living planet index)'에 대해서도 잠시 살펴보자. [7-16] 이 지수는 세계자연기금(World Wide Fund For Nature)이라는 단체에서 전 세계 동물들

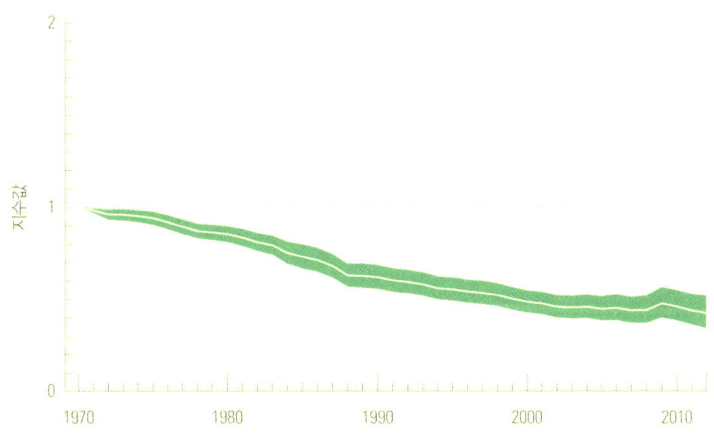

7-17 1970년부터 2012년 사이의 살아 있는 지구지수 변화. 출처: http://www.livingplanetindex.org/.

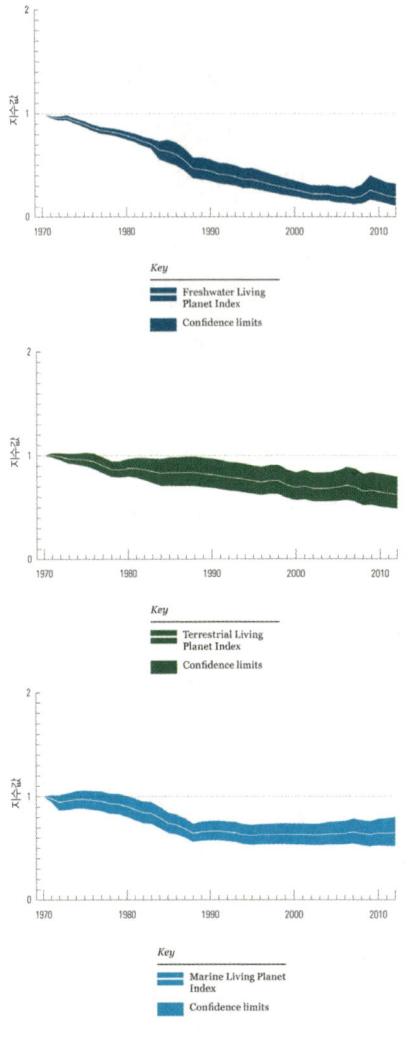

7-18 위쪽부터 담수, 육지, 바다 척추동물의 살아 있는 지구 지수. 출처: http://www.livingplanetindex.org/.

의 종과 집단의 수가 어떻게 변화하고 있는지를 나타내기 위해 만든 지수이다. 세계자연기금에서 2년마다 만드는 보고서의 2016년판(Living Planet Report 2016)에 따르면, 3,700여 종의 척추동물로 이루어진 1만 4,000여 군집을 조사한 결과 1970년과 비교했을 때 약 40여 년 뒤인 2012년의 척추동물 군집은 58%나 감소했다고 한다.[24] 그림 (7-17)에 95% 신뢰구간과 함께 살아 있는 지구지수 값의 변화가 나타나 있는데, 2012년의 지수값은 0.58이고 95% 신뢰구간은 0.48~0.66이다.

그리고 보고서에서는 전체 척추동물을 담수·육지·해양으로 나누어서 살펴보고 있는데, 그 가운데 특히 심각하게 군집다양성이 감소하고 있는 동물들은 담수, 즉 맑은 물에 사는 동물들이라고 밝히고 있다. 1970년에 비해 육지동물이 38%, 바다동물이 36% 줄어든 반면 맑은 물에 사는 동물은 무려 81%나 줄어들었다고 한다. 또한 보고서에 따르면 현재의 추세가 그대로 유지된다고 할 때 2020년에는 1970년에 비해 전체 조사대상 척추동물의 군집다양성은 67% 감소할 것이라고 한다.(7-18)

노아의 방주에는 어떤 종을 태울까?
: 보호할 생물종의 선택 기준

영어 단어 가운데 'fauna'라는 것이 있는데, 사전을 찾아보면 보통 '동물상(動物相)'이라고 되어 있다. 이 단어는 어떤 시대와 어떤 지역에서 사는 모든 동물들의 종류를 뜻하며 같은 의미로 식물상은 'flora'라고 한다. 2014년 『사이언스』에서 특집호를 냈는데, 그 제목이 'Vanishing Fauna', 즉 '사라져가는 동물상'이었다.[25] 특집호에 실린 연구 중에는 'Defaunation in the Anthropocene'이라는 제목의 글이 있는데, 제목부터가 어렵다. 여기서 'anthropocene'이란 흔히 '인류세'라고 번역되는 지질학적 시기를 일컫는다.[26]

인류세란 21세기에 접어든 이후 일부 과학자들이 현재와 가까운 신생대 제4기 중에서 홍적세, 충적세 다음의 시기를 따로 부르기 시작하면서 알려진 개념이다. 아직 과학자들이 널리 인정하는 지질학적 개념은 아니지만 인간에 의한 자연환경 파괴가 이미 새로운 지질시대를 초래할 정도로 심각하다는 것을 경고하기 위한 시도라고 보면 되겠다.

이 글의 저자들은 동물상이 파괴되면서 종이 사라지고 개체군이 줄어들고 지역별로 개체수가 감소하는 것을 'defaunation'이라고 부르고 있다. 영어사전에도 없는 단어인데, '동물상의 파괴' 정도로 옮기면 될 것 같다. 이 글에 따르면 16세기 이후 지난 500년 동안 척추동물들 가운데 멸종한 종이 322종이나 되며, 남아 있는 종들의 개체군에서도 개체의 수가 평균 25% 감소했다고 한다. 또 무척추동물의 경우에는 조사한 개체군 중 67%에서 평균 45%에 해당하는 개체 수가 감소했다고 한다.

동물과 식물, 게다가 균류까지 망라해서 지구에서 살고 있는 여러 생물종의 다양성을 지키기 위해 활동하는 국제적인 단체 중 하나인 '국제

7-19 멸종 위기에 처한 생물종들, 국제자연보전연맹의 적색 목록.

자연보전연맹(International Union for the Conservation of Nature, IUCN)'에서는 야생에서의 멸종 위기 정도에 따라 생물종을 모두 다섯 개의 범주로 나누어 목록을 만들고(IUCN Red List of Threatened Species), "심각한 위험(critically endangered)", "위험(endangered)", 그리고 "취약(vulnerable)"이라는 세 분류에 속한 종을 멸종 위협을 받고 있는 생물종들로 간주한다. 흔히 '적색 목록(red list)'이라고 부르는 그 목록은 1963년에 처음 만들어진 이후 10년마다 갱신되고 있는데, 매년 목록에 등장하는 생물종이 늘어나서 최근에는 거의 5만 종이나 된다.[7-19] 이 목록은 오늘날 가장 유명한 멸종위기 생물 목록으로 널리 이용되고 있다.

그런데 이 목록은 어떻게 만들어졌을까? 초기에는 전문가들의 의견에 전적으로 의존했지만 최근에는 통계학적인 방법을 쓰고 있다. 멸종

위기에 있는 생물종을 보존하기 위한 계획을 세우려면 그 생물들이 생존하는 데 필요한 서식지의 특성과 면적 등을 알아야 한다. 멸종 위험을 추정하는 방법 중에서 가장 널리 쓰이는 방법으로 '개체군 생존력 분석(population viability analysis, PVA)'이라는 것이 있는데, 이 분석은 생물의 보존 지구를 설정할 때 많이 이용된다.

이 방법에서는 기후변화를 비롯하여 확률적으로 발생하는 각종 상황에서 생길 개체군의 변화를 모의실험해서 개체군의 생존율·성장률·재생산율 등의 다양한 정보들을 얻은 다음, 그 정보들을 바탕으로 그 개체군이나 생물종이 얼마나 살아남을지 추정한다. 이러한 확률적인 개체군 모델에서는 개체군의 생존에 영향을 미칠 각 요소들의 효과를 통계학적인 분포로 나타낸다. 이 분석을 이용하면 시간의 흐름에 따라 달라지는 생물의 멸종 확률을 추정할 수 있다. 학자들이 몇 십 년에 걸쳐 개체군 생존력 분석으로 예측한 멸종 확률과 실제 상황을 비교해본 결과 이전과 같이 전문가들의 견해에 바탕을 둔 것보다 매우 정확하다는 것이 밝혀졌다.

키 큰 부모한테서
키 큰 자녀가 태어날까?
유전학과 통계학

프랜시스 골턴과 유전학
: 평균으로의 회귀

19세기 후반부터 20세기 초까지 활동했던 프랜시스 골턴이라는 인물은 오늘날 통계학 교과서에서 '회귀(regression)'라는 용어를 처음 쓰고 '상관(correlation)'이라는 개념을 또한 처음 만든 사람으로 등장한다. 골턴이 활동했던 시기는 통계학이 학문으로서 겨우 독립된 지위를 가지려 하던 때인데, 그는 그러한 변화의 중심인물 가운데 한 사람으로 평가된다. 하지만 한편으로 골턴은 오늘날의 회귀분석과는 다른 뜻으로 그 용어를 썼는데도 불구하고 단지 그 용어를 처음 썼다는 이유만으로 역사에 이름이 남은 사람으로 소개되기도 한다. 뿐만 아니라 '피어슨의 상관계수'라는 이름에서도 알 수 있듯이 상관계수의 역사에서도 골턴의 이름은 칼 피어슨의 이름만큼 널리 회자되지는 못하고 있다.

골턴의 연구와 골턴 이전 다른 사람들의 연구를 비교했을 때 가장 두드러진 차이는 무엇보다 골턴이 자신보다 바로 앞 세대와는 매우 다른 방식으로 자료를 보는 길을 열었다는 점이다. 골턴이 등장하기 직전까지, 즉 19세기 중반 무렵 유럽의 통계학을 대표했던 인물은 벨기에의 케틀레였다. 케틀레는 통계학의 역사에서 평균으로 대표되는 데이터의 중심을 가장 강조한 인물로 기록되는데, 그는 자연현상에서뿐 아니라 사회현상에서도 데이터의 중심이 전체 데이터의 전형적인 대푯값이자 하나의 고정된 모범이라고 생각했다. 한 걸음 더 나아가 그는 중심에서 멀리 떨어진 데이터들은 오차와 같은 존재라고 보기까지 했다.[27] 반면에 골턴은 중심보다는 중심으로부터 먼 자료들, 자료의 산포, 그리고 변수들 사이의 관계에 주목했다. 회귀와 상관에 대한 연구가 바로 그러한 결과인데 이러한 연구에서 골턴이 분석한 자료는 부모 키와 자녀 키 사이의 유전 관계를 알아보기 위한 데이터였다.

그런데 변수들 사이의 함수관계를 알아보려는 회귀 혹은 선형, 비선형 모형의 역사를 따진다면 골턴의 연구보다 백여 년이나 앞선 연구들, 즉 적어도 18세기 중엽의 연구에까지도 거슬러 올라갈 수 있다. 회귀분석에서 중요하게 이용되는 최소제곱법 역시 1805년 르장드르(A. M. Legendre)에 의해 발표된 이후 가우스와 라플라스에 의해 1800년대 초부터 1820년대 사이에 여러 가지 측면에서 그 성질이 연구되었고 이 방법

으로 얻은 결과가 바람직한 성질을 가진 것이 증명되면서 그 이후로 널리 쓰이게 되었다.[28]

한편, 최소제곱법이 발표된 지 약 60년 후인 19세기 후반에 골턴이 새로운 개념과 방법을 창안하게 되었던 분야는 유전학이었는데, 당시는 오늘날 유전학을 의미하는 'genetics'라는 용어는 아직 만들어지기도 전이었다. 다들 짐작하듯 유전학은 상당히 젊은 학문이다. 영국의 생물학자 베이트슨(William Bateson, 1861~1926, 유명한 인류학자 그레고리 베이트슨의 아버지)이 유전학이라는 이름을 처음 쓴 것이 1905년이었으므로('유전자(gene)'라는 용어는 그보다 더 늦게 나타났다) 유전학의 역사라고 해봐야 겨우 백 년 남짓밖에 되지 않는 셈이다. 하지만 오늘날 유전학의 중요성은 질병치료, 유전자조작식품 개발, 생명공학산업에 이르는 폭넓은 활용 분야를 생각해보는 것만으로도 충분히 알 수 있을 것이다.

지난 백 년 동안 유전학은 놀라운 속도로 발전해왔는데, 유전학의 역사에서 획기적인 단계들이 몇 번 있었다. 그중 하나가 1930년대부터 1950년 사이에 이루어진 진화론과의 만남이다. 집단유전학(population genetics)은 집단(개체군) 내부와 집단들 간에 나타나는 유전적 차이를 연구하는 분야로서 진화생물학과도 가까운 분야이다. 집단유전학이 발달하는 데 큰 역할을 한 사람 가운데 하나가 피셔(R. A. Fisher)였다. 피셔는 20세기 통계학에서 가장 중요한 통계학자이자 뛰어난 유전학자였던 것이다. 피셔는 골턴이 세상을 떠난 이후부터 활동을 시작하여 통계학을 어엿한 하나의 독립적인 학문 분야로 격상시키게 된다. 비록 연구 방법도 달랐고 후세에 미친 영향도 매우 달랐지만, 골턴과 피셔에게는 공통된 점도 있었는데, 이에 대해서는 조금 뒤에 살펴보자.

골턴의 연구에서 통계학적인 방법들이 사용되고 새로운 방법이 등장

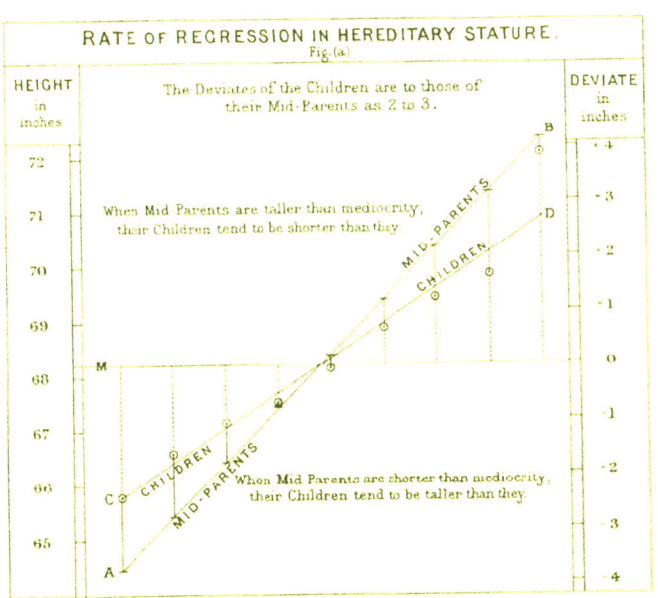

7-20 부모의 평균키와 자녀 키 데이터를 가지고 '평범으로의 회귀'를 설명하는 골턴의 그림.

하게 된 것은 그가 콩의 일종인 스위트피(sweet pea)의 크기, 또는 사람의 키와 같은 계량적인 자료를 수집·분석하기 시작하면서부터였다. 골턴은 부모의 특징과 자녀의 특징 사이에는 선형함수관계가 성립해야 한다고 믿었으며, 그 관계를 하나의 '유전법칙(law of heredity)'이라고 생각하고는 이 관계를 '회귀법칙(law of regression)'이라고 불렀다.

그는 사람의 여러 특징 중에 키를 측정한 데이터를 가지고 회귀법칙을 구했는데, 사람 키의 변이 폭이 여러 세대에 걸쳐 일정하게 나타나는 이유가 바로 평균보다 크거나 작은 키는 다음 세대에 평균 쪽으로 돌아간다는 회귀법칙 때문이라고 주장했다.

그림 (7-20)에서 자녀들의 키를 나타내는 직선의 기울기가 부모 키를 나타내는 직선의 기울기보다 작은 값인데, 키가 큰 부모들의 자녀는 부모보다 키가 작아지는 경향이 있고 키가 작은 부모의 자녀들은 부모보다 키가 큰 경향이 있다는 것이다. 이처럼 평범한 쪽, 즉 평균으로 돌아가려는 관계를 골턴은 '회귀법칙'이라고 불렀다. 그런데 이 관계는 유전학적인 현상이라기보다는 통계학적인 현상이다. 이를 확인하려면 부모 키와 자녀 키의 역할을 바꾸어보면 된다. 그렇게 해도 마찬가지의 회귀 현상이 나타나는 것을 확인할 수 있을 것이다.

유전학 연구에서 통계학의 역할은?
: 생물측정학파와 유전학

골턴은 평균이라는 것이 평범해서 관심 대상이 되지 못한다고 하면서 평균 대신 집단에서 특출한 재능을 가진 사람과 같이 분포의 끝부분에 있는 데이터에 주목했다. 그는 저명인사들의 족보를 추적하여 그러한 집안에서 역시 저명인사가 나오는 경우가 많다고 밝혔으며, 나아가 뛰어난 재능의 좋은 혈통을 지닌 사람들의 출산은 장려하고 그렇지 못한 사람들의 출산은 억제함으로써 사회와 국가가 진보하리라는 신념, 즉 우생학(eugenics)을 평생 주장했다.

따라서 골턴에게는 사회 전체 사람의 재능이 정규분포 모양의 분포를 가질 때 그 분포가 라플라스나 케틀레의 생각처럼 집단 전체의 단일한 평균을 중심으로 작은 오차들이 모여서 만들어진 것이어서는 쓸모가 없었을 것이다. 핏줄에 따라 재능이 유전된다고 주장했던 그의 입장에서는 부모로부터의 유전이라는 뚜렷한 원인에 의해 여러 작은 정규분포 집단들이 생기고 그 분포들이 혼합되어 전체 사회의 정규분포가 생겨야 했던 것이다. 따라서 그가 얻은 결과들은 통계학적 방법이 유전학 이론을 유도해낸 것이라기보다는, 그가 강조하고 싶어했던 유전학적 개념과 모형에 의해 새로운 통계학적 개념과 방법이 나온 경우라고도 할 수 있 겠다.

19세기 말에서 20세기 전반기의 시기 동안 우생학은 엄연한 과학 대접을 받았다. 우생학을 과학으로 만드는 데 누구보다 앞장선 사람들이 골턴, 칼 피어슨, 그리고 피셔와 같은 현대통계학의 대가들이었다. 이와 관련하여 당시에 통계학자들과 생물학자들 사이에 있었던 논쟁을 살펴 볼 필요가 있다. 생물측정학파라고 불리는 통계학자들의 대표는 칼 피어슨이었고, 멘델주의학파라고 불리는 생물학자 중에서는 베이트슨이 대표였다. 양 진영 사이의 논쟁에서는 유전이라는 현상에 대해 무엇을 연구해야 할 것인가라는 근본적인 문제에서부터 차이가 있었다. 간단히 말해서 멘델주의자들이 무엇의 작용 때문에 유전이라는 결과가 일어나는지 그 생리학적인 인과관계를 보려 했다면, 생물측정학파는 유전에 관계되는 여러 변수들 사이의 상관관계를 찾으려 했다.

이러한 연구 목적의 차이는 당연하게 연구방법의 차이를 동반할 수밖에 없었는데, 생물측정학파들은 수천 마리에 이르는 새우나 게와 같은 대규모 데이터를 대상으로 길이·모양·색깔 등과 같은 외양을 측정하고 세대별로 그 분포를 찾아 비교하려 했다. 반면 멘델주의자들은 많은 개체보다는 단 하나의 개체에 대해서라도 겉이 아니라 생물 내부로부터 유전 현상 배후에 있는 메커니즘을 알아내려고 했다.

논쟁을 전후한 시기에 피어슨은 과학 연구의 목적이 법칙화된 인과관계를 밝혀내는 것이 아님을 강조했다. 그는 물리학자들이 주장하는 인과관계란 그들의 필요에 따라 가정하는 순전히 이론적인 극한, 즉 완전한 상관관계일 뿐이라고 주장하면서 이전까지 생물·경제·사회 현상에 대한 연구가 엄밀한 인과적인 법칙에 따르는 물리학과 비교할 때 과학의 반열에 오르지 못했던 것도 상관관계의 강도가 물리학에서의 강도보다 낮기 때문이라고 보았다. 따라서 과학의 기준을 인과관계가 아닌 상관관계로 바꾼다면 그들도 모두 엄연한 과학이 될 수 있다고 했다.

이와 같은 입장에 따라 피어슨은 여러 가지 상관계수를 만들었을 뿐 아니라 데이터를 분석할 때에도 상관관계를 지나칠 정도로 내세웠다. 즉 피어슨에게 있어서 상관관계란, 그리고 그것에 바탕을 둔 통계학이란, 데이터를 분석하기 위한 하나의 도구나 방법 정도가 아니었다. 그보다는 모든 과학을 쇄신하고 과학의 범위를 크게 확장시켜주는 새로운 메타과학이었다. 그러했기 때문에 피어슨은 "유전과 진화의 문제란 무엇보다 통계학 문제"라고 과감한 주장을 할 수 있었던 것이다.

그의 생각으로는 생물학에서 제기되는 문제들은 아주 많은 변인들이 얽힌 것이기 때문에 이전과 같이 (그리고 멘델주의자들처럼) 인과적인 과학관으로 접근한다면 생물학은 과학으로서의 지위도 가질 수 없으므로 반드시 통계학이라는 새로운 과학관으로 접근해야만 한다는 것이다. 이러한 주장은 전통적인 생물학 교육을 받은 멘델주의자들이 받아들이기에는 너무나 지나친, 어쩌면 허황된 것에 지나지 않았을지도 모른다.

돌이켜보았을 때 19세기 끝 무렵에서 20세기 초 사이 영국 생물통계학파를 대표했던 피어슨의 주장은 아무래도 편향된 것으로 보인다. 피어슨은 과학 연구, 특히 생물학 연구의 중심은 인과관계를 알아내는 것이 아니라 상관관계를 찾는 것이라고 했지만, 그의 주장은 통계학 내부에서도 반발을 불러왔다. 예컨대 잠시 그의 조교로 일했던 영국의 통계학자 율(G. U. Yule)조차도 골턴의 회귀분석 방법을 사회통계 데이터에 적용하여 정부의 빈민 정책에 따라 가난한 사람의 수가 변화하는 인과

관계를 찾으려 했다. 1920년대에 나온 피셔의 실험계획법 연구는 문자 그대로 모든 실험 조건을 통제해서 인과관계를 밝히기 위한 것이었다. 통계학은 인과관계를 밝히는 작업과 언제나 가까운 관계를 유지해왔던 것이다.

하지만 다양한 실수와 편향된 입장에도 불구하고 골턴이나 피어슨을 비롯한 현대통계학의 창시자들이 보여준 깊고 풍부한 상상력과 사고방식과 다양한 접근법들, 그리고 시행착오들은 오늘날에도 계속 재조명되고 있다. 그들의 발자취를 따라가다 보면 철학을 비롯한 인문학적 사고와도 만나고 유전학을 비롯하여 당시에 갓 태어난 학문들의 창시자들이 품었던 방대한 포부와도 만나게 된다. 그들 덕분에 어느새 통계학도 어떤 학문 못지않게 풍성한 역사를 갖게 된 것이다.

황우석 사태에서 무엇을 배울까?
데이터 조작과 과학 연구

국민영웅, 논문조작 범죄자로 법정에 서다
: 황우석 사태

적지 않은 사람들이 학자, 특히 자연과학자들은 혼탁한 세상사와 멀리 떨어져서 순수학문 연구에만 열중하는 사람이라고 여긴다. 진리를 탐구하는 일에 몰두하는 과학자들의 세계는 바깥에서 쉽게 들여다보고 이해할 수 있는 세계가 아니므로 과학자들은 특별한 전문성을 인정받고 높은 권위를 누린다. 물론 과학자들 역시 지위, 연구실적, 연구비를 두고 서로 치열한 경쟁을 해야 한다는 점에서는 비즈니스나 정치 등의 분야에서 일하는 사람들과 다를 바 없지만, 우리는 적어도 그 경쟁이 음모술수나 사기가 개입될 수 없는 공정한 규칙에 따라 이루어진다고 믿는다.

하지만 과학자들 역시 정당하지 못한 방법으로 성공하려는 유혹에 시달리기는 마찬가지이고, 연구결과나 명성을 차지하기 위해 때로 매우 치졸한 방식으로 서로 싸우기도 한다. 가령 어떤 업적을 누가 제일 먼저 이루었는가를 두고 벌이는 과학자들의 '우선권 다툼(priority dispute)'의 사례는 거의 모든 과학 분야에서 두루 찾아볼 수 있다. 미적분의 발견을 둘러싼 뉴턴과 라이프니츠의 다툼은 거의 영국과 독일 두 나라 사이의 감정싸움으로까지 번진 바 있다. 통계학의 역사에서도 최소제곱법을 누가 먼저 생각해냈나를 두고 19세기의 대수학자인 독일의 가우스와 프랑스의 르장드르가 제법 치열하게 논쟁을 벌인 바 있다. 물론 서로 따로 연구하다 거의 동시에 생물의 진화라는 결론에 이른 것을 알았을 때 그 공적을 함께 나눈 다윈과 월리스도 있기는 하지만 이는 매우 보기 드문 예외적인 경우에 속한다.

우선권 다툼과 관련해서 더욱 재미있는 것은 통계학의 역사를 연구하는 스티글러의 이름이 붙은 '스티글러의 명명법칙(Stigler's law of eponymy)'인데, 이 법칙에 따르면 누구의 원리, 누구의 법칙 등으로 사람 이름이 붙은 과학적인 업적 가운데 그 업적을 최초로 이룩한 사람이 아닌 다른 사람의 이름으로 널리 알려진 경우가 너무나 흔하다고 한다. 가령 통계학에서 가장 중요한 확률분포인 정규분포만 하더라도 흔히 독일 수학자 가우스의 이름을 따서 '가우스 분포'라고 불리고 있지만, 사실 정규분포를 수학적으로 처음 유도한 사람은 가우스가 아니라 프랑스 출신 영국 수학자 드 무아브르였다. 드 무아브르가 이항분포의 극한분포로서

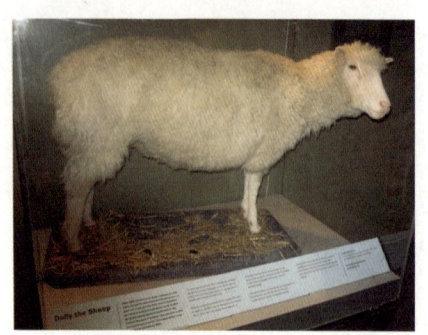

7-21 복제양 돌리의 박제. 출처 : 위키피디아.

정규분포 식을 유도한 시기는 1730년대였는데, 이때는 가우스가 세상에 태어나기 수십 년 전이었다.

게다가 스티글러는 자신의 이름이 붙은 '스티글러의 명명법칙' 역시 예외가 아니어서 자신이 처음 생각해내기 이전에 이미 알려진 법칙이었다고 유머러스하게 밝힌 바 있는데, 다행스럽게 아직 이 법칙을 두고 우선권 다툼이 벌어진 적은 없는 것 같다.[29] 그래도 실험결과를 조작하거나 거짓 논문을 쓰는 경우에 비하면 우선권 다툼을 벌인 과학자들은 아주 순진해 보인다.

복제양 '돌리'가 세상에 나온 것은 1996년 7월이었고, 이듬해 2월 전 세계 언론에 대대적으로 보도되었다.[7-21] 당시 영국의 연구진은 포유류의 난자에서 핵을 제거하고 암양의 세포핵을 이식하는 방법으로 어미양과 같은 새끼 양을 유전적으로 복제해냈다. 돌리의 탄생은 곧 인간 복제에 대한 우려와 더불어 난치병 치료의 가능성이 높아질 것이라는 기대도 불러왔다.

우리나라에서 일반인들이 체세포 복제를 비롯한 '줄기세포(stem cell)' 연구라는 지극히 전문적인 연구에 대해 자주 듣게 된 것은 서울대 수의학과 교수였던 황우석 덕분이었다. 그는 '국가 최고 과학자'이자 '서울대 1호 석좌교수'로서 한국에서 가장 이름난 과학자였을 뿐 아니라 세계 생물의학계에서도 상당한 명성을 누리던 사람이었다. 그는 1999년에 체세포 복제를 통해 소를 만들고, 2005년에는 상당히 어렵다고 알려진 개의 체세포를 복제하는 데에도 성공함으로써 학자들과 언론의 큰 주목을 받았다.

그가 진행하던 줄기세포 연구는 특히 불치병으로 고통받는 많은 사람들에게 새로운 치유의 희망을 품게 만들었다. 줄기세포란 다른 세포나 기관을 만들어낼 수 있는 세포로서 세포나 기관이 손상된 환자를 치료하는 데 획기적인 역할을 할 수도 있기 때문이었다. 물론 가능성을 이야기하는 단계일 뿐 현실적으로 성체 줄기세포든 배아 줄기세포든 이를 부작용 없이 실제 치료에 활용하려면 해결해야 할 문제들이 아직 매우 많다고 한다. 어쨌든 그럼에도 불구하고 그의 명성이 절정에 이르렀던 2005년, 황우석은 한국인으로서 과학 분야에서 노벨상을 받을 가장 유력한 사람으로 거의 신화의 경지에 도달해 있었다.

그런데 한국이 낳은 세계적인 영웅처럼 추앙받던 황우석이 어느 날 갑자기 연구에서 이용한 난자를 돈을 주고 구했다는 윤리적인 문제로 비판을 받더니 논문에 결정적인 문제가 있다는 시비에 휘말린 끝에 교수직에서 쫓겨나고 급기야는 검찰의 수사를 받는 처지가 되었다. 2004, 2005년 그의 논문들은 체세포 복제방법으로 배아줄기세포를 만들었으며, 환자 맞춤형 배아줄기세포를 여러 개 만들었다는 내용으로, 이것은 세계 최초의 성과였을 뿐 아니라 세계 최고의 권위를 자랑하는 학술지 『사이언스』의 표지를 장식할 정도로 중요한 것이었다.[7-22]

7-22 황우석 교수팀 논문을 표지로 채택한 2004년 3월과 2005년 6월의 『사이언스』.

그런데 2005년 6월부터 시작된 언론의 취재와 대학 당국의 조사가 진행된 이후 밝혀진 바에 따르면, 황우석 연구팀의 연구는 조작된 데이터에 바탕을 둔 가짜였다. 서로 다른 줄기세포로 논문에 실린 줄기세포 사진들은 각도를 달리해서 찍거나 자르는 등의 방법으로 조작된 것들이었다. 이와 같은 황우석의 어두운 모습이 세상에 알려지기까지는 방송국 PD들의 끈질긴 노력과 내부고발자의 용기가 결정적인 역할을 했다.[30] 그런데 우리 사회는 숨은 진실을 밝혀 국민영웅을 나락으로 추락시킨 사람들을 어떻게 대접했을까? 의사였던 제보자, 그리고 방송국에서 시사프로그램을 만들던 PD들은 사태의 진상이 밝혀지는 과정, 그리고 밝혀진 이후에 모두 일하던 직장에서 쫓겨나는 등 상당한 대가를 치러야 했다.

2005년 말에서 2006년 봄에 있었던 일이니 벌써 십 년도 더 지났지만 황우석 사태는 과학 연구와 정치·사회의 관계, 과학자의 연구윤리 등의 문제를 심도 있게 제기했을 뿐 아니라 2014년에는 이 사건을 다룬 영화가 제작되었을 정도로 한국 사회에 오래도록 큰 파장을 불러왔다. 황우석 사태는 과학자들만의 문제가 아니었다. 황우석의 데이터 조작 사실이 드러나기 이전에 쓴 글에서 과학사회학자 이충웅은 다음과 같이 적었다.

> '황우석 신드롬'은 한국 사회가 '진실'보다는 '꿈'이 더 필요한 사회임을 가슴 아프게 보여주고 있다. …… 과학을 건강하게 하는 것은 '열광'이 아니라 '성찰'이라고 이야기하는 사람은 너무나도 적었다.[31]

황우석의 잘못이 드러난 이후에도 그의 지지자들은 촛불시위 등을 통해 황우석을 열성적으로 옹호했고, 그 역시 자신의 혐의를 벗기 위해 오랫동안 노력했다. 그러나 2015년 2월 대법원이 그의 유죄를 확정하고 서울대의 파면 처분도 정당하다고 판결함으로써 그의 오랜 법정투쟁도 끝나게 되었다. 그가 받은 여러 혐의 가운데 과학자로서 황우석의 명성을 결정적으로 훼손한 것은 그가 데이터를 조작해서 논문을 썼다는 점이었다. 그런데 과연 데이터를 조작한 황우석의 연구 사례는 과학자들의 세계에서 정말 희귀한 경우일까?

뉴턴, 멘델, 노벨상 수상자, 데이터를 세탁하다

데이터가 주어지면 통계전문가들은 적절한 통계 분석 방법들을 써서 데이터로부터 중요한 정보들을 찾아낼 수 있다. 분석을 위해서는 일단 데이터가 준비되어 있어야 하는데 질 좋은 데이터가 풍부할수록 더 만족스러운 결과가 나올 것이다. 사실 어떤 복잡한 통계 분석법도 데이터를 훌쩍 뛰어넘는 새로운 정보를 찾아내주지는 못하기 때문에 통계학에서는 주어진 데이터를 분석하는 이론과 방법 못지않게 적절한 데이터를 모으고 생산하고 다듬는 작업도 매우 중요하다. 당연히 이는 빅데이터 분석에서도 마찬가지다.

그런데 사회조사에서든 자연과학 연구에서든 데이터들이 조사자나 연구자가 계획하거나 기대했던 대로 나오지 않는 경우도 많다. 그럴 경우 조사자나 연구자들은 데이터에 손을 대고 싶은 유혹을 느낄 것이다. 심지어 사회조사 분야에서는 'curbstoning'이라는 단어가 있는데 여기서 'curbstone'이란 차도와 보도를 구분해주는 돌(연석)을 말한다. 조사자가 일일이 가정을 방문해서 사람을 만나 조사하는 대신 길가에 주저앉아 혼자서 마음대로 조사결과를 만들어내는 것을 'curbstoning'이라

7-23 밀리컨의 기름방울 실험 장치.

고 부른다. 조사뿐 아니라 실험실의 과학자 중에서도 그런 식으로 데이터를 만들어내는 사람이 있어서 가끔 문제가 된다. 물론 과학자들의 세계가 사기꾼들이 득실대는 동네는 전혀 아니지만 사실 과학의 역사에서 데이터를 조작한 사례들은 드물지 않다.

영국의 통계학자 핸드(D. J. Hand)가 소개하는 사례들을 잠시 살펴보자.[32] 미국의 실험물리학자 밀리컨(R. Millikan, 1868~1953)은 전자의 전하량을 측정한 공로를 인정받아 1923년에 노벨물리학상을 받았다. 그는 '기름방울 실험(Oil Drop Experiment)'을 통해 전하량을 측정했는데, 그는 자신이 실험에서 얻은 데이터는 모두 58개라고 밝혔다.[7-23] 그러나 그가 사망한 다음 밀리컨의 실험기록을 검토한 사람들에 따르면 그가 실험에서 얻은 데이터는 175개였는데, 밀리컨은 자신의 이론과 잘 들어맞는 결과들만 고르고 나머지 117개 데이터는 버렸음이 밝혀졌다. 사실상 밀리컨의 가설은 옳은 것이었기에 그가 만약 데이터를 선별하지 않고 모든 데이터를 다 포함시켰다면 그의 이론 자체가 흔들리는 대신 단지 통계적인 오차만 조금 더 커졌을 것이다.

이처럼 이론이나 가설을 세우고 실험을 통해 그 가설을 뒷받침하려고 하는 과학자가 자신에게 유리한 실험결과만 선택하고 나머지 데이터를 버렸다면 우리는 그가 연구결과를 조작했다고 판단해야 할까? 사실 뉴턴·멘델·파스퇴르·갈릴레오·케플러 등 과학의 역사에서 큰 발자취를 남긴 사람들의 연구에서도 역시 자신에게 유리하도록 데이터를 적절히 세탁한 흔적을 찾을 수 있다고 한다.

연구자의 가설이나 이론과 부합하는 데이터를 고르는 데서 몇 걸음 더 가면 가설과 이론에 맞도록 데이터를 수정하는 단계에 이른다. 또 거기서 더 나아가면 다른 데이터를 베끼거나 아예 없는 데이터를 만들어내는 단계에까지 간다. 황우석이 한 일이 바로 그것이었다. 황우석이 밀리컨이 했던 것처럼 많은 데이터 중에서 일부만 골라 썼거나, 아니면 실험 오차로 인해 들쑥날쑥한 데이터를 조금씩 다듬어서 논문에 실었다면 그가 받았을 비난이 조금 덜했을지도 모른다. 하지만 그는 아예 존재하지도 않는 줄기세포를 실험에서 얻어낸 것처럼 사진을 찍고 논문에 실었던 것이다. 황우석의 데이터 조작은 마치 조사자가 길가에 주저앉아 조사용지에 마음대로 기입해서 데이터를 만들어낸 것과 본질적으로 다를 바 없는 것이었다.

그렇다면 어떤 데이터가 세탁되거나 조작된 것인지 알아낼 수 있는 방법이 있을까? 통계학자 핸드가 소개하는 방법은 그리 특별한 것이 아니다.[33] 먼저 이론이나 가설과 너무나도 잘 들어맞는 데이터는 의심할 만하다. 아무리 엄밀한 과학법칙이라 할지라도 실제 실험이나 조사에서는 다양한 원인의 오차들이 스며들어오므로 데이터가 그 법칙에 완벽히 들어맞을 수는 없기 때문이다. 두 번째로 데이터가 '임의성(randomness)' 조건을 만족시키는지 통계적으로 검증해서 그 검증을 통과하지 못하는 데이터는 사람이 조작한 것이라는 의심을 해볼 수 있다. 사람이 일부러 꾸며낸 임의성은 자연이 만들어내는 임의성보다는 어설플 것이기 때문이다.

TIP

생태학은 맥락의 학문이다
생물다양성과 빅데이터

생물다양성(biodiversity)은 생태학(ecology)이나 환경학에서 중요한 주제다. 인간은 자연 생태계를 급속히 훼손해온 한편으로 육지·바다 할 것 없이 많은 곳에서 생물다양성을 지키기 위한 연구와 활동도 진행해왔다. 그리고 그 결과로 매우 다양하고 풍부한 데이터가 쌓이게 되었다. 이에 따라 한 국가 내에서, 또는 국가들끼리 생물다양성 데이터베이스들을 만들어 저장하고 서로 연결하려는 활동들도 나타났다. 그 대표적인 사례가 GBIF(세계생물다양성정보기구, Global Biodiversity Information Facility; http://www.gbif.org/)일 것이다. [7-24] GBIF는 경제협력개발기구(OECD)의 권고에 따라 2001년에 만들어진 국제기구로서 우리에게도 썩 낯설지 않다. 제17차 총회가 2010년 가을 경기도 수원에서 열린 바 있기 때문이다.

7-24 세계생물다양성정보기구(GBIF)의 로고.

이 기구는 그동안 세계 각국에서 제각각 만들고 있던 생물다양성 데이터베이스들을 연결하여 모든 사람들이 공유할 수 있도록 만들고 있다. 바야흐로 지역별·나라별로 통일성 없이 생산되고 흩어져 있던 데이터들을 연결한 전 지구적 규모의 생물다양성 빅데이터가 등장한 것이다. 덕분에 종전까지 접근하기 어려웠던 세계 곳곳의 생태학 데이터들을 이용할 수 있게 되었고, 새로운 연구와 생물종을 보존하기 위한 다양한 활동들도 가능해졌다. 또한 방대한 데이터를 분석하는 '생물다양성 정보학(biodiversity informatics)', '생태정보학(ecological informatics)'과 같은 분야에서 많은 연구 성과가 나오게 되었다. 그러다 보니 다른 분야에서와 마찬가지로 생태학에서도 빅데이터가 혁명을 일으키고 있다는 이야기도 나오고 있다.

그런데 각국에서 만든 생물다양성 데이터베이스들은 그 안에 들어 있는 정보들도 다르고 데이터를 수집한 목적과 용도도 서로 다를 것이다. 원래 각국의 생태 자료들은 나름의 목적에 따라 특정한 시공간에서 얻은 생물학적이고 물리적인 현실에 대한 '기록들(records)'이었을 것이다. 그런데 그 기록들이 디지털화되어 전 지구적 규모의 빅데이터로 축적되면서 기록들이 단순한 정보 조각들의 집합으로 변하는 것 아닌가라는 문제도 제기되고 있다.

생태학이라는 분야는 원래 주변 환경과 분리해서 생물을 채집해서 연구하는 대신 생물들과 그들이 사는 환경 사이의 관계를 함께 살펴보아야 한다는 취지로 시작되었다고 한다. 생물과 무생물들이, 또 생물 종들끼리 서로 어떤 상호작용을 통해 각 지역의 자연 공동체를 이루고 있는지 살피고 이해하는 것이 생태학에서 중요하다는 것이다. 그런데 GBIF의 취지에 따라 생물다양성 빅데이터를 만들어 인터넷을 통해 누구나 이용할 수 있게 하려면 모든 데이터를 표준화하고 계량화해서 동일한 틀에 맞추어 넣어야만 한다. 학자들 중에는 그 결과 생태학에서 중요한 시공간적인 맥락이 지워지는 '탈맥락화(decontextualization)' 현상이 생길 수밖에 없다고 우려하는 이들도 있다.[36]

그러한 우려는 과학 실험이나 관찰에서 얻은 데이터가 과연 실재하는 어떤 것을 있는 그대로 드러내는 것인가, 아니면 연구자나 데이터 관리자들에 의해 만들어지거나 변형되거나 편집된 것인가, 라는 논의로 이어지는데, 이는 과학철학자들이 오래전부터 논의해온 무거운 질문과 연결된다.[35]

빅데이터의 시대는 "모든 것이 데이터가 되는 시대"라고들 한다. 빅데이터를 통해 우리가 새롭게 알게 되는 것도 무척 많겠지만 어쩌면 모든 것을 데이터로 만드는 과정에서 잃어버리는 것들이 있을지도 모른다. 생물다양성과 더불어 '데이터 다양성(data diversity)'이라 부를 만한 것도 생각할 필요가 있을 법한데, 그렇다면 탈맥락화의 문제를 걱정하는 학자들의 견해는 비단 생태학에서만 귀기울여야 할 목소리가 아닐 것이다.

Chapter 1 | 통계학, 빅데이터 시대를 이끌다

1 | World Economic Forum, *The Future of Jobs: Employment, Skills and Workforce Strategy for the Fourth Industrial Revolution*, 2016.
2 | 김정욱·박봉권·노영우·임성현, 『2016 다보스 리포트 : 인공지능과 4차산업혁명』, 매일경제신문사, 2016, pp.56~61.
3 | 「전 세계 7세 아이들 65%는 지금 없는 직업 가질 것」, 『중앙일보』, 2016. 1. 20. http://news.joins.com/article/19441065.
4 | 세계경제포럼의 '미래 일자리' 보고서의 내용을 도표를 써서 쉽게 정리한 자료를 보려면 다음 사이트를 방문하면 된다. http://reports.weforum.org/future-of-jobs-2016/shareable-infographics.
5 | 제레미 리프킨, 『노동의 종말』, 이영호 옮김, 민음사, 2005.
6 | Steve Lohr, "The Origins of 'Big Data' : An Etymological Detective Story", *New York Times*, 2013. 2. 1.
7 | 백욱인, 『디지털 데이터·정보·지식』, 커뮤니케이션북스, 2013.
8 | 「네이버, 검색부터 지식까지 '빅데이터 곳간' 연다」, 『한국경제』, 2016. 6. 23.
9 | 에레즈 에이든·장바디스트 미셸, 『빅데이터 인문학 : 진격의 서막, 800만 권의 책에서 배울 수 있는 것들』, 김재중 옮김, 사계절, 2015.
10 | 『조선비즈』, 2016. 6. 28.
11 | 빈센트 모스코, 『클라우드와 빅데이터의 정치경제학』, 백영민 옮김, 커뮤니케이션북스, 2015, p.308.

12 | 『이코노미 인사이트』, 한겨레신문사, 2017. 4.
13 | Edward R. Tufte, *The Visual Display of Quantitative Information*, Graphics press, 2001, p.40.
14 | 요한 볼프강 폰 괴테, 『이탈리아 여행』, 안인희 옮김, 지식향연, 2016.
15 | 앨프리드 W. 크로스비, 『수량화혁명 – 유럽의 패권을 가져온 세계관의 탄생』, 김병화 옮김, 심산, 2005.
16 | 위스턴 휴 오든, 『오든 시선집 : 아킬레스의 방패』, 봉준수 편역, 나남, 2009, pp.87~89.
17 | https://www.wired.com/2008/06/pb-theory/.
18 | 스티븐 제이 굴드, 『인간에 대한 오해』, 김동광 옮김, 사회평론, p.174.
19 | 스티븐 스티글러, 『통계학을 떠받치는 일곱기둥 이야기』, 김정아 옮김, 프리렉, 2016, p.20.
20 | 호르헤 루이스 보르헤스, 「기억의 천재 푸네스」, 『픽션들』, 송병선 옮김, 민음사, 2011, pp.144~146.
21 | J. Champkin, "Hal Varian and the sexy profession", *Significance*, Vol. 8, 2011, p.31.

Chapter 2 | 빅데이터의 시대인가, 머신러닝의 시대인가

1 | 김성필, 『딥러닝 첫걸음』, 한빛미디어, 2016, pp.17~19.
2 | 페드로 도밍고스, 『마스터 알고리즘 : 머신러닝은 우리의 미래를 어떻게 바꾸는가』, 강형진 옮김, 비즈니스북스, 2016, p.44(강조는 필자).
3 | 「구글 CEO도 흥분시킨 '머신러닝'의 세계」, ZDNet Korea, 2014. 12. 14.
4 | 닉 보스트롬, 『슈퍼인텔리전스: 경로, 위험, 전략』, 조성진 옮김, 까치, 2017.
5 | 유신, 『인공지능은 뇌를 닮아 가는가』, 컬처룩, 2014 ; 마쓰오 유타카, 『인공지능과 딥러닝』, 박기원 옮김, 동아엠앤비, 2015.
6 | 페드로 도밍고스, 『마스터 알고리즘 : 머신러닝은 우리의 미래를 어떻게 바꾸는가』, 강형진 옮김, 비즈니스북스, 2016, p.39.
7 | 위의 책, pp.39~40.
8 | 유신, 『인공지능은 뇌를 닮아 가는가』, 컬처룩, 2014, pp.116~160.
9 | 위의 책, p.155.

10 | 브루스 슈나이어, 『당신은 데이터의 주인이 아니다 - 빅데이터 시대의 생존과 행복을 위한 가이드』, 이현주 옮김, 반비, 2016.
11 | Steve Lohr, *Data-ism*, Harper, 2015, pp.107~112.
12 | 정재승, 「뇌 찍고 호르몬 측정해 이상형 찾는 시대가 온다고?」, 『한겨레』, 2017. 2. 25.
13 | 「"오늘의 매칭이 도착했습니다"… 나는 또 'OK'를 쏜다」, 『한겨레』, 2017. 2. 25.
14 | 볼프강 라트, 『사랑, 그 딜레마의 역사』, 장혜경 옮김, 끌리오, 1999.
15 | 김인육, 『사랑의 물리학』, 문학세계사, 2016.
16 | 크리스티안 루더, 『빅데이터 인간을 해석하다 : 우리는 어떻게 연결되고, 분열하고, 만들어지는가』, 이가영 옮김, 다른, 2015.
17 | 위의 책, p.123.
18 | 위의 책, p.14, 17, 36.
19 | 위의 책, 제1장.
20 | 위의 책, p.321.

Chapter 3 | 확률과 통계, 우연을 과학으로 길들이다

1 | 로알드 달, 『맛』, 정영목 옮김, 강, 2005, pp.131~159.
2 | 야코브 베르누이, 『추측술』, 조재근 옮김, 지만지, 2008, pp.39~40.
3 | 피에르 시몽 라플라스, 『확률에 대한 철학적 시론』, 조재근 옮김, 지만지, 2009, p.30.
4 | 파스칼, 『팡세』, 이환 옮김, 민음사, 2003, pp.179~185.
5 | Jason Rosenhouse, *The Monty Hall Problem: The Remarkable Story of Math's Most Contentious Brain Teaser*, Oxford University Press, 2009.
6 | W. J. Hurley, "The Birthday Matching Problem When the Distribution of Birthdays is Nonuniform", *Chance*, Vol. 21, 2008, pp.20~24.
7 | 『국제신문』, 2016. 9. 20.
8 | Wikipedia, "The infinite monkey theorem".
9 | Graham Greene, *A Sort of Life*, Chapter 6, Vintage Books, 1999.
10 | 샤론 버치 맥그레인, 『불멸의 이론 : 베이즈 정리는 어떻게 250년 동안 불확실한 세상을 지배하였는가』, 이경식 옮김, 휴먼사이언스, 2013.

Chapter 4 | 통계학, 의학과 손잡고 생명을 구하다

1 | 예병일, 『의학, 인문으로 치유하다』, 한국문학사, 2015.
2 | 위의 책, p.55
3 | 이언 해킹, 『우연을 길들이다』, 정혜경 옮김, 바다출판사, 2012, pp.173~176.
4 | Stephen Senn, *Dicing with Death*, Cambridge University Press, 2003, p.91.
5 | 클로드 베르나르, 『실험의학방법론』, 유석진 옮김, 대광문화사, 1985.
6 | 존 퀘이조, 『콜레라는 어떻게 문명을 구했나 : 세상을 바꾼 의학의 10대 발견』, 황상익·최은경·최규진 옮김, 메디치, 2012, p.4.
7 | 위의 책, p.177.
8 | C. Seth, "Calculated Risks, Condorcet, Bernoulli, d'Alembert and Inoculation", *MLN*, Volume 129, Number 4, 2014, pp.740~755 ; https://en.wikipedia.org/wiki/Inoculation.
9 | 재러드 다이아몬드, 『총, 균, 쇠』, 김진준 옮김, 문학사상사, 1998, pp.297~326.
10 | 폴 파머, 『감염과 불평등』, 정연호 외 10명(건강사회를 위한 치과의사회 전북지부), 신아출판사, 2010.
11 | 「리우올림픽에 새로운 양궁 과녁 시스템 도입」, 연합뉴스, 2016. 7. 20.
12 | 나시르 가에미, 『의사가 알아야 할 통계학과 역학』, 박원명·우영섭·송후림·이대보 옮김, 황소걸음아카데미, 2015, pp.25~28.
13 | 위의 책, pp.180~197.
14 | http://sk.co.kr/mag/mag9907/foc1.htm/.
15 | A. Hróbjartsson, P. Gøtzsche, "Is the Placebo Powerless?—An Analysis of Clinical Trials Comparing Placebo with No Treatment", *New Egnland Journal of Medicine*, Vol. 344, 2001, pp.1594~1602.
16 | 나시르 가에미, p.192.
17 | 총 10만 명이 검사를 받았다고 해보자. 이 중에서 병에 걸린 사람은 0.1%, 즉 100명이다. 이 검사에서는 병이 있는 사람을 음성으로 판정하는 일은 없다고 했으므로 이 100명의 검사결과는 모두 양성이다. 한편 검사의 정확도가 95%이므로 병이 없는 나머지 9만 9,900명 중에서 5%, 즉 4,995명에 대해서는 병이 없는데도 양성 반응이 나온다. 그렇다면 검사받은 10만 명 중에서 양성 반응이 나오는 사람은 100+4,995, 총 5,095명이다. 나도 양성이므로 나는 이들 중 한 사람이다. 그런데 이들 5,095명 중에서 정말 병에 걸린 사람은 100명이므로 100/5,095=0.0196, 즉

2%도 되지 않는다. 양성 반응이 나왔다고 해서 곧바로 공포에 휩싸일 필요는 아직 없겠다.
18 | 게르트 기거렌처, 『숫자에 속아 위험한 선택을 하는 사람들 : 심리학의 눈으로 본 위험계산법』, 전현우·황승식 옮김, 살림, 2013. 이 주제에 대해 더 살펴보고 싶다면 pp.75~194 사이를 읽어보기 바란다.
19 | K. J. Rothman, *Epidemiology: An Introduction*, second edition, Oxford University Press, 2012, p.237.

Chapter 5 | 현실 사회를 읽는 힘, 통계학과 빅데이터

1 | R. Watson, "How many were there when it mattered?", *Significance*, Vol. 8, 2011, pp.104~107.
2 | Michael Spagat, "Truth and death in Iraq under sanctions", *Significance*, Vol. 7(issue 3), 2010, pp.116~120.
3 | Sarah Zaidi, "Child mortality in Iraq", *The Lancet*, Vol. 350, no. 9084, 1997, p.1105.
4 | 「美 대선 여론조사, '빅데이터 민심' 못 읽었다」, ZDNet, 2016. 11. 9.
5 | 우종필, 『빅데이터 분석대로 미래는 이루어진다』, 매일경제신문사, 2017.
6 | 이언 해킹, 『우연을 길들이다』, 정혜경 옮김, 바다출판사, 2012.
7 | 스티븐 스티글러, 『통계학을 떠받치는 일곱 기둥 이야기』, 김정아 옮김, 프리렉, 2016, pp.19~20.
8 | 김윤태, 『사회적 인간의 몰락 : 왜 사람들은 고립되고, 원자화되고, 파편화되는가?』, 이학사, 2015.
9 | 마크 뷰캐넌, 『사회적 원자 : 세상만사를 명쾌하게 해명하는 사회물리학의 세계』, 김희봉 옮김, 사이언스북스, 2010.
10 | 김범준, 『세상물정의 물리학 : 복잡한 세상을 꿰뚫어보는 통계물리학의 아름다움』, 동아시아, 2015.
11 | 알렉스 펜틀런드, 『창조적인 사람들은 어떻게 행동하는가 : 빅데이터와 사회물리학』, 박세연 옮김, 와이즈베리, 2015, p.41.
12 | 통계청, "장래인구추계 : 2015~2065년", 2016. 12.
13 | 김소연, 「한 세대 만에 1천만 명 사라진다」, 『이코노미 인사이트』, 2017. 1, 한겨레

신문사, pp.58~60.
14 | 통계청, "장래인구추계 : 2010~2060년", 2011. 12.
15 | 제롬 펠리시에, '몇 살부터 노인인가?', 『르몽드 디플로마티크』 한국어판, 2013. 6월호, p.19.
16 | 통계청, 『통계행정편람』, 2016.
17 | 「사실상 백수, 첫 450만 명 넘어」, 『경향신문』, 2017. 1. 23.
18 | 통계청, "2016년 12월 및 연간 고용동향", 2017. 1.
19 | 장귀연, 『비정규직』, 책세상, 2009, pp.14~15.
20 | 통계청, "2016년 8월 경제활동인구조사 근로형태별 부가조사 결과", 2016. 11.
21 | 김유선, 「비정규직 규모와 실태-통계청, '경제활동인구조사 부가조사'(2016.8) 결과」, 한국노동사회연구소, 2016. 11.

Chapter 6 | 통계학, 경제를 측정하다 : GDP와 금융리스크

1 | R. Frisch, "From Utopian Theory to Practical Applications : The Case of Econometrics", *American Economic Review*, Vol. 71(6), 1981, p.5.(Nobel Prize lecture, 1970).
2 | A. Spanos, "Econometrics in Retrospect and Prospect", *Palgrave Handbook of Econometrics*, Mills, T. C. and Patterson, K. (eds.), Palgrave Macmillan, 2006, p.24.
3 | I. Fisher, "Statistics in the Service of Economics", *Journal of the American Statistical Association*, Vol. 28, No. 181, 1933, p.5.
4 | R. Frisch, "From Utopian Theory to Practical Applications : The Case of Econometrics", *American Economic Review*, Vol. 71(6), 1981, p.6.(Nobel Prize lecture, 1970).
5 | 이광연, 『수학, 인문으로 수를 읽다』, 한국문학사, 2014, pp.109~113.
6 | 조지프 스티글리츠, 아마르티아 센, 장 폴 피투시, 『GDP는 틀렸다 : '국민총행복'을 높이는 새로운 지수를 찾아서』, 박형준 옮김, 동녘, 2011.
7 | 위의 책, pp.55~73.
8 | William Petty, "A Treatise of Ireland, 1687", *The Economic Writings of Sir William Petty*, Cambridge University Press, 1899, p.554.

9 | 로렌조 피오라몬티, 『GDP의 정치학 : 우리의 삶을 지배하는 절대숫자』, 김현우 옮김, 후마니타스, 2016, pp.30~36.
10 | 위의 책, pp.35~36.
11 | 위의 책, pp.115~118.
12 | Morten Jerven, *Poor Numbers:How We Are Misled by African Development Statistics and What to Do about It*, Cornell University Press, 2013, pp.24~25.
13 | 위의 책, 제1장.
14 | 통계청, 『통계행정편람 2008』, 2008, pp.394~396.
15 | 쉘든 로스, 『금융공학의 이해』, 이윤동·이군희 옮김, 자유아카데미, 2009.
16 | 사트야지트 다스, 『파생상품』, 김현 옮김, 아경북스, 2011, pp.274~291.
17 | 위의 책, pp.266~274.
18 | 로렌조 피오라몬티, 『숫자는 어떻게 세상을 지배하는가』, 박지훈 옮김, 더좋은책, 2015, p.77.
19 | *New York Times*, 1996. 3. 1.
20 | R. W. Johnson, "Legal, social, and economic issues in implementing scoring in the United States", *Readings in Credit Scoring* (edited by L. C. Thomas, D. B. Edelman and J. N. Crook), Oxford University Press, 2004, pp.5~15.

Chapter 7 | 통계학, 생물을 헤아리고 보살피다

1 | 해양생물센서스 프로젝트와 연구결과는 http://www.coml.org/, 해양 생물지리학적 정보시스템(Ocean Biogeographic Information System) 홈페이지 'http://www.iobis.org/'에서 볼 수 있으며, 한국어로 된 연구결과 요약은 다음 사이트에서 찾을 수 있다. http://www.ibric.org/myboard/read.php?Board=news&id=176959 : http://www.coml.org/pressreleases/census2010/PDF/Korean-Census%20Summary.pdf.
2 | Census of Marine Life, *First Census of Marine Life 2010: Highlights of a Decade of Discovery*, http://www.coml.org/, 2010, p.3.
3 | A. R. Solow, D. Tittensor, "The Sea, the Census and Statistics", *Significance*, Vol. 7, 2010, pp.155~158.
4 | 남종영, 『고래의 노래』, 궁리, 2011, pp.37~87.

5 | P. Hammond, "Whale Science–and how (not) to use it", *Significance*, Vol. 3, 2006, pp.54~58.

6 | https://iwc.int/estimate/.

7 | Jonathan Auerbach, "Does New York City really have as many rats as people?", *Significance*, 2014, Vol. 11, pp.22~27.

8 | 『한겨레』, 2017. 3. 15.

9 | 하워드 E. 에번스, 『곤충의 행성』, 윤소영 옮김, 사계절출판사, 1999.

10 | 본문의 예는 다음 책에서 가져온 것이다. 이동근·이명균·정태용 외, 『생물다양성, 경제로 논하다』, 보문당, 2015, pp.80~81.

11 | 이정모, 『공생 멸종 진화』, 나무나무, 2015, pp.79~87.

12 | 에르베 르 기야데르, 『분류와 진화』, 김성희 옮김, 알마, 2013, pp.11~17.

13 | W. F. Doolittle, E. Bapteste, "Pattern pluralism and the Tree of Life hypothesis", *Proceedings of the National Academy of Sciences of the United States of America(PNAS)*, Vol. 104, issue 72007, pp. 2043~2049.

14 | Douglas L. Theobald, "A formal test of the theory of universal common ancestry", *Nature*, Vol. 465, issue 7295, 2010.

15 | Khalil A. Cassimally, "We come from one", *Significance*, Vol. 8, issue 1, 2011.

16 | Tamsin E. Lee, Diana O. Fisher, Simon P. Blomberg and Brendan A. Wintle, "Extinct or still out there? Disentangling influences on extinction and rediscovery helps to clarify the fate of species on the edge", *Global Change biology*, Vol. 23, issue 2, 2017, p.621.

17 | 엘리자베스 콜버트, 『여섯 번째 대멸종』, 이혜리 옮김, 처음북스, 2014.

18 | 데이빗 라우프, 『멸종 : 불량 유전자 탓인가, 불운 때문인가?』, 장대익·정재은 옮김, 문학과지성사, 2003, pp.144~230.

19 | 르몽드 디플로마티크, 『르몽드 환경아틀라스 : 지도로 보는 환경문제의 모든 것』, 김계영·고광식 옮김, 한겨레출판, 2011, pp.50~51.

20 | 노만 마이어·제니퍼 켄트, 『가이아 환경아틀라스』, 신기식 옮김, 지영사, 2010, pp.170~171.

21 | 김시준·김현우·박재용·윤승희·문정실·김서경, 『생명진화의 끝과 시작, 멸종』, MID, 2014, p.210.

22 | 데이빗 라우프, 『멸종 : 불량 유전자 탓인가, 불운 때문인가?』, 장대익·정재은 옮김, 문학과지성사, 2003, p.21.

23 | 프란츠 부케티츠, 『멸종, 사라진 것들 : 종과 민족 그리고 언어』, 두행숙 옮김, 들녘, 2005, p.52.
24 | *Living Planet Index 2016*, World Wide Fund For Nature, 2016.
25 | Sacha Vignieri, "Vanishing fauna", *Science*, Vol. 345(6195), 2014. 7. 25, pp.392~395.
26 | Rodolfo Dirzo, Hillary S. Young, Mauro Galetti, Gerardo Ceballos, Nick J. B. Isaac, Ben Collen, "Defaunation in the Anthropocene", *Science*, Vol. 345(6195), 2014. 7. 25, pp.401~406.
27 | 스티븐 스티글러, 『통계학의 역사』, 조재근 옮김, 한길사, 2005, 제5장.
28 | 위의 책, 1~4장.
29 | S. M. Stigler, "Stigler's law of eponymy", *Transactions of the New York Academy of Sciences*, Vol. 39, 1980, pp.147~157.
30 | 한학수, 『진실, 그것을 믿었다 : 황우석 사태 취재 파일』, 사회평론, 2014.
31 | 이충웅, 『과학은 열광이 아니라 성찰을 필요로 한다 : 과학 시대를 사는 독자의 주체적 과학 기사 읽기』, 이제이북스, 2005, p.235.
32 | D. J. Hand, "Deception and dishonesty with data : fraud in science", *Significance*, Vol. 4, issue 1, 2007, pp.22~25.
33 | 위의 글, p.25.
34 | Vincent Devictor and Bernadette Bensaude-Vincent, "From ecological records to big data : the invention of global biodiversity", *History and philosophy of the life sciences*, Vol. 38, 2016.
35 | 이언 해킹, 『표상하기와 개입하기 : 자연과학철학의 입문적 주제들』, 이상원 옮김, 한울아카데미, 2005.

찾아보기

ㄱ

가나 310~313
가능도 355~356
가우스 분포 385
감독학습 91
감염병 102~109
감염설 200~201, 207
강한 인공지능 86, 90
개체군 생존력 분석 375
객관적 확률 140
갤럽 71, 249~250
거리 94~97
거시경제 296~300, 305, 310
건강불평등 208
건강의 사회적 결정 요인 208
결정론 137~140, 188
경제성장률 295, 298~299
경제활동인구조사 282, 286~287
경제후생지표 306
계량경제학 54, 289, 292~294
계량화 294
계산주의 87~88
고래 342~348, 362
고령사회 273, 275, 281
고령인구 272~275, 281
고령화사회 275
고세균 357~361

고용 없는 성장 305
고전적 확률 138~140
곤충 353~357, 365
골턴 376~383
공간통계학 280
공중위생 189, 195
관리학습 91
관찰조사 42~45, 49
광학문자인식 83
괴테 39~40, 62
교란요인 213~214
구글 22, 26~27, 31, 64, 79, 86~90, 102~109, 118
구글 트렌드서비스 252~253
국내총생산(GDP) 295~299, 304, 307, 317
국민계정 303, 311~312
국민총생산(GNP) 298
국민총행복지수 309
국제자연보전연맹 374
국제질병사인분류 180
국제통계기구 181
국제포경위원회 346
군집분석 93~99
귀무가설 221~224
그랜트 302
근거기반의학 182
근거중심의학 182
금융공학 327

기거렌처 229~230
기계학습 18, 68
기댓값 124, 129, 132~133, 140~143
「기억의 천재 푸네스」 158~159
기저율의 오류 227, 229
길고양이 349~350

ㄴ

나이팅게일 189, 199, 201~203
나이팅게일의 장미 199~202
남녀평등지수 278
내부자거래 125
네이버 데이터랩 26
노동의 종말 17
노벨경제학상 290~291, 94
녹색 GDP 308
뉴런 87~89

ㄷ

단어 구름 32~34
달, 로알드(Roald Dahl) 122~123
달랑베르 198~199
대립 가설 222
대멸종 341, 354, 362, 364~366
대왕고래 348
대학수학능력시험 265, 267
데이터 18~22, 32~37, 39~50, 52~58, 60~61, 69~74, 77~79, 91~92, 95~105, 113, 116~117, 171, 184, 187, 193, 222~225, 257~258, 266, 287, 290~291, 320, 329, 337, 344, 361, 384, 389, 392

데이터 다양성 394
데이터 사이언스 13, 17~19
데이터 시각화 17~19, 32~38
데이터센터 23, 25~26, 29
도밍고스 77, 80
독감 예측 105~109
동성애 117~118
두개골 측정학 56~58
두창(천연두) 194~200
뒤르켐 255~256
듀란트 339~340
드 무아브르 385
딥러닝 67, 69, 73, 76, 79, 85~89
딥마인드 86
딥블루 86~87, 90

ㄹ

라우프 367
라플라스 137~140, 187~188, 377, 380
러시안 룰렛 159~162
런던통계협회 41
로담스테드농업연구소 209~210
로또복권 121, 125~126, 129, 132~134
로봇 3원칙 74
로지스틱 회귀 100
루이 186~187
르장드르 377, 385
린네 358

ㅁ

마스터 알고리즘 81
마쓰오 유타카 78

마이크로라이프 163
마이크로몰트 162~163
마이크로타깃팅 71
만능 알고리즘 80
맨해튼 거리 96
머신러닝 67~81, 86, 91~92, 110
메르스 10, 207
메타데이터 313
메타분석 192~193
멘델주의학파 381
멸종 341, 348, 359~375
명목 GDP 298~299, 317
몬티 홀 문제 121, 144~147
무작위 대조군 연구 192~193
무한 원숭이의 정리 157~158
물가지수 45, 257~258, 289, 314~320
미나르 35
미시경제 296~297
미제스 151
민감도 227~228, 231
밀리컨 390

ㅂ

바이지 362~363
박테리아 355, 357~361
배리언 64~65
베르나르 188
베르누이, 다니엘(Daniel Bernoulli) 197~199
베르누이, 야코브(Jacob Bernoulli) 127, 138
베이즈 169
베이즈 정리 121, 169~174
베이즈 통계학 193

베이트슨 378, 381
보렐의 법칙 154~156, 158, 164
보르헤스 58
보존생물학 369
복제양 돌리 386
부스, 찰스(Charles booth) 259
분류 178~180, 355~361
브로카 57
블랙 스완 330~331
블랙-숄즈 옵션가격 결정 공식 327
비경제활동인구 283~285
비정규직 통계 285~288
비지도학습 91, 93
빅데이터 15, 17~25, 29~31, 49~53, 54~62, 67, 71, 77~79, 81, 102~110, 113, 115, 182~183, 190, 248~252, 260~263, 392~394
빈곤 259, 307

ㅅ

사랑의 과학 115~116
사전확률 171~173
사피엔시아 135~137
사혈법 177, 183, 185~187
사회진보지수 307, 309
사회물리학 260~263
사회의학 208
사회적 원자 260~262
사회조사분석사 45
사회총생산 304~305
사후확률 171
산업혁명 8, 15, 40, 200, 233
살아 있는 지구지수 371~372

살해곡선 367, 360
상관관계 381~382
생명보험 9, 124, 163
생명의 나무 357, 360~361
생명표 164, 205
생물다양성 정보학 393
생물분류체계 355
생물정보학 62~63
생물측정학 55
생물측정학파 380~381
생물통계학 55
생산가능인구 272, 274~275
생산자 물가지수 314~317
생일 문제 148
생태정보학 393
생태학 262, 306, 392~394
선상법 347
선택 편향 214
〈설국열차〉 356, 366, 369
성불평등지수 278
성인지적 통계 277
성차별지수 278~279
세계자연기금 370, 372
세계경제포럼 14~16, 278~279
세계생물다양성정보기구(GBIF) 392
센(Amartya Sen) 295~296
센(Stephen Senn) 187
센서스 44, 201, 233, 271
소비자 물가지수 314~317
수량화 46, 206~207
스몰데이터 49~51, 61
스테나인 방식 265~266
스티글러 58~59, 257, 385~386
스티글러의 명명법칙 385~386

스타글리츠 301
시계열 데이터 320~321
식용곤충산업 356
신용등급 333~336
신용평가 333~340
신용평점 98, 336, 339~340
실버 249~251
실업률 45, 283, 286, 296~297, 320
실질 GDP 298~299, 317
실험설계 43, 190
심리측정학 54

ㅇ

아시모프 74
알파고 66, 73, 85~86, 90, 114
앤더슨 50~51
약한 인공지능 86, 90
양적 데이터 46
양적 연구 49
얼굴 인식 기능 55~56
엔그램 23, 26~28
여론조사 44~45, 71, 233, 246~253
여성권한척도 278
역진파 89
역학(epidemiology) 204, 209, 225
역확률 170
연결주의 87~88
예측 16, 46, 67, 70~71, 73, 78, 81, 92, 95, 100~101, 102~109, 136, 138, 182, 248~253, 271, 330
오바마 29, 71, 240, 250
오즈 268~269
오케이큐피드 116

온라인 데이팅 110~111, 114
왓슨 87, 90
왕립통계학회 42, 350
우생학 380~381
우선권 다툼 385~386
우연 9, 121, 135, 137, 139~140, 154~155, 157~158, 161~162, 166, 187, 195, 211, 221
위생개혁운동 200~201
위양성 227~228, 230
위음성 227~228
위키피디아 22, 162
페티 302~304
유사성 94, 114
유소년인구 272, 274~275
유의성 검증 212, 225
유의수준 222, 224
유전학 341, 359, 376, 378, 380~381, 383
유진 구스트만 82
유클리드 거리 96~97
율 382~383
융합 16~19, 27, 60, 63, 75, 262
은닉층 88~89
의료인문학 183
의사결정 나무 98
이동평균 320, 322~324
「이론의 종말」 50~51
이중눈가림법 215
인간개발지수 296
인공신경망 87~89
인공지능 8, 10, 13, 15, 18~19, 59, 67, 69, 74~90, 177, 182~183, 207, 355
인공지능의 겨울 76
인과관계 43, 51, 162, 188, 200, 215, 225, 381~383
인구조사 44, 271~272, 274
인두 접종 196
인류세 373
인류학 57
임의화 임상시험 214~215

ㅈ

자동차 운전면허시험 268
자살 233, 254~256
자연신학 158
자유의지 256
장기설 200~201, 207~208
적색 목록(red list) 374
전문가 시스템 73, 76
정규분포 264~266, 268, 329, 331~332, 380, 385~386
정보 13, 21~22, 30, 33~38, 40~45, 54, 91, 100, 113~114, 191~193, 257, 279~281, 313, 355, 336~337, 375, 393
정보 그래픽 36, 118
정보화 사회 21~22
정신질환 진단 및 통계 편람 179~180
정치산술 302
제너 194~196
제로섬 게임 124, 132
제번스 257, 291
젠더 통계 277~279, 285
조건부확률 168, 170~173, 229
조류인플루엔자 103~104, 200
조합(combination) 217
종 면적 효과 367~368
종소멸률 371

주가지수 289, 314~323
주관적 확률 167
주제도 281
주제지도 35, 37
줄기세포 386~388, 391
쥐 342, 349~352
쥐스밀히 140
지니계수 300
지도학습 91, 93, 98, 100
지리정보 279~281
지속가능성 302, 306~307
지속가능한 경제복지지수 306
지식 8, 13, 16, 21~22, 36, 54
지적 설계 158
진핵생물 357~361
질병관리본부 102~107
질적 데이터 46, 313
질적 분석 52
질적 연구 49, 53
집단 지성 106
집단유전학 378

ㅊ

참진보지수 306
초고령사회 273, 275, 281
촛불집회 234, 238
총인구조사 271~272
최소제곱법 377~378, 385
출판편향 225~226
측정오차 257, 293

ㅋ

캔들차트 321
캡차 82~84
커즈와일 81
컴퓨터 언어학 27
케인스 292
케틀레 254~258, 377, 380
코스닥지수 317~318
코스피지수 317~318
콜레라 194~195, 200, 203~207
쿠즈네츠 304
루더 116~118
큰 수의 법칙 165
클라우드 컴퓨팅 13, 29~30

ㅌ

탈레브 331
탈맥락화 393~394
텍스트 마이닝 32~33
통계 그래픽 36, 118
통계물리학 260
통섭 7, 16~17, 262
튜링 69, 82, 174~175
튜링 테스트 82, 84
트럼프 251~253
트리맵 36~37
특이도 228, 230~231
특이점 81

ㅍ

파(William Farr) 205

파생상품 326~327, 329~330
파스칼 127~128, 136, 140~141, 216~218
파스칼의 내기 140~141
파스칼의 수삼각형 216~218
파치올리 128
판별분석 339
페르마 127~128
페르미 측정법 238
편향 212~215
평균인(average man) 257~259
포르투나 135~137, 166
포획-재포획 방법 345, 347, 351
프리슈 292~293
플라시보 효과 221
피셔, 로널드(R. A. Fisher) 190, 209~210, 215~216, 222~224, 293, 378, 381, 383
피셔, 어빙(Irving Fisher) 293
피어슨, 이건(Egon Sharpe Pearson) 223
피어슨, 칼(K. Pearson) 190, 377, 381~383
피어슨의 상관계수 377
피오라몬티 303~304, 306

ㅎ

한계혁명 291
한계효용 이론 291
함수추정 72
해양생물 센서스 342~343
하사비스 86
황우석 384, 386~391
회귀 190, 376~380
회귀분석 376, 382
횡단면 데이터 320
후생경제학 295~296
힐(Austin Bradford Hill) 190, 215, 225

융합과 통섭의 지식 콘서트 06
통계학, 빅데이터를 잡다

초판 1쇄 발행 | 2017년 7월 5일
초판 11쇄 발행 | 2024년 7월 30일

지은이 | 조재근
펴낸이 | 홍정완
펴낸곳 | 한국문학사

편집 | 이은영 이상실 이아름
영업 | 조명구
관리 | 심우빈
디자인 | 이석운 김미연

04151 서울시 마포구 독막로 281(염리동) 마포한국빌딩 별관 3층

전화 706-8541~3(편집부), 706-8545(영업부) 팩스 706-8544
이메일 hkmh73@hanmail.net
블로그 http://post.naver.com/hkmh1973
출판등록 1979년 8월 3일 제300-1979-24호

ISBN 978-89-87527-59-8 03310

한국출판문화산업진흥원의 출판콘텐츠 창작자금을 지원받아 제작되었습니다.
파본은 구입하신 서점이나 본사에서 교환하여 드립니다.